JN013369

東京大学工学教程

基礎系 数学
確率・統計 Ⅲ

東京大学工学教程編纂委員会 編　　駒木文保　著
清 智也

Probability
and Statistics Ⅲ
SCHOOL OF ENGINEERING
THE UNIVERSITY OF TOKYO

丸善出版

編纂にあたって

　東京大学工学部，および東京大学大学院工学系研究科において教育する工学はいかにあるべきか．1886 年に開学した本学工学部・工学系研究科が 125 年を経て，改めて自問し自答すべき問いである．西洋文明の導入に端を発し，諸外国の先端技術追奪の一世紀を経て，世界の工学研究教育機関の頂点の一つに立った今，伝統を踏まえて，あらためて確固たる基礎を築くことこそ，創造を支える教育の使命であろう．国内のみならず世界から集う最優秀な学生に対して教授すべき工学，すなわち，学生が本学で学ぶべき工学を開示することは，本学工学部・工学系研究科の責務であるとともに，社会と時代の要請でもある．追奪から頂点への歴史的な転機を迎え，本学工学部・工学系研究科が執る教育を聖域として閉ざすことなく，工学の知の殿堂として世界に問う教程がこの「東京大学工学教程」である．したがって照準は本学工学部・工学系研究科の学生に定めている．本工学教程は，本学の学生が学ぶべき知を示すとともに，本学の教員が学生に教授すべき知を示す教程である．

2012 年 2 月

2010–2011 年度
東京大学工学部長・大学院工学系研究科長　北　森　武　彦

東京大学工学教程

刊 行 の 趣 旨

　現代の工学は，基礎基盤工学の学問領域と，特定のシステムや対象を取り扱う総合工学という学問領域から構成される．学際領域や複合領域は，学問の領域が伝統的な一つの基礎基盤ディシプリンに収まらずに複数の学問領域が融合したり，複合してできる新たな学問領域であり，一度確立した学際領域や複合領域は自立して総合工学として発展していく場合もある．さらに，学際化や複合化はいまや基礎基盤工学の中でも先端研究においてますます進んでいる．

　このような状況は，工学におけるさまざまな課題も生み出している．総合工学における研究対象は次第に大きくなり，経済，医学や社会とも連携して巨大複雑系社会システムまで発展し，その結果，内包する学問領域が大きくなり研究分野として自己完結する傾向から，基礎基盤工学との連携が疎かになる傾向がある．基礎基盤工学においては，限られた時間の中で，伝統的なディシプリンに立脚した確固たる工学教育と，急速に学際化と複合化を続ける先端工学研究をいかにしてつないでいくかという課題は，世界のトップ工学校に共通した教育課題といえる．また，研究最前線における現代的な研究方法論を学ばせる教育も，確固とした工学知の前提がなければ成立しない．工学の高等教育における二面性ともいえ，いずれを欠いても工学の高等教育は成立しない．

　一方，大学の国際化は当たり前のように進んでいる．東京大学においても工学の分野では大学院学生の四分の一は留学生であり，今後は学部学生の留学生比率もますます高まるであろうし，若年層人口が減少する中，わが国が確保すべき高度科学技術人材を海外に求めることもいよいよ本格化するであろう．工学の教育現場における国際化が急速に進むことは明らかである．そのような中，本学が教授すべき工学知を確固たる教程として示すことは国内に限らず，広く世界にも向けられるべきである．2020年までに本学における工学の大学院教育の7割，学部教育の3割ないし5割を英語化する教育計画はその具体策の一つであり，工学の

教育研究における国際標準語としての英語による出版はきわめて重要である．

　現代の工学を取り巻く状況を踏まえ，東京大学工学部・工学系研究科は，工学の基礎基盤を整え，科学技術先進国のトップの工学部・工学系研究科として学生が学び，かつ教員が教授するための指標を確固たるものとすることを目的として，時代に左右されない工学基礎知識を体系的に本工学教程としてとりまとめた．本工学教程は，東京大学工学部・工学系研究科のディシプリンの提示と教授指針の明示化であり，基礎（2年生後半から3年生を対象），専門基礎（4年生から大学院修士課程を対象），専門（大学院修士課程を対象）から構成される．したがって，工学教程は，博士課程教育の基盤形成に必要な工学知の徹底教育の指針でもある．工学教程の効用として次のことを期待している．

- 工学教程の全巻構成を示すことによって，各自の分野で身につけておくべき学問が何であり，次にどのような内容を学ぶことになるのか，基礎科目と自身の分野との間で学んでおくべき内容は何かなど，学ぶべき全体像を見通せるようになる．
- 東京大学工学部・工学系研究科のスタンダードとして何を教えるか，学生は何を知っておくべきかを示し，教育の根幹を作り上げる．
- 専門が進んでいくと改めて，新しい基礎科目の勉強が必要になることがある．そのときに立ち戻ることができる教科書になる．
- 基礎科目においても，工学部的な視点による解説を盛り込むことにより，常に工学への展開を意識した基礎科目の学習が可能となる．

東京大学工学教程編纂委員会　　委員長　染　谷　隆　夫

幹　事　吉　村　　　忍

求　　幸　年

基礎系 数学

刊行にあたって

　数学関連の工学教程は全17巻からなり，その相互関連は次ページの図に示すとおりである．この図における「基礎」，「専門基礎」，「専門」の分類は，数学に近い分野を専攻する学生を対象とした目安であり，矢印は各分野の相互関係および学習の順序のガイドラインを示している．その他の工学諸分野を専攻する学生は，そのガイドラインに従って，適宜選択し，学習を進めて欲しい．「基礎」は，ほぼ教養学部から3年程度の内容ですべての学生が学ぶべき基礎的事項であり，「専門基礎」は，4年生から大学院で学科・専攻ごとの専門科目を理解するために必要とされる内容である．「専門」は，さらに進んだ大学院レベルの高度な内容で，「基礎」，「専門基礎」の内容を俯瞰的・統一的に理解することを目指している．

　数学は，論理の学問でありその力を訓練する場でもある．工学者はすべてこの「論理的に考える」ことを学ぶ必要がある．また，多くの分野に分かれてはいるが，相互に密接に関連しており，その全体としての統一性を意識して欲しい．

＊　　　＊　　　＊

　本書は統計的推測理論（3章まで）と測度論的確率論（4章以降）について，基礎的な事項からさまざまな工学的な応用例まで，厳密性を保ちながらもわかりやすい記述を与えている．これらの話題については，概略を説明した入門書は多いものの，本書のようにしっかりとした理論的基礎を与えてくれる書物はほとんどない．特に本書の後半はブラウン運動や拡散過程のような進んだ話題についても平易に解説しており，これらの話題に興味のある学生にとって非常に有用な本になっている．

東京大学工学教程編纂委員会

数学編集委員会

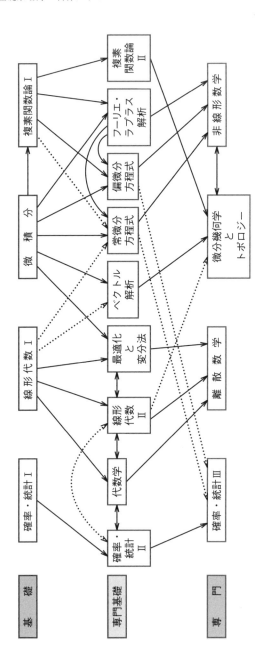

工学教程（数学分野）の相互関連図

目　　次

は じ め に

　本書では，前半の第 1 章から第 3 章で統計理論の基礎について，第 4 章から第 8 章で確率の基礎について説明する．

　統計的なデータ解析手法は多岐にわたり，その主なものを取り上げることだけでも，限られたページ数では困難である．そのため，本書の前半では，データ解析を行うためにぜひとも理解しておく必要のある統計理論の基礎に絞って解説を行っている．また，数学的な厳密さよりも考え方の理解を重視した．

　第 1 章では，パラメトリックな統計モデルと尤度について説明する．統計理論で最も基本的で重要な概念である尤度と最尤法と Kullback–Leibler ダイバージェンスとの関係について説明している．また，十分統計量に関連して基本的な分解定理について扱うとともに，十分統計量の直観的な理解のためグラフィカルモデルを用いた解説を与える．

　第 2 章では，推定理論を扱っている．不偏推定量，平均 2 乗誤差，Fisher 情報量などについて説明し，さらに最尤推定量の漸近理論を扱っている．漸近理論により，一般的なモデルについて統一的な結果を得ることができる．さらに，情報幾何について簡単な説明を与え，推定や予測において重要な考え方である Bayes 法について触れる．

　第 3 章では，検定とモデル選択について扱う．検定の基本的な考え方について説明し，汎用性の高い検定である尤度比検定とその漸近理論について解説する．さらに，赤池情報量規準とクロスバリデーションを用いたモデル選択について扱う．第 3 章での内容を学習することにより，複数のモデルを比較検討しデータ解析のために適切なモデルを構築するための基礎を身につけることができる．

　後半では確率論の入門的内容について解説する．確率の考え方は，さまざまな不確実性を伴う現象の数理モデリングを行う際に重要になる．本書では，測度論的な確率論の基礎を説明し，応用志向の確率の入門書の標準的な内容よりやや進んだ内容まで扱っている．

　第 4 章では，確率空間と確率変数の定式化について準備し，大数の法則と中心

極限定理について説明している．また，測度論的な条件付期待値の定義を与え，確率密度関数を用いた定義との整合性について触れている．

第5章では，最も基本的な確率過程である Markov 連鎖を扱う．まず離散時間 Markov 連鎖の基本的な性質について説明し，連続時間 Markov 連鎖の例である Poisson 過程について触れる．

第6章では，基本的な確率過程である Brown 運動とそれに基づく確率積分について説明するとともに，マルチンゲールを扱う．

第7章では，伊藤の公式と Brown 運動に基づく確率微分方程式について説明し，幾何 Brown 運動などの基本的な確率過程と応用例を扱う．

第8章では，生成作用素，Kolmogorov の前向き・後向き方程式などの拡散方程式の基礎について説明するとともに確率微分方程式との関係を扱う．

本書を，統計モデルを用いたデータ解析や確率を用いた不確実な現象のモデリングのための基礎となる数理的な力を身につけるために利用していただければ幸いである．

1 統計モデルと尤度

統計データ解析の基礎となるパラメトリックな統計モデルの定式化を与える．尤度，最尤推定，Kullback–Leibler ダイバージェンス，十分統計量，Fisher 情報量などの統計的な推測における基礎的な概念について説明する．

1.1 統 計 モ デ ル

確率変数 X が，平均 μ，分散 σ^2 の正規分布 $\mathrm{N}(\mu, \sigma^2)$ に従うとき，X のばらつく様子は，確率密度関数

$$p(x; \mu, \sigma) = \frac{1}{\sqrt{2\pi\sigma^2}} \exp\left\{-\frac{1}{2\sigma^2}(x-\mu)^2\right\}$$

で表される．ここでの正規分布の族 $\{\mathrm{N}(\mu, \sigma^2) \mid \mu \in \mathbb{R}, \sigma > 0\}$ のような，確率分布の集まりを**統計モデル**とよぶ．μ, σ のように，値を決めると統計モデルに属する確率分布が指定される量を**パラメータ**とよぶ．

不確定性を伴う現実の現象を確率分布を用いてモデリングするとき，確率分布ひとつだけを最初から特定することは困難であることが多い．このようなとき，候補となる確率分布の集まり，すなわち統計モデルを考えることが必要になる．パラメータを指定すると確率分布が一つ指定される統計モデルを**パラメトリックな統計モデル**とよぶ．ランダムネスを伴うさまざまな問題の解析にパラメトリックな統計モデルが利用される．『確率・統計 I』で扱った一元配置モデル，分割表モデル，回帰モデルや『確率・統計 II』で扱った ARMA モデルもパラメトリックなモデルの例である．

パラメトリックモデルを用いる手法以外にも，ノンパラメトリック法，セミパラメトリック法とよばれる統計解析手法があるが本書では扱わない．

1〜3 章では，特定の統計モデルに話を限るのではなく，一般のパラメトリックな統計モデルで成り立つ性質を主に考えていく．一般的な統計モデルを考えるとき，確率変数を X，パラメータを θ，θ で指定される確率密度関数を $p(x; \theta)$ で表す．ここで，X や θ は 1 次元の場合も 2 次元以上の場合もある．また，パラメー

タ θ が取り得る値の集合を Θ で表す．パラメトリックモデルを $\{p(x;\theta) \mid \theta \in \Theta\}$ のように表す．習慣として，確率変数を X のように大文字で，その実現値を x のように小文字で表して区別することが多い．第 1 章〜第 3 章でもおおむねその習慣に従う．

『確率・統計 I』では，離散型の確率変数の確率分布を確率関数で，連続型の確率変数の確率分布を確率密度関数で表した．本書の第 1 章〜第 3 章では，主に連続型[*1]の確率分布を想定して記述する．離散型の確率分布の場合は，$p(x;\theta)$ を確率関数とし，適宜，積分を和で置き換えて考えれば問題ない．

1.2 尤度と最尤推定

1.2.1 最　尤　法

パラメトリックなモデルではパラメータ θ の値は未知である．そのため，観測されたデータに基づいてパラメータの値を推定することが重要な問題となる．最尤推定法は，パラメータの基本的な推定法である．この方法は，(性質の悪くない統計モデルであれば) どのようなパラメトリックな統計モデルにも適用できるという特長がある．最尤推定法の基本的な性質は，イギリスの統計学者 R. A. Fisher (1890–1962) により研究された．もう 1 つの重要な方法である Bayes 法については 2 章で扱う．

最尤推定の基本的な考え方について説明しよう．確率変数 X の確率密度関数を

$$p(x;\theta)$$

とする．確率密度関数とよぶときは，パラメータ θ の値を固定して観測値 x の関数とみなしている．

逆に，$p(x;\theta)$ を観測値 x を固定してパラメータ θ の関数とみなすとき，これを**尤度関数**とよぶ．θ の関数であることを強調するために，尤度関数を $L(\theta;x) = p(x;\theta)$ と表すこともある．尤度関数の対数 $\log L(\theta;x) = \log p(x;\theta)$ を**対数尤度関数**とよぶ．省略して，対数尤度とよぶことが多い．

データ x が与えられたとき，対数尤度を最大化する θ を $\hat{\theta}(x)$ と表し，**最尤推定値**とよぶ．つまり，

---

*1　実際上の確率分布が必ず連続型・離散型のどちらかに分類できるわけではなく，この分類はあくまで便宜的なものである．しかし，実用上は便利なので，1 章〜3 章では利用する．

$$\max_{\theta} \log p(x;\theta) = \log p(x;\hat{\theta}(x))$$

が成立する．最尤推定値 $\hat{\theta}(x)$ の x を確率変数 X で置き換えて得られる確率変数 $\hat{\theta}(X)$ を**最尤推定量**とよぶ．

最尤推定値を求めるためには，尤度関数を最大化しても，対数尤度関数を最大化してもよい．実際の計算では，対数尤度の方が扱いが簡単になることが多い．対数尤度関数をパラメータ θ で微分 (θ が多次元のときは，θ の各成分で偏微分) して 0 とおいて得られる方程式を**尤度方程式**とよぶ．尤度関数が単峰で微分可能であれば尤度方程式を解いて最尤推定値を求めることができる．

簡単なモデルについて，最尤推定量を求めてみよう．

例 1.1 [コイン投げ] $\theta \in [0,1]$ をコインの表の出る確率とする．N 回コインを投げて x 回表が出る確率は，よく知られているように，二項分布，

$$p(x;\theta) = \binom{N}{x}\theta^x(1-\theta)^{N-x} \tag{1.1}$$

となる．

ここで，θ が既知の量であれば，確率の問題となる．しかし，パラメータ θ が未知の量であるときには，観測値 x からパラメータ θ について何がいえるのかという統計的推測の問題が現れる．

尤度関数は，

$$p(x;\theta) = \binom{N}{x}\theta^x(1-\theta)^{N-x}$$

である．(1.1) と同じ式であるが，尤度関数というときには，x の値は与えて，θ の関数とみなしている．対数尤度関数は

$$\log p(x;\theta) = \log \binom{N}{x} + x\log\theta + (N-x)\log(1-\theta)$$

となる．尤度方程式は，

$$\frac{\partial}{\partial\theta}\log p(x;\theta) = \frac{x}{\theta} - \frac{N-x}{1-\theta} = 0$$

である．このモデルでは対数尤度 $\log p(x;\theta)$ は θ に関して凹関数なので，尤度方程式の解 $\hat{\theta}$ が対数尤度を最大にする．したがって，最尤推定値は尤度方程式の解

$$\hat{\theta}(x) = \frac{x}{N},$$

最尤推定量は

$$\hat{\theta}(X) = \frac{X}{N}$$

となる. ◁

例 1.2 [分散既知の繰返し測定モデル] ある測定機器で棒の長さ μ を N 回測定する. ε_i を i 回目の測定の測定誤差とすると測定結果は,

$$X_i = \mu + \varepsilon_i \quad (i = 1, \dots, N)$$

となる. 測定装置に系統的なずれがなければ誤差 ε_i は 0 の周りにランダムな値をとってばらつくので, 誤差 ε_i の期待値 $\mathrm{E}(\varepsilon_i)$ は 0 になる. 測定装置の性能が良ければ, 分散 $\mathrm{E}(\varepsilon_i^2)$ は小さくなる. 誤差の確率分布は平均 0, 分散 σ^2 の正規分布 $\mathrm{N}(0, \sigma^2)$ によって近似できることが多い.

誤差 ε_i $(i = 1, \dots, N)$ が独立に平均 0, 分散 σ^2 の正規分布に従うとき, X_i $(i = 1, \dots, N)$ は独立に平均 μ, 分散 σ^2 の正規分布 $\mathrm{N}(\mu, \sigma^2)$ に従う. 測定装置の性能がわかっているときは, σ^2 は既知となり, 未知のパラメータは μ だけとなる. 測定装置の性能がわからないとき, 未知のパラメータは μ と σ の 2 つとなる. ここでは, 分散 σ^2 は既知とし, 一般性を失わず $\sigma^2 = 1$ としよう.

このとき, 尤度関数は,

$$p(x_1, x_2, \dots, x_N; \mu) = \prod_{i=1}^{N} p(x_i; \mu) = \prod_{i=1}^{N} \frac{1}{\sqrt{2\pi}} \exp\left\{ -\frac{1}{2}(x_i - \mu)^2 \right\}$$

となる.

ここで,

$$\bar{x} = \frac{\sum_{i=1}^{N} x_i}{N}$$

と定義すると,

$$
\begin{aligned}
\sum_i (x_i - \mu)^2 &= \sum_i (x_i - \bar{x} + \bar{x} - \mu)^2 \\
&= \sum_i (x_i - \bar{x})^2 + 2\sum_i (x_i - \bar{x})(\bar{x} - \mu) + \sum_i (\bar{x} - \mu)^2 \\
&= \sum_i (x_i - \bar{x})^2 + N(\bar{x} - \mu)^2
\end{aligned}
\tag{1.2}
$$

が成立する．この関係式は，数直線上の $x_1, \ldots, x_N$ に質量 1 の質点を N 個配置したとき，点 μ の周りの N 個の質点の 2 次モーメントが，重心 $\bar{x}$ の周りの N 個の質点の 2 次モーメントと，$\bar{x}$ に位置する質量 N の質点 1 個の μ の周りの 2 次モーメントとの和になることを意味する式として理解することもできる．

(1.2) より，尤度関数は

$$p(x_1, x_2, \ldots, x_N; \mu) = \left(\frac{1}{2\pi}\right)^{\frac{N}{2}} \exp\left\{-\frac{1}{2}\sum_i (x_i - \bar{x})^2 - \frac{N}{2}(\bar{x} - \mu)^2\right\},$$

対数尤度は，

$$\log p(x_1, x_2, \ldots, x_N; \mu) = \frac{N}{2}\log\frac{1}{2\pi} - \frac{1}{2}\sum_i (x_i - \bar{x})^2 - \frac{N}{2}(\bar{x} - \mu)^2$$

となる．尤度方程式

$$\frac{\partial}{\partial \mu}\log p(x_i, \ldots, x_N; \mu) = N(\bar{x} - \mu) = 0$$

より，最尤推定値は，

$$\hat{\mu}(x) = \bar{x}$$

となる．最尤推定値はサンプル平均となることがわかる．　　　　　　　　　◁

例 1.3 [分散未知の繰返し測定モデル] X_i $(i = 1, \ldots, N)$ が平均 μ，分散 σ^2 の正規分布 $\mathrm{N}(\mu, \sigma^2)$ に独立に従うとき，尤度関数は，

$$p(x_1, x_2, \ldots, x_N; \mu, \sigma^2) = \prod_{i=1}^{N} p(x_i; \mu, \sigma^2) = \prod_{i=1}^{N} \frac{1}{\sqrt{2\pi\sigma^2}}\exp\left\{-\frac{1}{2\sigma^2}(x_i - \mu)^2\right\}$$

$$= \left(\frac{1}{2\pi\sigma^2}\right)^{\frac{N}{2}}\exp\left\{-\frac{1}{2\sigma^2}\sum_i (x_i - \bar{x})^2 - \frac{N}{2\sigma^2}(\bar{x} - \mu)^2\right\}$$

となる．対数尤度は，

$$\log p(x_1, \ldots, x_N; \mu, \sigma^2) = -\frac{N}{2}\log(2\pi\sigma^2) - \frac{1}{2\sigma^2}\sum_i (x_i - \bar{x})^2 - \frac{N}{2\sigma^2}(\bar{x} - \mu)^2,$$

尤度方程式は，

$$\frac{\partial}{\partial \mu}\log p(x_1, \ldots, x_N; \mu, \sigma^2) = \frac{N}{\sigma^2}(\bar{x} - \mu) = 0,$$

$$\frac{\partial}{\partial(\sigma^2)} \log p(x_1, \ldots, x_N; \mu, \sigma^2) = -\frac{N}{2\sigma^2} + \frac{1}{2\sigma^4} \sum_{i=1}^{N} (x_i - \mu)^2 + \frac{N}{2\sigma^4} (\bar{x} - \mu)^2 = 0$$

となる. これを解いて, 最尤推定値は,

$$\hat{\mu} = \bar{x} = \frac{\sum_{i=1}^{N} x_i}{N}, \quad \hat{\sigma}^2 = \frac{\sum_{i=1}^{N} (x_i - \bar{x})^2}{N}$$

となることがわかる. なお, 分散の推定値は最尤推定値の N を $N-1$ で置き換えた

$$\frac{\sum_{i=1}^{N} (x_i - \bar{x})^2}{N-1}$$

もよく用いられる (例 2.3 を参照).   ◁

1.2.2 最尤法の不変性

最尤法は, パラメータの変数変換と, 確率変数の変数変換に対して, 不変性をもつことを説明する.

まず, パラメータの変数変換について考える. 統計モデル $p(x;\theta)$ のパラメータ θ を $\xi(\theta)$ に変数変換する. θ と ξ とは 1 対 1 に対応するものとする.

観測される確率変数を X とする. X は多次元でもかまわない. 観測値 x が与えられたとき, パラメータ θ に対する対数尤度関数は,

$$\log p(x;\theta)$$

であり, これを最大にする θ が最尤推定値 $\hat{\theta}$ である. θ と ξ とは 1 対 1 に対応するので, ξ をパラメータとしてとることもできる. ξ に対する対数尤度関数は,

$$\log p(x;\theta(\xi))$$

である. ここで, $\theta(\xi)$ は $\xi(\theta)$ の逆関数である. これを最大にする ξ は $\xi(\hat{\theta})$ であることがわかる. したがって, パラメータ ξ に対する最尤推定値を $\hat{\xi}(x)$ とおくと,

$$\hat{\xi}(x) = \xi(\hat{\theta}(x))$$

が成立する. つまり, 最尤推定値はパラメータのとり方に対し不変性をもつ.

次に，確率変数の変数変換について考えよう．X の実現値 x と Y の実現値 y とは 1 対 1 に対応するものとする．また，簡単のため，関数 $y(x)$ と逆関数 $x(y)$ はともに滑らかとする．

確率変数 X の確率密度関数が $p(x;\theta)$ のとき，確率変数 Y の確率密度関数は，

$$p(y;\theta) = p(x;\theta)\left|\frac{\partial x}{\partial y}\right|$$

となる．なお，多次元の確率密度関数の変数変換については『確率・統計 I』の3.3 節に説明がある．したがって，$p(y;\theta)$ を最大にする θ と $p(x;\theta)$ を最大にする θ とは一致する．つまり，最尤推定値は確率変数の変数変換に対し不変性をもつ．

不変性は推定量などが必ず備えていなければならない性質というわけではない．しかし，いろいろな統計解析手法を不変性の観点から考察することにより，理解を深めることができる．

1.2.3　最尤法と Kullback–Leibler ダイバージェンス

2 つの確率分布間の近さを測る量として **Kullback–Leibler** (カルバック–ライブラー) **ダイバージェンス** $D(p,q)$ がある．

定義 1.1 (Kullback–Leibler ダイバージェンス) 2 つの確率分布が，それぞれ確率密度関数 $p(x)$, $q(x)$ をもつとき，

$$D(p,q) = \int p(x)\log\frac{p(x)}{q(x)}\mathrm{d}x$$

を p から q への Kullback–Leibler ダイバージェンスとよぶ．

Kullback–Leibler ダイバージェンス $D(p,q)$ は**相対エントロピー**とよばれることもある．

定理 1.1 Kullback–Leibler ダイバージェンス $D(p,q)$ は以下の性質をもつ．

1) 任意の確率密度関数 p,q に対し，$D(p,q) \geq 0$.

2) $D(p,q) = 0$ であれば，確率分布 p と q は等しい．逆に，確率分布 p と q が等しければ，$D(p,q) = 0$ が成立する．

(証明) 不等式

$$D(p, q) = -\int p(x) \log \frac{q(x)}{p(x)} \mathrm{d}x \geq -\int p(x) \left(\frac{q(x)}{p(x)} - 1 \right) \mathrm{d}x = 0.$$

より 1) と 2) が確認できる. ∎

注意 1.1 Kullback–Leibler ダイバージェンスは，2 つの分布 $p(x)$, $q(x)$ について対称ではないので距離の公理は満たさない．また，Kullback–Leibler ダイバージェンスは，「距離」より「距離の 2 乗」に近い性質をもつ．2.3 節で少し触れる情報幾何で重要な一般化 Pythagoras (ピタゴラス) の定理において，Kullback–Leibler ダイバージェンスは，Euclid (ユークリッド) 空間の Pythagoras の定理における距離の 2 乗に対応する役割を果たす. ◁

確率密度関数 $p_0(x)$ で表される分布に従う N 個の独立な観測値

$$x^N = (x_1, x_2, \ldots, x_N)$$

が得られたとき，パラメータ θ で指定される確率密度関数の族 $p(x; \theta)$ から $p_0(x)$ を最もよく近似するパラメータの値 θ_0 を精度よく推定する方法について考えよう．Kullback–Leibler ダイバージェンスは，

$$D(p_0(x), p(x; \theta)) = \int p_0(x) \log \frac{p_0(x)}{p(x; \theta)} \mathrm{d}x \tag{1.3}$$
$$= \int p_0(x) \log p_0(x) \mathrm{d}x - \int p_0(x) \log p(x; \theta) \mathrm{d}x$$

のように分解できる．第 1 項は θ に依存しないので，$p_0(x)$ に Kullback–Leibler ダイバージェンスの意味で近い分布を求めるには期待対数尤度 $\int p_0(x) \log p(x; \theta) \mathrm{d}x$ を最大にしてやればよい．ここで，$p_0(x)$ は未知であるため直接最大にする θ を求めることはできない．しかし，$\int p_0(x) \log p(x; \theta) \mathrm{d}x$ は

$$\frac{1}{N} \sum_{i=1}^{N} \log p(x_i; \theta) \tag{1.4}$$

で近似できる．$N \to \infty$ のとき，大数の法則から (1.4) は $\int p_0(x) \log p(x; \theta) \mathrm{d}x$ に収束する．そこで，θ の推定量として，(1.4) を最大化する $\hat{\theta}(x^N)$ を採用することが考えられる．これは最尤推定値にほかならない.

1.3 十 分 統 計 量

1.3.1 十分統計量の定義と意味

パラメトリックな統計モデルに属する確率分布に従う観測値が得られたとき，観測値をすべて記録しておかなくても，観測値を要約する統計量を用いればパラメータの推測のために十分であることがある．いくつかの例を見てみよう．

例 1.4 [コイン投げ] $X_1, X_2, \ldots, X_N$ は，独立に確率 θ で 1 確率 $1 - \theta$ で 0 の値をとる確率変数である．θ を推定する問題を考える．$X_1, X_2, \ldots, X_N$ をすべて記録していなくても，表の出た回数 $S = X_1 + X_2 + \cdots + X_N$ だけを記録しておけば θ の推定の目的のためには十分であることが示せる．S は二項分布 $\mathrm{Bi}(N, \theta)$ に従う．

◁

例 1.4 での S は，十分統計量とよばれる統計量の例である．十分統計量は以下のように定義される．

定義 1.2 (十分統計量) $X_1, X_2, \ldots, X_N$ の同時確率密度が $p(x_1, x_2, \ldots, x_N; \theta)$ であるとする．統計量すなわち $X_1, \ldots, X_N$ の関数 T を与えたときの $X_1, X_2, \ldots, X_N$ の条件付確率分布が θ に依存しないとき，T を**十分統計量**という．

図 1.1　十分統計量の直観的意味

図 1.1 は，グラフィカルモデルとよばれる考え方を用いて，十分統計量の直観的意味を表したものである．まず，$X^N = (X_1, \ldots, X_N)$ と (T, U) が 1 対 1 に対応するように統計量 U をとる．このとき，X^N と (T, U) はまったく同じ情報をもっている．θ が与えられると，それに基づいた条件付確率 $p(t; \theta)$ に従って T が分布する．T が与えられると，それに基づいた (θ には依存しない) 条件付確率 $p(u \mid t; \theta) = p(u \mid t)$ に従って U が分布する．したがって，θ について知りたいとき，T が観測されれば，T より下流にある U の情報は不要になる．

実際に例 1.4 の S は，十分統計量であることを確認しよう．

例 1.5 [コイン投げ (続き)] $X^N = (X_1, X_2, \ldots, X_N)$ の従う確率関数は，

$$p(x^N; \theta) = \prod_{i=1}^{N} \theta^{x_i}(1 - \theta)^{1-x_i}$$

である．表の出た回数 $S = X_1 + X_2 + \cdots + X_N$ の従う確率関数は，

$$p(s; \theta) = \binom{N}{s} \theta^s (1 - \theta)^{N-s}$$

である．S を与えたときの $X_1, X_2, \ldots, X_N$ の従う条件付確率は 1 が S 個，0 が $N - S$ 個の 0, 1 をランダムに並べる分布である．このような 0, 1 の並びは全部で，

$$\binom{N}{S}$$

個あり，そのうちの 1 つが選ばれる条件付確率は，

$$p(x^N \mid S = s; \theta) = \begin{cases} 1 / \binom{N}{S} & (\sum_i x_i = s), \\ 0 & (\sum_i x_i \neq s) \end{cases}$$

であるので，θ には依存しない．したがって，S は十分統計量である．   ◁

確率変数が連続型の場合も含めて，十分統計量について初等的な確率論の範囲で理解するには次のように考えればよい．$X_1, X_2, \ldots, X_N$ の組を X^N で表す．X^N と (T, U) とは 1 対 1 に対応するものとする．十分統計量が k 次元であるとき，U は $N - k$ 次元である．

このとき，T と U の同時確率密度は，

$$p(t, u; \theta) = p(t; \theta)p(u \mid t; \theta)$$

のように分解できる．$T = t$ を与えたもとでの U の条件付密度 $p(u \mid t; \theta)$ が θ に依存しないことが，T が十分統計量であることの定義の意味することである．

例 1.6 $X_1, X_2, \ldots, X_N$ が独立に平均 μ，分散 σ^2 の正規分布に従うとき，$X_1, X_2, \ldots, X_N$ の同時確率密度関数は，

$$\prod_{i=1}^{N} p(x_i; \mu, \sigma) = \prod_{i=1}^{N} \frac{1}{\sqrt{2\pi\sigma^2}} \exp\left\{ -\frac{1}{2\sigma^2}(x_i - \mu)^2 \right\}$$

となる．ただし，σ^2 は既知とする．パラメータは μ である．ここで，

$$T(X^N) = \bar{X} = \frac{\sum_i X_i}{N},$$

$$U_i = X_i - \bar{X} \quad (i - 1, \ldots, N-1),$$

$$U = (U_1, \ldots, U_{N-1})^\top$$

と定義すると，T と U との組 (T, U) と X^N とは 1 対 1 に対応する．T の期待値は μ，U_i $(i = 1, \ldots, N-1)$ の期待値は 0 であることはすぐわかる．また，T の分散は σ^2/N，U_i の分散は $(N-1)\sigma^2/N$，T と U_i の共分散は 0，$i \neq j$ のとき U_i と U_j の共分散は $-\sigma^2/N$ であることが容易に確認できる．T と U との同時確率密度関数は N 次元正規分布であるので，期待値ベクトルと共分散行列を求めれば同時確率密度関数が決まるから，$(N-1) \times (N-1)$ 行列 Σ を

$$\Sigma = \sigma^2 \begin{pmatrix} \frac{N-1}{N} & -\frac{1}{N} & \cdots & -\frac{1}{N} & -\frac{1}{N} \\ -\frac{1}{N} & \frac{N-1}{N} & -\frac{1}{N} & \cdots & -\frac{1}{N} \\ \vdots & \ddots & \ddots & \ddots & \vdots \\ -\frac{1}{N} & \cdots & -\frac{1}{N} & \frac{N-1}{N} & -\frac{1}{N} \\ -\frac{1}{N} & -\frac{1}{N} & \cdots & -\frac{1}{N} & \frac{N-1}{N} \end{pmatrix}$$

と定義して，

$$p(t, u; \mu, \sigma) = \frac{1}{\sqrt{2\pi\sigma^2/N}} \exp\left\{-\frac{N}{2\sigma^2}(t-\mu)^2\right\}$$

$$\times \frac{1}{(2\pi)^{\frac{N-1}{2}}|\Sigma|^{1/2}} \exp\left(-\frac{1}{2}u^\top \Sigma^{-1} u\right)$$

となる．したがって，T を与えたもとでの U の条件付確率密度は，

$$p(u \mid t; \mu, \sigma) = \frac{1}{(2\pi)^{\frac{N-1}{2}}|\Sigma|^{1/2}} \exp\left(-\frac{1}{2}u^\top \Sigma^{-1} u\right)$$

となるため，パラメータ μ に依存しない．だから，σ^2 が既知，μ が未知パラメータのとき T は十分統計量である．

　なお，あとで見る分解定理を用いると，T が十分統計量であることはより簡単に示せる．　　　　　　　　　　　　　　　　　　　　　　　　　　　　　　◁

　十分統計量は，モデルが正しいときにパラメータの推測をするために十分な情報をもつ．しかし，モデルが正しいかどうかを検証するためには，十分統計量以外の観測値が意味をもつ．コイン投げの例で，表の出る確率が一定というモデルが正しいかどうかを検証するためには，表の出た回数の和の情報だけでは不十分である．例えば，コインを投げ続けることにより徐々にコインが歪んで表の出る確率が増えている可能性について検討する場合を考えれば明らかであろう．

1.3.2　分　解　定　理

定理 1.2 (分解定理) $X_1, \ldots, X_N$ の同時確率密度が $p(x_1, x_2, \ldots, x_N; \theta)$ であるとき，同時密度関数が

$$p(x_1, x_2, \ldots, x_N; \theta) = h(x_1, x_2, \ldots, x_N) g(t(x_1, x_2, \ldots, x_N), \theta) \tag{1.5}$$

の型に分解されることが，$X_1, \ldots, X_N$ の関数 $T = t(X_1, X_2, \ldots, X_N)$ が十分統計量であることの必要十分条件である．ここで，$h(x_1, x_2, \ldots, x_N)$ は θ には依存しない x^N のみの関数，$g(t, \theta)$ は t と θ の関数である．

(証明) まず T が十分統計量であるとき，(1.5) のように分解できることを示す．X^N ($X_1, X_2, \ldots, X_N$ の組) と (T, U) とが 1 対 1 に対応するように U をとる．十分統計量の定義より，

$$p(t, u; \theta) = p(t; \theta) p(u \mid t; \theta)$$

と分解したとき，$p(u \mid t; \theta)$ は θ に依存しない．したがって，$h(x_1, x_2, \ldots, x_N) = p(u \mid t; \theta)$, $g(t(x_1, x_2, \ldots, x_N), \theta) = p(t; \theta)$ とおけば，(1.5) の型の分解になっている．

　次に (1.5) の型の分解ができているとき，T が十分統計量であることを示す．T と U との同時確率密度は，

$$p(t, u; \theta) = p(x^N; \theta) \left| \frac{\partial x^N}{\partial(t, u)} \right| = g(t; \theta) h(x^N) \left| \frac{\partial x^N}{\partial(t, u)} \right|$$

となる．ここで，

$$\tilde{h}(t, u) = h(x^N(t, u)) \left| \frac{\partial x^N}{\partial(t, u)} \right|$$

とおくと,

$$p(t, u; \theta) = g(t; \theta)\tilde{h}(t, u)$$

となる. だから,

$$p(u \mid t; \theta) = \frac{g(t; \theta)\tilde{h}(t, u)}{\int g(t; \theta)\tilde{h}(t, u)\mathrm{d}u} = \frac{\tilde{h}(t, u)}{\int \tilde{h}(t, u)\mathrm{d}u}$$

は, θ に依存しない. したがって, T は十分統計量である. ■

例 1.7 [正規分布 $\mathrm{N}(\mu, 1)$] $X_1, X_2, \ldots, X_N$ は独立に正規分布 $\mathrm{N}(\mu, 1)$ に従う. パラメータは $\mu \in \mathbb{R}$ である. このとき, $T = \bar{X}$ は十分統計量であることを確認しよう. $X_1, X_2, \ldots, X_N$ の同時確率密度は, $\bar{x} = \sum\limits_{i=1}^{N} x_i/N$ とおくと,

$$p(x_1, x_2, \ldots, x_N; \mu) = \prod_{i=1}^{N} \frac{1}{\sqrt{2\pi}} \exp\left\{ -\frac{(x_i - \mu)^2}{2} \right\}$$

$$= \left(\frac{1}{\sqrt{2\pi}} \right)^N \exp\left\{ -\frac{N(\bar{x} - \mu)^2}{2} \right\} \exp\left\{ -\frac{\sum\limits_{i=1}^{N}(x_i - \bar{x})^2}{2} \right\}$$

のように表せる.

$$g(t, \mu) = \left(\frac{1}{\sqrt{2\pi}} \right)^N \exp\left\{ -\frac{N(\bar{x} - \mu)^2}{2} \right\},$$

$$h(x_1, x_2, \ldots, x_N) = \exp\left\{ -\frac{\sum\limits_{i=1}^{N}(x_i - \bar{x})^2}{2} \right\}$$

とおくと, 定理 1.2 の条件を満たしている. ◁

例 1.8 [コイン投げ] $X_1, X_2, \ldots, X_N$ は, 独立に確率 θ で 1, 確率 $1 - \theta$ で 0 の値をとる確率変数とする. θ がパラメータである.

$T = X_1 + X_2 + \cdots + X_N$ とおくと, $X_1, X_2, \ldots, X_N$ の同時確率関数は,

$$p(x_1, x_2, \ldots, x_N; \theta) = \prod_{i=1}^{N} \theta^{x_i}(1 - \theta)^{1 - x_i} = \theta^t(1 - \theta)^{N - t}$$

となる．ここで，

$$g(t, \theta) = \theta^t (1-\theta)^{N-t}, \qquad h(x_1, x_2, \ldots, x_N) = 1$$

とおくと，定理 1.2 の条件を満たしている．したがって，$T = X_1 + X_2 + \cdots + X_N$ は十分統計量である． ◁

例 **1.9** [正規分布 $\mathrm{N}(\mu, \sigma^2)$] $X_1, X_2, \ldots, X_N$ は独立に正規分布 $\mathrm{N}(\mu, \sigma^2)$ に従う．パラメータは $\mu \in \mathbb{R},\, \sigma > 0$ である．$X_1, X_2, \ldots, X_N$ の同時確率密度は，

$$p(x_1, x_2, \ldots, x_N; \mu, \sigma) = \prod_{i=1}^{N} \frac{1}{\sqrt{2\pi\sigma^2}} \exp\left\{-\frac{1}{2\sigma^2}(x_i - \mu)^2\right\}$$

$$= \left(\frac{1}{\sqrt{2\pi\sigma^2}}\right)^N \exp\left[-\frac{1}{2\sigma^2}\left\{\sum_{i=1}^{N}(x_i - \bar{x})^2 + N(\bar{x} - \mu)^2\right\}\right]$$

であるから，$T_1 = \bar{X} = \sum\limits_{i=1}^{N} X_i/N,\, T_2 = \sum\limits_{i=1}^{N}(X_i - \bar{X})^2$ とおき，

$$g(t_1, t_2, \theta) = \left(\frac{1}{\sqrt{2\pi\sigma^2}}\right)^N \exp\left[-\frac{1}{2\sigma^2}\left\{t_2 + N(t_1 - \mu)^2\right\}\right],$$
$$h(x_1, x_2, \ldots, x_N) = 1$$

と定義すると，定理 1.2 の条件を満たす．したがって，

$$(T_1, T_2) = \left(\bar{X}, \sum_{i=1}^{N}(X_i - \bar{X})^2\right)$$

は十分統計量である． ◁

例 **1.10** [サポート^{*2}の動くモデル] $X_1, X_2, \ldots, X_N$ が独立に確率密度

$$p(x; \theta) = \begin{cases} \dfrac{1}{\theta} & (x \in [0, \theta]), \\ 0 & (x \notin [0, \theta]) \end{cases}$$

---

*2 確率密度関数 $p(x)$ に対し，$\mathbb{R}$ の部分集合 $\{x \mid p(x) > 0\}$ の閉包を $p(x)$ の「サポート」または「台」とよぶ．

をもつ確率分布に従うとする. $\theta \in \mathbb{R}^+$ がパラメータである. このとき, $X_1, \ldots, X_N$ の同時確率密度は,

$$p(x; \theta) = \begin{cases} \left(\dfrac{1}{\theta}\right)^N & \left(\displaystyle\max_{1 \leq i \leq N} x_i \in [0, \theta]\right), \\[3mm] 0 & \left(\displaystyle\max_{1 \leq i \leq N} x_i \notin [0, \theta]\right) \end{cases}$$

である. ここで, 統計量 $T(X^N) = \displaystyle\max_{1 \leq i \leq N} X_i$ を考え,

$$g(t, \theta) = \begin{cases} \left(\dfrac{1}{\theta}\right)^N & (t \in [0, \theta]), \\[3mm] 0 & (t \notin [0, \theta]) \end{cases}$$

$$h(x_1, \ldots, x_N) = 1$$

と定義すると, 定理 1.2 の条件を満たす. したがって, $T = \displaystyle\max_{1 \leq i \leq N} X_i$ は十分統計量である. $\lhd$

十分統計量を用いれば, データをすべて用いることなく最尤推定値を求めることもできる. 実際, 分解定理により対数尤度は,

$$\log p(x_1, \ldots, x_N; \theta) = \log\{h(x_1, \ldots, x_N)g(t(x_1, \ldots, x_N), \theta)\}$$
$$= \log h(x_1, \ldots, x_N) + \log g(t(x_1, \ldots, x_N), \theta)$$

のように表せる. 第 1 項は θ に依存しないので, 最尤推定値を求めるためには, 第 2 項を最大化すればよい. 第 2 項は t と θ のみの関数であるから, 十分統計量だけを用いて最尤推定値を求めることができる.

定義 1.3 (完備十分統計量) 統計モデル $p(x; \theta)$ に対し, T が十分統計量であるとする. T の任意の関数 $f(T)$ に対し, すべての θ について

$$\mathrm{E}_\theta(f(T)) = 0$$

であれば,

$$f(T) = 0 \quad \text{a.s.}$$

が成立するとき, 十分統計量 T は完備であるという.

注意 1.2　上の定義で a.s. は「確率 1 で」の意味である．詳しくは 4 章で扱う．

◁

注意 1.3　確率分布を 1 つ固定して考えるときは，確率変数 X の期待値を $\mathrm{E}(X)$ と表す．確率分布がパラメータ θ をもつ統計モデルに属するときは，期待値をとる確率分布をパラメータ θ で指定して $\mathrm{E}_\theta(X)$ のように表す．　　◁

例 1.11 [コイン投げ] $X_1, X_2, \ldots, X_N$ は，独立に確率 θ で 1，確率 $1-\theta$ で 0 の値をとる確率変数とする．θ がパラメータである．このとき，統計量 $T = X_1 + X_2 + \cdots + X_N$ が十分統計量であることは例 1.8 で見た．

　T が完備十分統計量であることを示そう．T の分布はパラメータ θ の二項分布である．T の関数 $f(T)$ の期待値について

$$\sum_{t=1}^{N} f(t) \binom{N}{t} \theta^t (1-\theta)^{N-t} = 0$$

が $\theta \in [0,1]$ に対し成立するということは，すべての t について

$$f(t) \binom{N}{t} = 0,$$

すなわち $f(t) = 0$ を意味する．したがって，T は完備十分統計量である．　　◁

　十分統計量，完備十分統計量の推定理論における応用については 2 章で扱う．

2 推　　　定

　本章では，パラメータ推定の理論について説明する．不偏推定量，有効推定量，最尤推定量の漸近有効性，Bayes 法について扱う．

2.1 推　　定　　量

2.1.1 推定量の定義

　パラメトリックな統計モデル $\mathcal{P} = \{p(x;\theta) \mid \theta \in \Theta\}$ のパラメータ θ をデータから推定することを考える．まず，推定量の定式化をしよう．$\mathcal{X}$ を「観測値のとり得る値の集合」とする．Θ を「パラメータのとり得る値の集合」，すなわちパラメータ空間とする．

定義 2.1 $\mathcal{X}$ から Θ への関数

$$\hat{\theta} : \mathcal{X} \to \Theta$$

を推定量とよぶ．

注意 2.1 $\Theta \subset \mathbb{R}^k$ のとき，推定量 $\hat{\theta}$ を $\mathcal{X}$ から $\mathbb{R}^k$ への関数と定義することもある．このとき，$\hat{\theta}$ のとる値が Θ に属するとは限らない．本章ではこのような推定量は扱わない． ◁

　推定量の具体例を見てみよう．

例 2.1 確率 θ で表の出るコインを N 回投げる．表を 1, 裏を 0 で表すと，確率 θ で $X_i = 1$, 確率 $1 - \theta$ で $X_i = 0$ となる．表の出る確率 θ がパラメータである．観測値 $x^N = (x_1, \ldots, x_N) \in \mathcal{X}$ は長さ N の 0, 1 の列である．x^N がとり得る値全体の空間は $\mathcal{X} = \{0,1\}^N$ となる．

　定義 2.1 より，以下の 4 つはすべて推定量である．

(1) $\hat{\theta}(X^N) = \dfrac{X_1 + X_2 + \cdots + X_N}{N}$

(2) $\hat{\theta}^*(X^N) = \dfrac{X_1 + X_2 + \cdots + X_N + 1/2}{N + 1}$

(3) $\hat{\theta}^{**}(X^N) = \dfrac{X_1 + X_2}{2}$

(4) $\hat{\theta}^{***}(X^N) = \dfrac{1}{2}$

推定量 $\hat{\theta}^{**}(X^N)$ は N 個あるデータのうち最初の 2 つしか使わず，あとは捨てるというものである．また，推定量 $\hat{\theta}^{***}(X^N)$ はどのようなデータが得られようと 1/2 を推定値とするというものである．これらは，推定量として良いものでないことは直観的には明らかであるが，推定量の定義は満たしている． ◁

2.1.2 不 偏 推 定 量

例 2.1 で見たように推定量全体の集合の中には，良くない推定量が含まれる．この中から良い推定量を選ぶために，推定量の良さを評価することを考えよう．

以下では，統計モデル $p(x; \theta)$ に属する確率分布に従う確率変数 X が観測されるものとする．X は多次元でもよいとする．また，簡単のためパラメータ θ が 1 次元の場合を考える．

定義 2.2 推定量 $\hat{\theta}(X)$ のパラメータ θ のもとでの期待値が真の値 θ に一致するとき，すなわち，

$$\mathrm{E}_\theta(\hat{\theta}) = \theta$$

がすべての θ に対して成立するとき，$\hat{\theta}(X)$ は**不偏推定量**であるという．推定量が不偏であるということもある．推定量の期待値とパラメータの真の値との差

$$\mathrm{E}_\theta(\hat{\theta}) - \theta$$

を推定量の**偏り**または**バイアス**とよぶ．

定義より，不偏推定量のバイアスは 0 である．

注意 2.2 パラメータが k 次元 $\theta = (\theta_1, \ldots, \theta_k)$ の場合は，推定量 $\hat{\theta} = (\hat{\theta}_1, \ldots, \hat{\theta}_k)$ の各成分の期待値が θ_i と一致するとき，$\hat{\theta}$ は不偏推定量であると定義する． ◁

例 2.2 [例 2.1 の続き]

(1)
$$\mathrm{E}_\theta(\hat{\theta}(X^N)) = \frac{N\theta}{N} = \theta$$

より，$\hat{\theta}$ は不偏推定量．バイアスは 0 である．

(2)
$$\mathrm{E}_\theta(\hat{\theta}^*(X^N)) = \frac{N\theta + 1/2}{N + 1} = \theta + \frac{1/2 - \theta}{N + 1}$$

より，$\hat{\theta}^*$ は不偏推定量ではない．バイアスは $(1/2 - \theta)/(N + 1)$ である．

(3)
$$\mathrm{E}_\theta(\hat{\theta}^{**}(X^N)) = \frac{2\theta}{2} = \theta$$

より，$\hat{\theta}^{**}$ は不偏推定量．バイアスは 0 である．

(4)
$$\mathrm{E}_\theta(\hat{\theta}^{***}(X^N)) = \frac{1}{2} = \theta + \left(\frac{1}{2} - \theta\right)$$

より，$\hat{\theta}^{***}$ は不偏推定量ではない．バイアスは $1/2 - \theta$ である．

◁

例 **2.3** [正規分布 $\mathrm{N}(\mu, \sigma^2)$ (平均，分散未知)] 確率変数 $X_1, X_2, \ldots, X_N$ は，独立に平均 μ，分散 σ^2 の正規分布 $\mathrm{N}(\mu, \sigma^2)$ に従う．未知のパラメータは，(μ, σ^2) である．1.3 節で求めたように，最尤推定量は，

$$\hat{\mu} = \bar{X} = \frac{\sum_i X_i}{N}, \quad \hat{\sigma}^2 = \frac{\sum_i (X_i - \bar{X})^2}{N}$$

である．$\hat{\mu}$ の期待値は

$$\mathrm{E}_{\mu, \sigma^2}(\hat{\mu}) = \frac{N\mu}{N} = \mu$$

となり，$\hat{\mu}$ は不偏であるが，$\hat{\sigma}^2$ の期待値は，(1.2) と $\bar{X}$ の分散が σ^2/N であることより，

$$\mathrm{E}_{\mu, \sigma^2}\left\{\frac{\sum_i (X_i - \bar{X})^2}{N}\right\} = \mathrm{E}_{\mu, \sigma^2}\left\{\frac{\sum_i (X_i - \mu)^2}{N}\right\} - \mathrm{E}_{\mu, \sigma^2}\left\{\frac{N(\bar{X} - \mu)^2}{N}\right\}$$

$$= \sigma^2 - \frac{\sigma^2}{N} = \frac{N - 1}{N}\sigma^2 \tag{2.1}$$

となり，$\hat{\sigma}^2$ は不偏でない．$\hat{\sigma}^2$ の分母 N を $N-1$ で置き換えた

$$\frac{\sum_i (X_i - \bar{X})^2}{N-1}$$

は σ^2 の不偏推定量である．   ◁

　不偏性は，直観的には望ましい性質のように思われる．しかし，推定量に必要不可欠な性質というわけではない．例 2.1 で，ある推定量 $\tilde{\theta}(X^N)$ が不偏であるためには，$x_1 + \cdots + x_N = 0$ のとき，$\tilde{\theta}(x^N) = 0$ でなければならない．このことは，$\theta = 0$ のとき，$\mathrm{E}_{\theta=0}(\tilde{\theta}) = 0$ が成り立たなければならないことからただちにわかる．しかし，サッカーで A と B の 2 つのチームが 2 試合戦ってチーム A が連勝したとき，次の試合で B の勝つ確率を 0 と推定せず，B の勝つ確率を正の値と推定した方が合理的であることも多い．このような推定量は不偏ではあり得ない．

　さらに，ある推定量が不偏であるかどうかは，パラメータのとり方に依存する．例えば，$\xi = \theta^2$ とおけば，$\theta \in [0,1]$ の範囲で ξ と θ とは 1 対 1 に対応するので，θ の代わりに ξ をパラメータとして用いることができる．このとき，例 2.1 での不偏推定量 $\hat{\theta} = (X_1 + \cdots + X_N)/N$ を用いた ξ の推定量 $\hat{\xi} = (\hat{\theta})^2$ の期待値は下で示す Jensen の不等式 (2.2) により，

$$\mathrm{E}_\theta \left(\hat{\xi}(X^N) \right) = \mathrm{E}_\theta \left(\hat{\theta}(X^N)^2 \right) \geq \left\{ \mathrm{E}_\theta(\hat{\theta}(X^N)) \right\}^2 = \theta^2$$

となり，等号が成立するのは，$\theta = 0, 1$ のときに限る．$\theta = 0, 1$ 以外の場合は，$\hat{\xi}$ の期待値は ξ には一致しない．したがって，$\hat{\theta}$ は不偏だが，$\hat{\xi}$ は不偏でない．つまり，「不偏性」には「不変性」がないわけである．

定理 2.1 (Jensen の不等式) X が期待値 $\mathrm{E}(X) = \mu$ をもつ確率変数，$f(x)$ が凸関数であるとき，不等式

$$\mathrm{E}(f(X)) \geq f(\mathrm{E}(X)) \tag{2.2}$$

が成立する．$f(x)$ が狭義凸関数のとき，式 (2.2) の等号は確率 1 で $X = \mu$ のときに限り成り立つ．

(証明) 凸関数の性質により，すべての x に対し，

$$f(x) \geq f(\mu) + C(x - \mu) \tag{2.3}$$

が成立する実数 C が存在する ($f(x)$ が微分可能である場合は $C = f'(\mu)$ ととれば
よい). したがって,

$$\mathrm{E}(f(X)) \geq f(\mu) + C\,\mathrm{E}(X - \mu) = f(\mu)$$

より式 (2.2) が示せた.

$f(x)$ が狭義凸関数の場合の性質は, 式 (2.3) で等号が $x = \mu$ のときにのみ成り
立つことから示せる. ■

2.1.3 平均 2 乗誤差

θ が真のパラメータの値であるとき, 2 乗誤差 $(\hat{\theta}(x) - \theta)^2$ で θ と $\hat{\theta}(x)$ の近さを
評価することができる. たまたま都合の良い x が観測されると $\hat{\theta}(x)$ と θ との差は
小さくなる. そこで, 推定量の平均的な良さを評価するために, 2 乗誤差の期待
値をとった平均 2 乗誤差

$$\mathrm{E}_\theta\{(\hat{\theta}(X) - \theta)^2\}$$

がよく用いられる. 平均 2 乗誤差は θ の関数であり,

$$
\begin{aligned}
\mathrm{E}_\theta\left[\{\hat{\theta}(X) - \theta\}^2\right] &= \mathrm{E}_\theta\left[\left\{\hat{\theta}(X) - \mathrm{E}_\theta\big(\hat{\theta}(X)\big) + \mathrm{E}_\theta\big(\hat{\theta}(X)\big) - \theta\right\}^2\right] \\
&= \mathrm{Var}_\theta\big(\hat{\theta}(X)\big) + \left\{\mathrm{E}_\theta\big(\hat{\theta}(X)\big) - \theta\right\}^2
\end{aligned}
\tag{2.4}
$$

のように, 分散とバイアスの 2 乗の和として表せる. 特に $\hat{\theta}$ が不偏推定量の場合,
バイアスが 0 なので推定量の平均 2 乗誤差は, 推定量の分散と一致する.

例 2.4 [コイン投げ (続き)]

(1) $\hat{\theta}$ は不偏推定量なので, 平均 2 乗誤差は分散と一致し,

$$\mathrm{E}_\theta\left\{(\hat{\theta}(X) - \theta)^2\right\} = \mathrm{Var}_\theta\big(\hat{\theta}(X)\big) = \frac{1}{N}\theta(1 - \theta).$$

(2) $\hat{\theta}^*$ の平均 2 乗誤差は分散とバイアスの 2 乗との和なので,

$$
\begin{aligned}
\mathrm{E}_\theta\left\{\big(\hat{\theta}^*(X) - \theta\big)^2\right\} &= \mathrm{Var}_\theta\left\{\hat{\theta}^*(X)\right\} + \left(\frac{1/2 - \theta}{N + 1}\right)^2 \\
&= \frac{N}{(N + 1)^2}\theta(1 - \theta) + \left(\frac{1/2 - \theta}{N + 1}\right)^2
\end{aligned}
$$

$$= \frac{N-1}{(N+1)^2}\theta(1-\theta) + \frac{1}{4(N+1)^2}.$$

(3) $\hat{\theta}^{**}$ は不偏推定量なので, 平均 2 乗誤差は分散と一致し,

$$\mathrm{E}_\theta\left\{(\hat{\theta}^{**}(X) - \theta)^2\right\} = \mathrm{Var}_\theta\left(\hat{\theta}^{**}(X)\right) = \frac{1}{2}\theta(1-\theta).$$

(4) $\hat{\theta}^{***}$ の分散は 0 なので, 平均 2 乗誤差は, バイアスの 2 乗と一致して,

$$\mathrm{E}_\theta\left\{(\hat{\theta}^{***}(X) - \theta)^2\right\} = \left(\frac{1}{2} - \theta\right)^2.$$

$\hat{\theta}$ と $\hat{\theta}^{**}$ とでは, θ の値によらず, $\hat{\theta}$ の平均 2 乗誤差の方が小さい. したがって, $\hat{\theta}$ の方が $\hat{\theta}^{**}$ よりも良い推定量といえる.

$\hat{\theta}^{***}$ の平均 2 乗誤差は $\theta = 1/2$ のときには 0 となり, 他のどの推定量よりも小さくなる. もちろん θ の値が 1/2 から遠いときには平均 2 乗誤差の値は大きくなるが, θ の値によらず, $\hat{\theta}^{***}$ よりも平均 2 乗誤差の小さい推定量は存在しない. このように, $\hat{\theta}$ の平均 2 乗誤差と $\hat{\theta}^{***}$ の平均 2 乗誤差のどちらが小さいかは θ に依存する. したがって, 平均 2 乗誤差だけからは, どちらが良いとは結論できない. しかし, 推定量を不偏推定量に限ることにより, $\hat{\theta}^{***}$ のような明らかに不合理な推定量は排除される (ただし, $\hat{\theta}^{*}$ のような, 不偏でなくても有用な推定量も排除されてしまうことに注意が必要である).　　　　　　　　　　　　　　　◁

2.1.4 Fisher 情報量と Cramér–Rao の不等式

例 2.4 で見たように, 推定量のクラスを不偏推定量に限ることにより, 明らかに不合理な一部の推定量を排除できる. 次の段階として, 不偏推定量の中で良い推定量を選ぶことが問題になる.

定義 2.3 $\hat{\theta}^{*}$ を不偏推定量とする. 任意の不偏推定量 $\hat{\theta}$ に対し, すべての θ について

$$\mathrm{Var}_\theta(\hat{\theta}^{*}) \leq \mathrm{Var}_\theta(\hat{\theta})$$

が成立するとき, $\hat{\theta}^{*}$ を**一様最小分散不偏推定量**とよぶ.

もし一様最小分散不偏推定量が存在すれば, それを採用するのがよいと考えられる.

　それでは，不偏推定量の分散はどこまで小さくできるのであろうか．その1つの下界を与えるのが，Fisher 情報量に基づく Cramér–Rao の不等式である．

　まず，パラメータ θ が1次元の場合に Fisher 情報量を定義する．

定義 2.4 パラメトリックモデル $p(x;\theta)$ に対し，**Fisher (フィッシャー) 情報量**を

$$I(\theta) = \mathrm{E}_\theta \left[\left\{ \frac{\partial}{\partial \theta} \log p(X;\theta) \right\}^2 \right] \tag{2.5}$$

と定義する．

　Fisher 情報量はイギリスの統計学者 R. A. Fisher (1890–1962) により 1925 年に導入された．統計的推測のさまざまな場面で現れる重要な量である．

補題 2.1 Fisher 情報量は，

$$I(\theta) = -\mathrm{E}_\theta \left\{ \frac{\partial^2}{\partial \theta^2} \log p(X;\theta) \right\} \tag{2.6}$$

と表せる．

(証明)

$$\frac{\partial^2}{\partial \theta^2} \log p(x;\theta) = \frac{\partial}{\partial \theta} \left\{ \frac{\frac{\partial}{\partial \theta} p(x;\theta)}{p(x;\theta)} \right\} = \frac{\frac{\partial^2}{\partial \theta^2} p(x;\theta)}{p(x;\theta)} - \frac{\left\{ \frac{\partial}{\partial \theta} p(x;\theta) \right\}^2}{\{p(x;\theta)\}^2}$$

より，

$$p(x;\theta) \frac{\partial^2}{\partial \theta^2} \log p(x;\theta) = \frac{\partial^2}{\partial \theta^2} p(x;\theta) - p(x;\theta) \left(\frac{\partial}{\partial \theta} \log p(x;\theta) \right)^2.$$

両辺を x で積分すると，

$$\int \frac{\partial^2}{\partial \theta^2} p(x;\theta) \mathrm{d}x = \frac{\partial^2}{\partial \theta^2} \int p(x;\theta) \mathrm{d}x = \frac{\partial^2}{\partial \theta^2} 1 = 0$$

より

$$-\mathrm{E}_\theta \left\{ \frac{\partial^2}{\partial \theta^2} \log p(X;\theta) \right\} = I(\theta).$$

■

　実際に Fisher 情報量を計算する場合には (2.6) を用いる方が定義式 (2.5) を用いるよりも便利なことが多い．

定理 2.2 (Cramér–Rao (クラメル–ラオ) の不等式 (パラメータが 1 次元の場合)) 確率変数 $X_1, X_2, \ldots, X_N$ が独立に確率密度 $p(x;\theta)$ に従って分布し，$\hat{\theta}(X^N)$ が θ の不偏推定量，$I(\theta)$ が X_1 の Fisher 情報量であるとき，不等式

$$\mathrm{Var}_\theta(\hat{\theta}) \geq \frac{1}{NI(\theta)} \tag{2.7}$$

が成立する．ただし，X^N は，$X_1, \ldots, X_N$ の組を表す．

(証明)

$$p(x^N;\theta) = \prod_{i=1}^{N} p(x_i;\theta)$$

とおく．$\hat{\theta}$ は不偏推定量であるから，

$$\int \hat{\theta}(x^N) p(x^N;\theta) \mathrm{d}x^N = \theta$$

である．両辺を θ で偏微分すると，

$$\int \hat{\theta}(x^N) \frac{\frac{\partial}{\partial\theta} p(x^N;\theta)}{p(x^N;\theta)} p(x^N;\theta) \mathrm{d}x^N = 1$$

より，

$$\int \hat{\theta}(x^N) \left\{ \frac{\partial}{\partial\theta} \log p(x^N;\theta) \right\} p(x^N;\theta) \mathrm{d}x^N = 1. \tag{2.8}$$

また，$p(x^N;\theta)$ は密度関数であるから，

$$\int p(x^N;\theta) \mathrm{d}x^N = 1.$$

両辺を θ で偏微分すると，

$$\int \frac{\frac{\partial}{\partial\theta} p(x^N;\theta)}{p(x^N;\theta)} p(x^N;\theta) \mathrm{d}x^N = 0$$

より，

$$\int \left\{ \frac{\partial}{\partial\theta} \log p(x^N;\theta) \right\} p(x^N;\theta) \mathrm{d}x^N = 0. \tag{2.9}$$

(2.8), (2.9) より

$$\int \{\hat{\theta}(x^N) - \theta\} \left\{ \frac{\partial}{\partial\theta} \log p(x^N;\theta) \right\} p(x^N;\theta) \mathrm{d}x^N = 1,$$

すなわち

$$\mathrm{E}_\theta\left[\{\hat{\theta}(X^N)-\theta\}\frac{\partial}{\partial\theta}\log p(X^N;\theta)\right]=1$$

が成立する．よって，Schwartz の不等式により

$$\mathrm{E}_\theta\left[\{\hat{\theta}(X^N)-\theta\}^2\right]\mathrm{E}_\theta\left[\left\{\frac{\partial}{\partial\theta}\log p(X^N;\theta)\right\}^2\right]\geq 1.$$

ここで，

$$\mathrm{E}_\theta\left[\left\{\frac{\partial}{\partial\theta}\log p(X^N;\theta)\right\}^2\right]=NI(\theta),$$

$$\mathrm{Var}_\theta[\{\hat{\theta}(X^N)-\theta\}^2]=\mathrm{E}_\theta\left[\{\hat{\theta}(X^N)-\theta\}^2\right]$$

であるから，(2.7) が示せた． ■

X^N を N 回の観測の集まりと考える代わりに，まとめて 1 回の観測と考えることもできる．X^N を 1 回の観測と考えた場合，観測 1 回の Fisher 情報量は $NI(\theta)$ となり，X_1 の Fisher 情報量の N 倍となる．したがって，X^N を N 個の観測値の集まりと考えても，まとめて 1 つの観測値と考えても，得られる Cramér–Rao の不等式は同じになる．

定義 2.5 分散が Cramér–Rao の不等式の与える下界に一致する不偏推定量を**有効推定量**とよぶ．

定義から，有効推定量は，一様最小分散不偏推定量であることがただちにわかる．しかし，一様最小分散不偏推定量は必ずしも有効推定量であるとは限らない．

例 2.5 [コイン投げ (続き)] 表が出る確率 θ のコインを N 回投げる．i 回目 ($i=1,\ldots,N$) に投げたとき，表が出ることを $X_i=1$，裏が出ることを $X_i=0$ で表すと X_1 のとる値の確率は

$$p(x_1;\theta)=\theta^{x_1}(1-\theta)^{1-x_1}$$

となる．X_1 の Fisher 情報量は，

$$I(\theta)=-\mathrm{E}_\theta\left(\frac{\partial^2}{\partial\theta^2}\log p(X_1;\theta)\right)=-\mathrm{E}_\theta\left[\frac{\partial^2}{\partial\theta^2}\{X_1\log\theta+(1-X_1)\log(1-\theta)\}\right]$$

$$=\frac{\theta}{\theta^2}+\frac{1-\theta}{(1-\theta)^2}=\frac{1}{\theta(1-\theta)}.$$

したがって，$\hat{\theta}(X^N)$ が N 回のコイン投げの結果 $X_1, \ldots, X_N$ を用いた θ の不偏推定量であれば，Cramér–Rao の不等式より，

$$\mathrm{Var}_\theta[\hat{\theta}(X^N)] \geq \frac{1}{NI(\theta)} = \frac{\theta(1-\theta)}{N}$$

が成立する.

　ここで，

$$\hat{\theta}(X^N) = \bar{X} = \frac{X_1 + \cdots + X_N}{N}$$

とおくと $\hat{\theta}(X^N)$ は不偏推定量である. $\hat{\theta}(X^N)$ の分散は，

$$\mathrm{Var}_\theta(\hat{\theta}) = \frac{N}{N^2}\mathrm{Var}_\theta(X_1) = \frac{N}{N^2}\{\mathrm{E}(X_1{}^2) - (\mathrm{E}(X_1))^2\} = \frac{\theta(1-\theta)}{N}$$

となり，Cramér–Rao の不等式の与える下界と一致する. したがって，$\hat{\theta}(X^N)$ は有効推定量である.　　　　　　　　　　　　　　　　　　　　　　　　　　　◁

例 **2.6** [正規分布 N(μ, σ^2) (分散既知)] 確率変数 $X_1, X_2, \ldots, X_N$ は，独立に平均 μ 分散 σ^2 の正規分布 N(μ, σ^2) に従う. μ は未知のパラメータ，σ^2 は既知であるとする. X_i の従う確率分布の確率密度関数は，

$$p(x_i; \mu) = \frac{1}{\sqrt{2\pi\sigma^2}} \exp\left\{ -\frac{(x_i - \mu)^2}{2\sigma^2} \right\}$$

であるから，X_i の Fisher 情報量は，

$$
\begin{aligned}
I(\mu) &= -\mathrm{E}_\mu\left\{ \frac{\partial^2}{\partial\mu^2} \log p(X_i; \mu) \right\} \\
&= -\mathrm{E}_\mu\left[\frac{\partial^2}{\partial\mu^2}\left\{ -\frac{(X_i - \mu)^2}{2\sigma^2} - \log\sqrt{2\pi} - \log\sigma \right\} \right] = \frac{1}{\sigma^2}.
\end{aligned}
\tag{2.10}
$$

Cramér–Rao の不等式より，任意の不偏推定量 $\hat{\mu}(X^N)$ に対し，

$$\mathrm{Var}_\theta(\hat{\mu}) \geq \frac{1}{NI(\mu)} = \frac{\sigma^2}{N}$$

が成立する. ここで，

$$\hat{\mu}(X^N) = \bar{X} = \frac{1}{n}\sum X_i$$

と定義すると，$\hat{\mu}(X^N)$ は不偏推定量である. 分散は，

$$\mathrm{Var}_\mu\{\hat{\mu}(X^N)\} = \frac{N}{N^2}\mathrm{Var}_\mu(X_i) = \frac{\sigma^2}{N}$$

となり，Cramér–Rao の不等式の与える下界と一致する．したがって，$\hat{\mu}(X^N) = \bar{X}$ は有効推定量である． ◁

次にパラメータ θ が多次元の場合について見てみよう．

定義 2.6 k 次元のパラメータ $\theta = (\theta_1, \theta_2, \ldots, \theta_k)$ をもつパラメトリックモデル $p(x; \theta)$ に対し，(i, j) 成分が

$$I_{ij}(\theta) = \mathrm{E}_\theta \left\{ \frac{\partial}{\partial \theta_i} \log p(x; \theta) \cdot \frac{\partial}{\partial \theta_j} \log p(x; \theta) \right\}$$

である $k \times k$ 行列を **Fisher 情報行列**とよぶ．

補題 2.2 Fisher 情報行列の (i, j) 成分は，

$$I_{i,j}(\theta) = -\mathrm{E}_\theta \left\{ \frac{\partial^2}{\partial \theta_i \partial \theta_j} \log p(X; \theta) \right\}$$

と表せる．

定理 2.3 (Cramér–Rao の不等式 (パラメータが多次元の場合)**)** X_1, $X_2, \ldots,$ X_N が独立に確率密度関数 $p(x; \theta)$ に従って分布する確率変数，$\hat{\theta}(X^N) = (\hat{\theta}_1, \hat{\theta}_2, \ldots, \hat{\theta}_N)$ が k 次元のパラメータ $\theta = (\theta_1, \theta_2, \ldots, \theta_N)$ の不偏推定量であるとき，$\hat{\theta}$ の分散共分散行列を $\mathrm{Cov}_\theta(\hat{\theta})$ とおくと，不等式

$$\mathrm{Cov}_\theta(\hat{\theta}) \geq \frac{1}{N} I^{-1}(\theta)$$

が成立する．ただし，不等号は $\mathrm{Cov}_\theta(\hat{\theta}) - I^{-1}(\theta)/N$ が非負定値行列であることを表す．

1 次元の場合と同様に，多次元の場合も分散共分散行列 $\mathrm{Cov}_\theta(\hat{\theta})$ が Cramér–Rao の不等式の与える下界に一致する不偏推定量を**有効推定量**とよぶ．多次元の「一様最小分散不偏推定量」についても 1 次元の場合と同様に定義する．

例 2.7 [正規分布 $\mathrm{N}(\mu, \sigma^2)$ (平均，分散未知)] $\tau = \sigma^2$ とおき，$\theta_1 = \mu$, $\theta_2 = \tau$ と定義する．未知のパラメータ $\theta = (\theta_1, \theta_2) = (\mu, \tau)$ は 2 次元である．
例 1.3 で見たように Fisher 情報行列を求めよう．

$$p(x; \mu, \tau) = \frac{1}{\sqrt{2\pi\tau}} \exp\left\{ -\frac{(x - \mu)^2}{2\tau} \right\}$$

より,

$$
\begin{aligned}
I_{11}(\theta) &= - \mathrm{E}_\theta \left\{ \frac{\partial^2}{\partial \mu^2} \log p(X; \mu, \tau) \right\} \\
&= - \mathrm{E}_\theta \left[\frac{\partial^2}{\partial \mu^2} \left\{ -\frac{1}{2} \log(2\pi\tau) - \frac{(X-\mu)^2}{2\tau} \right\} \right] = \frac{1}{\tau}, \\
I_{12}(\theta) = I_{21}(\theta) &= - \mathrm{E}_\theta \left\{ \frac{\partial^2}{\partial \mu \partial \tau} \log p(X; \mu, \tau) \right\} = - \mathrm{E}_\theta \left[\frac{X-\mu}{\tau^2} \right] = 0, \\
I_{22}(\theta) &= - \mathrm{E}_\theta \left\{ \frac{\partial^2}{\partial \tau^2} \log p(X; \mu, \tau) \right\} = -\frac{1}{2\tau^2} + \frac{\tau}{\tau^3} = \frac{1}{2\tau^2}.
\end{aligned}
$$

よって,

$$
I(\theta) = \begin{pmatrix} \frac{1}{\tau} & 0 \\ 0 & \frac{1}{2\tau^2} \end{pmatrix} = \begin{pmatrix} \frac{1}{\sigma^2} & 0 \\ 0 & \frac{1}{2\sigma^4} \end{pmatrix}.
$$

だから, Cramér–Rao の不等式の与える分散共分散行列の下界は,

$$
\frac{1}{N} I^{-1} = \begin{pmatrix} \frac{\tau}{N} & 0 \\ 0 & \frac{2\tau^2}{N} \end{pmatrix} = \begin{pmatrix} \frac{\sigma^2}{N} & 0 \\ 0 & \frac{2\sigma^4}{N} \end{pmatrix}
$$

である. ここで, 不偏推定量

$$
\hat{\theta}_1 = \hat{\mu} = \bar{X} = \frac{\sum_i X_i}{N}, \quad \hat{\theta}_2 = \hat{\tau} = \frac{\sum_i (X_i - \bar{X})^2}{n-1}
$$

を考えると, $\hat{\theta} = (\hat{\theta}_1, \hat{\theta}_2) = (\hat{\mu}, \hat{\tau})$ の分散共分散行列は,

$$
\mathrm{Cov}_\theta(\hat{\theta}) = \begin{pmatrix} \frac{\sigma^2}{N} & 0 \\ 0 & \frac{2\sigma^4}{N-1} \end{pmatrix} \geq \begin{pmatrix} \frac{\sigma^2}{N} & 0 \\ 0 & \frac{2\sigma^4}{N} \end{pmatrix}
$$

となり Cramér–Rao の下界は達成しない. つまり, $\hat{\theta}$ は有効推定量ではない. しかし, 実は, $\hat{\theta}$ は一様最小分散不偏推定量であることが知られている. これは, $(\sum_i X_i, \sum_i (X_i - \bar{X})^2)$ が完備十分統計量であることを示すことができることから, 注意 2.3 にある議論よりいえる.   ◁

注意 2.3 T が完備十分統計量であるとき, その関数である不偏推定量 $\hat{\theta}(T)$ が存在すれば, $\hat{\theta}(T)$ は一様最小分散不偏推定量である. このことは, Rao–Blackwell の定理 (定理 2.4) と完備十分統計量の定義より, 容易に確認できる.   ◁

　1.3 節で，十分統計量の定義と意味についての直観的な説明を与えた．次の **Rao–Blackwell の定理**は，十分統計量が実際に「十分」であることを示す例である．簡単のためパラメータ θ が 1 次元の場合を考えるが，多次元でも本質は変わらない．

定理 2.4 (Rao–Blackwell の定理)　確率変数 X は確率密度 $p(x; \theta)$ に従い，$T(X)$ は十分統計量，$\hat{\theta}(X)$ は θ の不偏推定量であるとする．

　このとき，$\hat{\theta}^* = \mathrm{E}_\theta(\hat{\theta} \mid T)$ と定義すると，$\hat{\theta}^*$ は，θ の不偏推定量であり，さらに，すべての $\theta \in \Theta$ に関して，

$$\mathrm{Var}_\theta(\hat{\theta}^*) \leq \mathrm{Var}_\theta(\hat{\theta}) \tag{2.11}$$

が成立する．

Rao–Blackwell の定理により，$\hat{\theta}^*$ は $\hat{\theta}$ に劣らない推定量であることがわかる．$\hat{\theta}^*$ は $T(X)$ を通してのみ X に依存する．したがって推定量としては十分統計量 T の関数として表されるもののみを考えればよいことになる．このことは T が十分統計量であることからも直観的に納得できるだろう．

(証明)　X と 1 対 1 に対応する統計量の組 $(T(X), U(X))$ をとると，$T(X)$ は十分統計量なので，$T(X)$ を与えたもとでの $U(X)$ の条件付確率分布は，θ によらない．したがって，T と U との同時確率密度を $p(t, u; \theta)$ とおくと，

$$p(t, u; \theta) = p(t; \theta)p(u \mid t; \theta) = p(t; \theta)p(u \mid t)$$

のように表せる．条件付確率密度 $p(u \mid t; \theta)$ は θ に依存しないため $p(u \mid t; \theta) = p(u \mid t)$ とした．

　このとき，

$$\hat{\theta}^*(x) = \mathrm{E}_\theta\left\{ \hat{\theta}(X(T, U)) \,\Big|\, T(x) = t \right\} = \int \hat{\theta}(x(t, u))p(u \mid t)\mathrm{d}u \tag{2.12}$$

は，t の関数で θ には依存しない．したがって，$\hat{\theta}^*(X)$ は推定量である．

　このとき，$\hat{\theta}(X)$ を (T, U) の関数とみなしたものを $\hat{\theta}(T, U)$，$\hat{\theta}^*(X)$ を T の関数とみなしたものを $\hat{\theta}^*(T)$ と表すと，

$$\mathrm{Var}_\theta(\hat{\theta}) = \mathrm{E}_\theta[(\hat{\theta}(T, U) - \theta)^2] = \int (\hat{\theta}(t, u) - \theta)^2 p(t, u; \theta)\mathrm{d}t\mathrm{d}u$$
$$= \int (\hat{\theta}(t, u) - \theta)^2 p(t; \theta)p(u \mid t)\mathrm{d}t\mathrm{d}u$$

$$= \int (\hat{\theta}(t,u) - \hat{\theta}^*(t) + \hat{\theta}^*(t) - \theta)^2 p(t;\theta)p(u \mid t)\mathrm{d}t\mathrm{d}u$$

$$= \int \left\{ (\hat{\theta}(t,u) - \hat{\theta}^*(t))^2 + 2(\hat{\theta}(t,u) - \hat{\theta}^*(t))(\hat{\theta}^*(t) - \theta) + (\hat{\theta}^*(t) - \theta)^2 \right\}$$

$$\times p(t;\theta)p(u \mid t)\mathrm{d}t\mathrm{d}u.$$

(2.12) より,

$$\mathrm{Var}_\theta(\hat{\theta}) = \int (\hat{\theta}(t,u) - \hat{\theta}^*(t))^2 p(t;\theta)p(u \mid t)\mathrm{d}t\mathrm{d}u + \int (\hat{\theta}^*(t) - \theta)^2 p(t;\theta)p(u \mid t)\mathrm{d}t\mathrm{d}u$$

$$= \mathrm{E}_\theta \left\{ (\hat{\theta} - \hat{\theta}^*)^2 \right\} + \mathrm{E}_\theta \left\{ (\hat{\theta}^* - \theta)^2 \right\}$$

$$\geq \mathrm{Var}_\theta(\hat{\theta}^*)$$

より示せた.   ■

Rao–Blackwell の定理を用いて実際に不偏推定量の改良ができることを見てみよう.

例 2.8 確率変数 $X_1, X_2, \ldots, X_N$ は,平均 μ,分散 1 の正規分布 $\mathrm{N}(\mu, 1)$ に独立に従う.このとき,$\hat{\mu} = X_1$ は μ の不偏推定量であり,$\mathrm{Var}_\mu(X_1) = 1$ である.また,サンプル平均 $\bar{X} = (X_1 + X_2 + \cdots + X_N)/N$ は十分統計量である.

$\hat{\mu}$ は N 個の観測値のうち 1 つしか利用しておらず,明らかに良い推定量ではない.Rao–Blackwell の定理を用いて $\hat{\mu}$ を改良してみよう.

$$\mathrm{E}_\mu\{(X_1 - \bar{X})(\bar{X} - \mu)\} = \mathrm{E}_\mu\left[\{(X_1 - \mu) - (\bar{X} - \mu)\}(\bar{X} - \mu)\right] = \frac{1}{N} - \frac{1}{N} = 0$$

だから,$X_1 - \bar{X}$ と $\bar{X}$ とは独立 (多変量正規分布の性質) であるため

$$\mathrm{E}_\mu(X_1 - \bar{X} \mid \bar{X}) = \mathrm{E}_\mu(X_1 - \bar{X}) = 0$$

となる.したがって,Rao–Blackwell の定理を用いて得られる推定量は,

$$\hat{\mu}^*(X^N) = \mathrm{E}_\mu(X_1 \mid \bar{X}) = \mathrm{E}_\mu(X_1 - \bar{X} + \bar{X} \mid \bar{X})$$

$$= \mathrm{E}_\mu(X_1 - \bar{X} \mid \bar{X}) + \mathrm{E}_\mu(\bar{X} \mid \bar{X}) = \bar{X}$$

となる.ここで,$\hat{\mu}^*(X^N) = \bar{X}$ は確かに不偏推定量であり,その分散は μ によらず $1/N$ である.もとの推定量 $\hat{\mu}$ の分散は μ によらず 1 であったから確かに改良されている.   ◁

2.2 最尤推定量の漸近理論

例 2.3 で見たように，最尤推定量は不偏推定量とは限らない．しかし，一定の正則条件のもとで，最尤推定量 $\hat{\theta}$ はサンプルサイズ N が十分大きくなったとき，真のパラメータの値に (ある意味で) 収束すること (一致性)，$\hat{\theta}$ の従う分布は θ を期待値とする正規分布で近似できること (漸近正規性)，分散は Cramér–Rao の不等式の与える下界を近似的に達成すること (漸近有効性) など良い性質をもつことが知られている．本節では，モデルの性質が良くサンプルサイズが十分大きい場合に，最尤推定量のもつ良い性質について説明する．

2.2.1 一　　致　　性

最尤推定量は N が十分大きいときには，一致性，漸近有効性とよばれる良い性質をもつことが知られている．まず一致性について見よう．

なお，本節では，漸近理論を扱うため N を動かして考える．推定量が N に依存していることをはっきりさせるため，N を添字として，推定量を $\hat{\theta}_N$ のように表すことにする．また，N 個の観測値の組 $X_1, \ldots, X_N$ を X^N で表す．パラメータ θ は多次元とする．もちろん 1 次元でも良い．

定義 2.7 (一致性) 確率分布 $p(x; \theta)$ に独立に従う確率変数 $X_1, \ldots, X_N$ が観測されるとする．N が大きくなるとき，推定量の列 $\hat{\theta}_N(X^N)$ が真のパラメータの値 θ に確率収束するとき，$\hat{\theta}_N(X^N)$ は一致推定量であるという．

一致性をもたない推定量は，情報量が増えても真の値に収束するとは限らないことになり，推定量として適切とはいえない．

注意 2.4 推定量の列 $\hat{\theta}_N(X^N)$ が真のパラメータの値 θ に確率収束するとき，$\hat{\theta}_N(X^N)$ を弱一致推定量，概収束するとき，$\hat{\theta}_N(X^N)$ を強一致推定量とよんで区別することも多い．確率収束，概収束については 4 章で扱う．　　　　　◁

定理 2.5 (最尤推定量の一致性) 確率変数 $X_1, \ldots, X_N$ が確率分布 $p(x; \theta)$ に独立に従うとき，一定の正則条件のもとで，最尤推定量 $\hat{\theta}_N$ は $N \to \infty$ のとき真のパラメータの値 θ に確率収束する．

(証明) ここでは，証明の大まかな考え方だけを説明する．証明中では，真のパラメータの値を θ_0 とする．

最尤推定値は，対数尤度

$$l(\theta; x^N) = \sum_{i=1}^{N} \log p(x_i; \theta)$$

を最大化して求めることができる．

$$\mathrm{E}_{\theta_0}\{\log p(X_i; \theta)\} = \int \log p(x; \theta) p(x; \theta_0) \mathrm{d}x$$

であるから，$N \to \infty$ のとき，大数の法則 (4 章を参照) により，

$$\frac{1}{N} l(\theta; X^N) = \frac{1}{N} \sum_{i=1}^{N} \log p(X_i; \theta) \tag{2.13}$$

は，

$$\int p(x; \theta_0) \log p(x; \theta) \mathrm{d}x \tag{2.14}$$

に収束する．ところが，

$$-\int p(x; \theta_0) \log p(x; \theta) \mathrm{d}x = \int p(x; \theta_0) \log \frac{p(x; \theta_0)}{p(x; \theta)} \mathrm{d}x - \int p(x; \theta_0) \log p(x; \theta_0) \mathrm{d}x$$

であるから，(2.14) を最大化する θ は Kullback–Leibler ダイバージェンス $D(p(x; \theta_0),$ $p(x; \theta))$ を最小化する θ にほかならないので，(2.14) を最大になるのは $\theta = \theta_0$ のときである．このことから，(2.13) を最大化する θ が (2.14) を最大化する θ，すなわち θ_0 に収束することがいえる．   ■

注意 2.5 上の定理では，「一定の正則条件のもとで」というただし書きがついた．正則条件が成立しない場合には，最尤推定量が存在しなかったり，一致性をもたない例も存在するが，本書では深入りしない．   ◁

2.2.2 漸 近 有 効 性

次の定理は，最尤推定量が漸近的に不偏推定量に対する Cramér–Rao の不等式の与える下界を達成することを示す．

定理 2.6 (最尤推定量の漸近有効性 (パラメータが 1 次元の場合)) 確率変数 X_1, ..., X_N は確率分布 $p(x;\theta)$ に独立に従うとする. $N \to \infty$ のとき, 一定の正則条件のもとで $\sqrt{N}(\hat{\theta}_N - \theta)$ の従う確率分布は, 平均 0, 分散 $I(\theta)^{-1}$ の正規分布に収束する. ただし, $I(\theta)$ は Fisher 情報量である.

注意 2.6 ここでいう確率分布の「収束」は, 弱収束の意味である. 確率分布の収束については, 4 章で扱う. ◁

(証明) 証明の概略のみ示す. 証明中では真のパラメータの値を θ_0 で表す. 最尤推定量は尤度方程式

$$\sum_{i=1}^{n} \frac{\partial}{\partial \theta} \log f(X_i;\theta) = 0$$

の解として求められる. 左辺を θ について Taylor 展開すると,

$$\sum_{i=1}^{N} \frac{\partial}{\partial \theta} \log f(X_i;\theta)\bigg|_{\theta=\theta_0} + (\hat{\theta} - \theta_0) \sum_{i=1}^{N} \frac{\partial^2}{\partial \theta^2} \log f(X_i;\theta)\bigg|_{\theta=\theta^*} = 0$$

(θ^* は $\theta_0 < \theta^* < \hat{\theta}$ を満たすある値) となる. ここで,

$$Z_i := \frac{\partial}{\partial \theta} \log f(X_i;\theta)\bigg|_{\theta=\theta_0}, \quad W_i := \frac{\partial^2}{\partial \theta^2} \log f(X_i;\theta)\bigg|_{\theta=\theta^*}$$

とおくと,

$$\sum_i Z_i + (\hat{\theta} - \theta_0) \sum W_i = 0$$

となる.

大数の法則により $\frac{1}{N} \sum W_i$ は,

$$E_{\theta_0} \left\{ \frac{\partial^2}{\partial \theta^2} \log f(X;\theta)\bigg|_{\theta=\theta_0} \right\} = -I(\theta_0)$$

に収束する. また

$$E_{\theta_0}(Z_i) = 0, \quad \text{Var}_{\theta_0}(Z_i) = I(\theta_0)$$

だから, 中心極限定理により $\sum Z_i / \sqrt{N}$ の分布は平均 0, 分散 $I(\theta_0)$ の正規分布に収束する. よって

$$\sqrt{N}(\hat{\theta} - \theta_0) = \frac{-\sqrt{N} \sum_{i=1}^{N} Z_i}{\sum_{i=1}^{N} W_i} = \frac{-\frac{1}{\sqrt{N}} \sum_{i=1}^{N} Z_i}{\frac{1}{N} \sum_{i=1}^{N} W_i}$$

の分布は，平均 0, 分散 $I(\theta_0)^{-1}$ の正規分布 $\mathrm{N}(0, I(\theta_0)^{-1})$ に収束する．　　　■

　上の定理から，N が十分大きい場合には，最尤推定量は有効推定量とほぼ同じ性能をもつことがわかる．このことを最尤推定量の漸近有効性とよぶ．

　パラメータが多次元の場合も同様な性質が成立する．

定理 2.7 (最尤推定量の漸近有効性 (パラメータが多次元の場合)**)** 確率変数 X_1, $\ldots$, X_N は確率分布 $p(x; \theta)$ に独立に従うとする．$\theta = (\theta_1, \ldots, \theta_k)$ は k 次元のパラメータである．$N \to \infty$ のとき，一定の正則条件の下で $\sqrt{N}(\hat{\theta}_N - \theta)$ の従う確率分布は，平均 0, 分散共分散行列 $I(\theta)^{-1}$ の正規分布に収束する．ただし，$I(\theta)$ は Fisher 情報行列である．

証明は省略する．

例 2.9 [正規分布 $\mathrm{N}(\mu, \sigma^2)$] $X_1, X_2, \ldots, X_N$ が独立に正規分布 $\mathrm{N}(\mu, \sigma^2)$ に従うとき，$\tau = \sigma^2$ とおき，X^N を $X_1, X_2, \ldots, X_N$ の組とすると，対数尤度は，

$$l(\mu, \tau; X^N) = -\frac{N}{2} \log(2\pi\tau) - \frac{1}{2\tau} \sum_{i=1}^{N} (X_i - \mu)^2,$$

最尤推定量 $\hat{\mu}, \hat{\tau}$ は，

$$\hat{\mu} = \bar{X} = \frac{1}{N} \sum_{i=1}^{N} X_i, \quad \hat{\tau} = \frac{1}{N} \sum_{i=1}^{N} (X_i - \bar{X})^2$$

となる．最尤推定量 $\hat{\tau} = \frac{1}{N} \sum_{i=1}^{N} (X_i - \bar{X})^2$ は，不偏推定量ではないことを前に見た．$1/N$ 倍ではなく，$1/(N-1)$ 倍すると，一様最小分散不偏推定量 $\frac{1}{N-1} \sum_{i=1}^{n} (X_i - \bar{X})^2$ になるのであった．最尤推定量と一様最小分散不偏推定量は，N が十分大きければ，近い振る舞いをすることがわかる．　　　▷

2.3　Fisher–Rao 計量と情報幾何

　本節では，Fisher 情報量を $I(\theta)$ ではなく，$g(\theta)$ で表す．これは幾何学での記号の習慣にあわせるためである．Cramér–Rao の不等式から，Fisher 情報量 $g(\theta)$ はデータからパラメータ θ を推定するときの θ の解像度に対応している．$g(\theta)$ が大

きければ，2 点 $\theta, \theta + \mathrm{d}\theta$ 間の区別がしやすくなるので，距離は大きくなるように
定義するのが自然である．そこで，モデル上の非常に近い 2 点 $\theta, \theta + \mathrm{d}\theta$ 間の距離
の 2 乗を

$$g(\theta)\mathrm{d}\theta^2$$

で定義する．この計量を，あとで定義する多次元の場合も含めて Fisher 計量また
は，Fisher–Rao 計量とよぶ．

　Fisher–Rao 計量の定義は，座標系のとり方によらない．$\xi(\theta)$ をパラメータ θ の
滑らかな関数とし，θ と $\xi(\theta)$ は 1 対 1 に対応するものとする．$\xi(\theta)$ の逆関数を
$\theta(\xi)$ で表す．パラメータ θ, ξ のどちらを採用しても問題の本質は変わらない．

　もとの座標系 (パラメータ) での 2 点 $\theta, \theta + \mathrm{d}\theta$ は変換した座標系 (パラメータ)
で表すと $\xi(\theta), \xi(\theta) + \frac{\mathrm{d}\xi}{\mathrm{d}\theta}(\theta)\mathrm{d}\theta$ となる．パラメータ ξ に対する Fisher 情報量を用
いて，2 点 $\xi(\theta), \xi(\theta) + \frac{\mathrm{d}\xi}{\mathrm{d}\theta}(\theta)\mathrm{d}\theta$ 間の距離の平方を表すと，

$$
\begin{aligned}
\mathrm{E}_{\theta(\xi)}\left[\left\{\frac{\partial}{\partial \xi}\log p(X;\theta(\xi))\right\}^2\right]\mathrm{d}\xi^2 &= \mathrm{E}_\theta\left[\left\{\frac{\partial}{\partial \xi}\log p(X;\theta(\xi))\right\}^2\right]\left(\frac{\mathrm{d}\xi}{\mathrm{d}\theta}\mathrm{d}\theta\right)^2 \\
&= \mathrm{E}_\theta\left[\left\{\frac{\partial}{\partial \theta}\log p(X;\theta)\right\}^2\right]\mathrm{d}\theta^2
\end{aligned}
$$

となり，右辺はパラメータ θ に対する Fisher 情報量に基づく 2 点間の長さの平方
を表した式になっている．このことから，Fisher–Rao 計量はパラメータのとり方
によらないことがわかる．

　もうひとつ Fisher–Rao 計量のもつ自然な性質に単調性とよばれるものがある．
簡単な例で説明しよう．A さんは統計モデル $\{p(x;\theta) \mid \theta \in \Theta\}$ に属するある確率
密度関数に従う確率変数 x を観測する実験をしたいのだが，自分で実験を行えな
いため B さんに実験を行ってもらいその結果を教えてもらうことにした．B さん
は観測結果 x にノイズののった結果 y を A さんに伝える．そのとき，x が与えら
れたときの y の従う条件付確率分布の密度関数を $f(y \mid x)$ とすると，y の密度関
数 $q(y;\theta)$ は，

$$q(y;\theta) = \int f(y \mid x)p(x;\theta)\mathrm{d}x$$

となる．このようにして得られる確率密度関数の族 $\{q(y;\theta) \mid \theta \in \Theta\}$ から y の θ に
対してもつ Fisher 情報量が決まる．このとき，y の θ に対してもつ Fisher 情報量
は，x の θ に対してもつ Fisher 情報量よりも小さくなることが知られている．ノ

イズがのれば情報は減ると考えられるので，Fisher 情報量が小さくなることは自然である．このとき，ノイズののった確率分布族 $\{q(y;\theta) \mid \theta \in \Theta\}$ における座標 θ と $\theta + d\theta$ で指定される 2 点間の距離のほうが，もとの確率分布族 $\{p(x;\theta) \mid \theta \in \Theta\}$ における座標 θ と $\theta + d\theta$ で指定される 2 点間の距離よりも小さくなる．この性質は Fisher–Rao 計量の単調性とよばれている．

例 2.10 [分散既知の正規分布モデル] 確率分布 $N(\mu, \sigma^2)$ に従う独立な N 個のデータの組 $x^N = (x_1, x_2, \ldots, x_N)$ をもとに μ を推定する問題を考える．σ^2 は既知とする．

統計モデル $\{N(\mu, \sigma^2) \mid \mu \in \mathbb{R}\}$ の Fisher 情報量は，

$$g(\mu) = E_\mu \left[\frac{\partial^2}{\partial \mu^2} \log \left\{ \frac{1}{\sqrt{2\pi\sigma^2}} \exp\left(-\frac{1}{2\sigma^2}(X-\mu)^2 \right) \right\} \right] = \frac{1}{\sigma^2}$$

となる．

このモデルにおいて 2 点 $N(\mu, \sigma)$, $N(\mu + d\mu, \sigma)$ 間の Fisher–Rao 計量に基づく距離の平方は

$$g(\mu)d\mu^2 = \frac{1}{\sigma^2}d\mu^2$$

となる．　　　　　　　　　　　　　　　　　　　　　　　　　　　　　　　◁

例 2.11 [コイン投げ] 表の出る確率が θ のゆがんだコインを投げる実験を行う．表が出れば $x = 1$，裏が出れば $x = 0$ とすると，確率関数は

$$p(x;\theta) = \theta^x (1-\theta)^{1-x}$$

である．このとき，Fisher 情報量は，例 2.4 で見たように，

$$g(\theta) = \frac{1}{\theta(1-\theta)}$$

であるから，Fisher–Rao 計量は，

$$\frac{1}{\theta(1-\theta)}d\theta^2$$

となる．　　　　　　　　　　　　　　　　　　　　　　　　　　　　　　　◁

モデルが多次元のパラメータ $\theta = (\theta^1, \theta^2, \ldots, \theta^k)$ をもつ場合も同様に考えることができる．このときには，Fisher 情報量は行列になる．

Fisher 情報行列 $g(\theta)$ は定義から正定値対称行列 (厳密には非負定値行列) である. ここでは正定値であることを仮定し, Fisher 情報行列の逆行列を $g^{-1}(\theta)$ で, その (i,j) 成分を $g^{ij}(\theta)$ で表す.

モデルの近い 2 点 $(\theta^1, \theta^2, \ldots, \theta^k)$, $(\theta^1 + \mathrm{d}\theta^1, \theta^2 + \mathrm{d}\theta^2, \ldots, \theta^k + \mathrm{d}\theta^k)$ 間の距離の平方を,

$$\sum_{i=1}^{k}\sum_{j=1}^{k} g_{ij}(\theta)\mathrm{d}\theta^i \mathrm{d}\theta^j$$

で定義する. パラメータ変換に対する不変性, 確率変数の変数変換に対する不変性は 1 次元の場合と同様に成り立つ.

例 2.12 [3 項分布] 確率変数 X が 1, 2, 3 のうちどれかの値をそれぞれ確率 p_1, p_2, p_3 の確率でとる. このとき, $p_1 + p_2 + p_3 = 1$ なので, (p_1, p_2) を指定すると $p_3 = 1 - p_1 - p_2$ も決まるから (p_1, p_2) を 2 次元のパラメータとみなせる. 平面 $p_1 + p_2 + p_3 = 1$ と $\{(p_1, p_2, p_3) \mid p_1 > 0, p_2 > 0, p_3 > 0\}$ との共通部分が 3 項分布モデルに対応する. このようにモデルを 3 次元 Euclid 空間に埋め込んで考えると, モデルは平面 (の一部) と対応する. Euclid 空間の平面として決まる計量と, Fisher–Rao 計量はここでは一致しない.

ここで, $r_1 = \sqrt{p_1}$, $r_2 = \sqrt{p_2}$, $r_3 = \sqrt{p_3}$ というパラメータ変換をすると, $r_1{}^2 + r_2{}^2 + r_3{}^2 = 1$ となるので, 単位球面 $r_1{}^2 + r_2{}^2 + r_3{}^2 = 1$ と $\{(r_1, r_2, r_3) \mid r_1 > 0, r_2 > 0, r_3 > 0\}$ との共通部分が 3 項分布モデルに対応する. 実はこのとき, 球面 (の一部) として自然に決まるモデルの計量は, Fisher–Rao 計量と一致する.

$\triangleleft$

例 2.13 [平均, 分散ともに未知の正規分布モデル] $\theta^1 = \mu$, $\theta^2 = \sigma$ とおくと, Fisher–Rao 計量は,

$$\begin{pmatrix} g_{11} & g_{12} \\ g_{21} & g_{22} \end{pmatrix} = \begin{pmatrix} 1/\sigma^2 & 0 \\ 0 & 2/\sigma^2 \end{pmatrix}$$

となる. 正規分布モデルの空間は, Fisher–Rao 計量をもつ Riemann 空間として見ると, 負の定曲率空間 (双曲平面) とよばれる基本的空間になっている. $\triangleleft$

このように, 統計モデルのパラメータ空間に Fisher 計量を導入することにより, 統計モデルを Riemann 多様体としてとらえることができる. Fisher 計量に加え, さらに双対接続とよばれる微分幾何学の構造を考えることにより, さまざまな統

計的推測の問題を幾何学の視点から扱うことが可能になる．情報幾何について詳しくは藤原 (2015) を参照せよ．

2.4　Bayes 法

　最尤法はさまざまなモデルに応用できるパラメータの推定方法であった．もう 1 つの汎用的なパラメータ推定法として Bayes (ベイズ) 法がある．計算機の性能の向上に伴い，Bayes 法は最近広く使われている．

　最尤法では，統計モデル $p(x; \theta)$ のパラメータ θ は確率変数とは区別して扱った．これに対し，Bayes 法では，パラメータ θ も確率変数であるとして定式化する．今まではパラメトリックモデルを $p(x; \theta)$ のように表記したが，本節では，$p(x \mid \theta)$ のように表し，確率変数とその実現値を大文字・小文字で区別することはしない．

　Bayes の定理は，イギリスの牧師 Thomas Bayes (1702–1761) により 18 世紀に発見された．『確率・統計 I』の 1.4 節にも解説がある．ここで簡単に復習をしておこう．

　簡単のため，確率変数 x と y は連続型の確率変数であるとする．x を与えたときの y の条件付確率密度 $p(y \mid x)$ と x の確率密度 $p(x)$ が与えられたとき，y を与えたときの x の条件付確率密度 $p(x \mid y)$ を与えるのが Bayes の定理

$$p(x \mid y) = \frac{p(y \mid x)p(x)}{p(y)} = \frac{p(y \mid x)p(x)}{\int p(y \mid x)p(x)\mathrm{d}x}$$

である．離散型の確率変数のときは，積分を和で置き換えればよい．Bayes の定理を用いるとき，$p(x)$ を事前分布，$p(x \mid y)$ を事後分布とよぶ．

　Bayes の定理には直観的には次のような意味がある．x と y に確率的な関係があり x を直接観測できないとき，y を観測することにより x についての情報が得られる．このことを表すのが Bayes の定理である．

　Bayes の定理の簡単な利用例を見てみよう．

例 2.14　ある通信路を用いて 0 か 1 の 1 ビットの情報を送る．送りたいデータを $x = 0, x = 1$ で表す．通信路にはノイズがのるため，信号の受け手の受け取る信号 y はある確率で x とは異なるものになる．x が 0, 1 をとる確率をそれぞれ，

$$p(x = 0) = 0.7, \quad p(x = 1) = 0.3,$$

x を与えたときの y の確率を,

$$p(y=0 \mid x=0) = 0.9, \quad p(y=1 \mid x=0) = 0.1$$
$$p(y=0 \mid x=1) = 0.2, \quad p(y=1 \mid x=1) = 0.8$$

とする. $y=0$ が観測されたとき, $x=1$ である条件付確率は, Bayes の定理を用いて

$$p(x=1 \mid y=0) = \frac{p(y=0 \mid x=1)p(x=1)}{p(y=0 \mid x=1)p(x=1) + p(y=0 \mid x=0)p(x=0)}$$
$$= \frac{0.2 \times 0.3}{0.2 \times 0.3 + 0.9 \times 0.7} = \frac{2}{23}$$

となる. また,

$$p(x=0 \mid y=0) = \frac{21}{23}.$$

$y=1$ が観測されたとき, $x=1$ である条件付確率は, Bayes の定理を用いて

$$p(x=1 \mid y=1) = \frac{p(y=1 \mid x=1)p(x=1)}{p(y=1 \mid x=0)p(x=0) + p(y=1 \mid x=1)p(x=1)}$$
$$= \frac{0.8 \times 0.3}{0.1 \times 0.7 + 0.8 \times 0.3} = \frac{24}{31}$$

となる. よって

$$p(x=0 \mid y=1) = \frac{7}{31}$$

である. ◁

例 2.15 ある工場で制作される棒の長さ x は $\mathrm{N}(\mu, \sigma^2)$ に従う. ここで, μ, σ^2 はともに既知である. 制作された棒の長さを測定して検査をする. 真の棒の長さ x を測定するとき, 測定結果 y には誤差 ε が加わり

$$y = x + \varepsilon$$

となる. ε は $\mathrm{N}(0, \tau^2)$ に従う. τ^2 は測定の精度を表す量で既知である.

　y が観測されたときの x の条件付分布を求めよう.

$$p(x) = \frac{1}{\sqrt{2\pi\sigma^2}} \exp\left\{ -\frac{1}{2\sigma^2}(x-\mu)^2 \right\},$$

$$p(y \mid x) = \frac{1}{\sqrt{2\pi\tau^2}} \exp\left\{ -\frac{1}{2\tau^2}(y - x)^2 \right\}$$

はともに与えられており，知りたいのは $p(x \mid y)$ である．ここで，

$$p(y \mid x)p(x) = \frac{1}{2\pi\sigma\tau} \exp\left\{ -\frac{1}{2\tau^2}(y - x)^2 - \frac{1}{2\sigma^2}(x - \mu)^2 \right\}$$

と

$$-\frac{1}{2\tau^2}(y - x)^2 - \frac{1}{2\sigma^2}(x - \mu)^2$$
$$= -\frac{1}{2}\left(\frac{1}{\tau^2} + \frac{1}{\sigma^2}\right)\left\{ \left(x - \frac{\tau^{-2}y + \sigma^{-2}\mu}{\tau^{-2} + \sigma^{-2}}\right)^2 \right.$$
$$\left. + \frac{\tau^{-2}y^2 + \sigma^{-2}\mu^2}{\tau^{-2} + \sigma^{-2}} - \left(\frac{\tau^{-2}y + \sigma^{-2}\mu}{\tau^{-2} + \sigma^{-2}}\right)^2 \right\}$$

を用いて，Bayes の定理より，

$$p(x \mid y) = \frac{p(y \mid x)p(x)}{\int p(y \mid x)p(x)\mathrm{d}x}$$
$$= \frac{1}{\sqrt{2\pi(\tau^{-2} + \sigma^{-2})^{-1}}} \exp\left\{ -\frac{1}{2(\tau^{-2} + \sigma^{-2})^{-1}}\left(x - \frac{\tau^{-2}y + \sigma^{-2}\mu}{\tau^{-2} + \sigma^{-2}}\right)^2 \right\}$$

となる．したがって，事後分布は，平均 $\frac{\tau^{-2}y + \sigma^{-2}\mu}{\tau^{-2} + \sigma^{-2}}$，分散 $(\tau^{-2} + \sigma^{-2})^{-1}$ の正規分布になる． ◁

　パラメータを確率変数として扱う例を見てみよう．

例 2.16 [コイン投げ] 表が出る確率が θ のコインを N 回投げて y 回表が出たとする．このとき，最尤推定値は，$\hat{\theta} = y/N$ となる．

　Bayes 法では θ も確率変数とみなすので，コイン投げの結果を観測する前にパラメータ θ の確率分布 (事前分布) を指定しておく必要がある．ここでは，事前分布として，一様分布 $p(\theta) = 1 \ (0 \leq \theta \leq 1)$ をとる (実は，あとで説明するように，パラメータについての事前情報がない場合に，必ずしも事前分布を一様分布にとればよいというものではない)．

　観測値 y を与えたときのパラメータの値 θ の条件付分布，すなわち事後分布は，Bayes の定理より，

$$p(\theta \mid y) = \frac{p(y \mid \theta)p(\theta)}{\int p(y \mid \theta)p(\theta)\mathrm{d}\theta} = \frac{\binom{N}{y}\theta^y(1 - \theta)^{N-y} \times 1}{\int \binom{N}{y}\theta^y(1 - \theta)^{N-y} \times 1 \ \mathrm{d}\theta}$$

$$= \frac{1}{B(y+1, N-y+1)} \theta^y (1-\theta)^{N-y}.$$

これは，パラメータが $(y+1, N-y+1)$ のベータ分布である．ベータ分布については，『確率・統計 I』に説明がある．

事後分布の平均は，

$$\int \theta \frac{1}{B(y+1, N-y+1)} \theta^y (1-\theta)^{N-y} \, \mathrm{d}\theta = \frac{y+1}{y+1+N-y+1} = \frac{y+1}{N+2}$$

となり，N が大きければ最尤推定量 y/N と近いことがわかる．   ◁

上の例では，事前分布として一様分布を採用した．しかし，事前分布として一様分布をとるのが適切とは限らない．例えば，$\xi = \theta^2$ とおくと，$0 \le \theta \le 1$ において，θ と ξ とは 1 対 1 に対応するので，$\xi \in [0,1]$ をパラメータとすることもできる．このとき，ξ に対する一様分布は，

$$\mathrm{d}\xi = 2\theta \mathrm{d}\theta$$

となり，θ に対する一様分布とは異なるものになる．つまり，一様分布はパラメータのとり方に対し不変性がないため，どのパラメータに対する一様分布を事前分布として採用するかによって結果が変わる．

パラメータ変換に対して不変性をもつ事前分布として，**Jeffreys の事前分布**とよばれるものがある．簡単のため，パラメータ θ が 1 次元の場合に説明しよう．Fisher 情報量を $I(\theta)$ とする．Jeffreys の事前分布は，

$$I(\theta)^{1/2} \mathrm{d}\theta$$

と定義される．後の例で見るように，パラメータ空間上で積分しても一般に 1 にならない．

Jeffreys の事前分布はパラメータを変換しても不変であることを確認しよう．θ のパラメータ変換 $\xi(\theta)$ を考えると，ξ に対する Fisher 情報量 $\tilde{I}(\xi)$ は，

$$\tilde{I}(\xi) = \mathrm{E}_{\theta(\xi)} \left[\left\{ \frac{\partial}{\partial \xi} \log p(x \mid \theta(\xi)) \right\}^2 \right] = \mathrm{E}_{\theta(\xi)} \left[\left\{ \frac{\mathrm{d}\theta}{\mathrm{d}\xi} \frac{\partial}{\partial \theta} \log p(x \mid \theta) \right\}^2 \right]$$

$$= \left(\frac{\mathrm{d}\theta}{\mathrm{d}\xi} \right)^2 \mathrm{E}_{\theta(\xi)} \left[\left\{ \frac{\partial}{\partial \theta} \log p(x \mid \theta) \right\}^2 \right] = \left(\frac{\mathrm{d}\theta}{\mathrm{d}\xi} \right)^2 I(\theta)$$

となる．したがって，

$$\tilde{I}(\xi)^{1/2}\mathrm{d}\xi = I(\theta)^{1/2}\mathrm{d}\theta$$

より，ξ に対する Jeffreys の事前分布は，θ に対する Jeffreys の事前分布と一致する．Jeffreys の事前分布は理論的には重要であるが，万能ではない．また，Jeffreys の事前分布は，情報幾何学の観点からは，統計モデルに対応する Fisher 計量をもつ Riemann 多様体の体積要素ととらえられる．

例 2.17 [コイン投げ (二項分布)] 二項分布

$$p(x \mid \theta) = \binom{N}{x}\theta^x(1-\theta)^{N-x}$$

の Fisher 情報量は，

$$I(\theta) = \frac{N}{\theta(1-\theta)}$$

であったから，Jeffreys の事前分布は，

$$p(\theta) \propto I^{1/2}(\theta) = \theta^{-\frac{1}{2}}(1-\theta)^{-\frac{1}{2}}$$

となる．積分して 1 になるように規格化すると

$$p(\theta) = \frac{1}{B(\frac{1}{2},\frac{1}{2})}\theta^{-\frac{1}{2}}(1-\theta)^{-\frac{1}{2}}$$

となり，ベータ分布となる．事後分布は Bayes の定理より，

$$p(\theta \mid x) = \frac{1}{B(x+\frac{1}{2}, N-x+\frac{1}{2})}\theta^{x-\frac{1}{2}}(1-\theta)^{N-x-\frac{1}{2}}$$

となる．事後分布の平均は，

$$\frac{x+1/2}{N+1}$$

となり，事前分布が一様分布である場合と異なる．ただし，N が大きければ両者の違いは小さい．　　　　　　　　　　　　　　　　　　　　　　　　$\lhd$

例 2.18 [物理量の測定 (分散既知の正規分布)] ある量 μ を測定する際，測定に誤差 ε が加わり

$$x = \mu + \varepsilon$$

が観測されるとする．ここで，ε は N$(0,1)$ に従う．このとき，x の分布は，N$(\mu, 1)$ であるから，

$$p(x \mid \mu) = \frac{1}{\sqrt{2\pi}} \exp\left\{-\frac{1}{2}(x-\mu)^2\right\}$$

となる．このとき，μ に関する Fisher 情報量は，

$$I(\mu) = \mathrm{E}_\mu\left\{-\frac{\partial^2}{\partial\mu^2} \log p(x \mid \mu)\right\} = 1$$

となる．このとき，Jeffreys の事前分布は，

$$p(\mu) \propto I(\mu)^{1/2} = 1$$

となる．このとき，

$$\int_{-\infty}^{\infty} p(\mu)\mathrm{d}\mu = \infty$$

となり，定数倍しても確率分布 (全積分が 1) にすることができない．このような「分布」もときには形式的に事前分布として利用され，インプロパー (improper) な事前分布とよばれる．インプロパーな事前分布 $p(\mu) = 1$ を用いて Bayes の定理を形式的に適用すると，事後分布は，

$$p(\mu \mid x) = \frac{p(x \mid \mu)p(\mu)}{\int p(x \mid \mu)p(\mu)\,\mathrm{d}\mu} = \frac{\frac{1}{\sqrt{2\pi}} \exp\left\{-\frac{1}{2}(x-\mu)^2\right\} \times 1}{\int \frac{1}{\sqrt{2\pi}} \exp\left\{-\frac{1}{2}(x-\mu)^2\right\}\,\mathrm{d}\mu}$$

$$= \frac{1}{\sqrt{2\pi}} \exp\left\{-\frac{1}{2}(\mu-x)^2\right\}$$

より，N$(x, 1)$ となる．インプロパーな事前分布の利用には注意が必要である．◁

　Bayes 法では，事後分布がパラメータに関する情報をすべて含む本質的な量である．事後分布からパラメータの推定値を構成するためによく用いられる方法に，事後分布の期待値 $\int \theta\, p(\theta \mid x)\mathrm{d}\theta$ を用いる方法，事後分布の確率密度関数 $p(\theta \mid x)$ の最大値を与える θ を推定値とする方法，などがある．後者は maximum a posteriori を略して MAP 推定とよばれることが多い．ただし，事前分布を 1 つ固定した場合でも，事後平均や MAP 推定値はパラメータの変数変換に対する不変性をもたないことに注意する必要がある．この意味でも Bayes 法では推定量より事後分布がより本質的である．

　Bayes 法に関しては，今までに見た基礎的な方法のほか，経験 Bayes 法，階層 Bayes 法とよばれる応用上重要な手法があるが本書では扱わない．また，Bayes の

定理に現れる積分を解析的に評価することが困難な場合に Bayes 法を適用するための Markov 連鎖モンテカルロ法などの計算統計学的な手法も知られている.

Bayes 法について詳しくは,例えば,Robert [8] を参照せよ.

3 検定とモデル選択

本章では検定とモデル選択の基本的な考え方について説明する．多岐にわたる問題に応じたさまざまな検定方法を取り上げることはできない．ここでは，統一的な考え方でさまざまな問題に適用することができる尤度比検定を取り上げ，その漸近理論について扱う．また，複数の統計モデルを比較する際に重要になる赤池情報量規準とクロスバリデーションについて説明する．

3.1 検 定

3.1.1 簡 単 な 例

簡単な例を考えよう．花子と太郎が将棋を 30 局指し花子の 20 勝 10 敗であったとする．花子と太郎の強さに差があるのかという問題を考える．もし強さに差がなければ花子の勝つ確率は 1/2 であり，差があれば 1/2 ではないと考えられる．なお，先手・後手の有利不利は無視する．この問題を統計モデルを用いて定式化してみよう．花子の勝つ確率が θ であるとき，N 回対局して x 回花子が勝つ確率は

$$p(x; \theta) = \binom{N}{x} \theta^x (1-\theta)^{N-x}$$

である．

したがって，強さに差がないかどうかは $\theta = 1/2$ であるかどうかを調べることになる．このとき，**仮説 H_0** が $\theta = 1/2$ であるといい，$H_0 : \theta = 1/2$ のように表す．仮説のことを**帰無仮説**とよぶこともある．

素朴な仮説検定方法として，30 局将棋を指して 20 勝することが仮説 $H_0 : \theta = 1/2$ のもとでどのくらい珍しいかを評価することが考えられる．21 勝以上した場合には，20 勝以上に珍しいことが起ったと考えられるので，30 回将棋を指して花子が 20 勝以上する確率で珍しさを評価してみよう．強さに差がないとき花子が 20 勝以上する確率 p は，

$$p = \sum_{x=20}^{30} \binom{30}{x} \left(\frac{1}{2}\right)^x \left(\frac{1}{2}\right)^{30-x} \simeq 0.0494 \tag{3.1}$$

となる．確率 p が非常に小さいとき，H_0 のもとで「珍しい」起りそうもないことが起ったと考えられるので，H_0 のもとでデータが発生したと考えるのはおかしいと考えることとしよう．これを仮説 H_0 を「棄却する」という．

また，将棋を 30 局指したとき，花子が 20 勝以上するのと同程度に，花子の勝数が 10 回以下であれば，仮説のもとで「珍しい」ことが起ったと考えることもできるだろう．仮説 H_0 のもとで花子の戦績が 20 勝以上または 10 勝以下となる確率 p は

$$p \simeq 0.0987 \tag{3.2}$$

となる．(3.2) は，(3.1) の 2 倍である．この場合も，p が小さければ，仮説 H_0 が疑わしいということになる．統計量 (3.1) に基づく検定と (3.2) に基づく検定とを区別するため，前者を**片側検定**，後者を**両側検定**とよぶ．片側検定，両側検定というよび方は二項分布の例題だけでなく，他の問題の場合にも広く使われる（『確率・統計 I』4.3.2 項参照）．片側検定と両側検定と，どちらが適切なのかは考えている実際の問題に応じて決めることになる．

検定に用いる確率 p を p 値とよぶ．p がどの程度小さければ仮説を棄却するのがよいのかが問題になる．伝統的に，$p \leq 0.05$ あるいは $p \leq 0.01$ のときに H_0 を棄却することが多い．$p \leq 0.05$ で棄却したとき，「5% 有意で棄却」，$p \leq 0.01$ で棄却したとき，「1% 有意で棄却」という．しかし，単に「5% 有意で棄却」されたとだけいうよりは，例えば，$p = 0.048$ というように p 値そのものをいった方が詳しい情報をもっている．5% や 1% を用いることに特別な意味があるわけではない．

ここで，検定について誤解をされやすいポイントのいくつかを注意しておこう．検定では，仮説 H_0 が棄却された場合，H_0 が正しくないと考える．では，棄却されなかった場合はどのように考えればよいのであろうか．仮説が棄却されなかった場合，仮説がデータと矛盾はしないということであり，積極的に仮説 H_0 が正しいということを意味するものではない．棄却されないとき，H_0 を「受容する」ということもあるが，誤解をまねきやすいので，注意する必要がある．

また，p 値を「仮説 H_0 が正しい確率」と解釈するのは，多く見られる誤りである．本来の定義に立ち返って p 値の意味をよく理解しておく必要がある．

3.1.2　仮説検定の一般論

一般の統計モデルにおける仮説検定の定式化を与えよう.

統計モデル $\{p(x;\theta) \mid \theta \in \Theta\}$ に属するある確率分布 $p(x;\theta)$ に従う x が観測されたとする.

まず, 仮説 H_0 を θ がパラメータ空間の部分集合 $S_0 \subset \Theta$ に属していることとする. すなわち,

$$H_0 : \theta \in S_0 \subset \Theta$$

である. とくに, S_0 が 1 点のみからなる集合 $S_0 = \{\theta_0\}$ であるとき, 仮説

$$H_0 : \theta = \theta_0$$

を**単純仮説**あるいは**単純帰無仮説**という. また, S_0 が 2 点以上を含むとき, **複合仮説**あるいは**複合帰無仮説**という.

仮説 $H_0 : \theta \in S_0$ が正しくない場合に考えられる状況をパラメータがパラメータ空間 Θ のある部分集合 $S_1 \subset \Theta$ に属しているということで定式化し,

$$H_1 : \theta \in S_1 \subset \Theta$$

のように表す. ここで, $S_0 \cap S_1 = \emptyset$ である. S_1 がある 1 点 $\theta_1 \in \Theta$ のみからなる集合 $\{\theta_1\}$ のとき, H_1 は単純対立仮説であるという. また, S_1 が 2 点以上を含むとき, H_1 は複合対立仮説であるという.

仮説検定では, 帰無仮説を棄却するかしないかについて観測値 x をもとに判断する. つまり, 仮説検定は, データ x がある集合 R に入っていれば $(x \in R)$ 仮説を棄却し, 入っていなければ $(x \notin R)$ 棄却しない. この R を検定の**棄却域**とよぶ.

帰無仮説 H_0 が正しいにもかかわらず H_0 を棄却してしまうことを**第一種の過誤 (誤り)**, 帰無仮説 H_0 が正しくないのに棄却しないことを**第二種の過誤**とよぶ (『確率・統計 I』 p. 80 も参照せよ).

単純帰無仮説 $H_0 : \theta = \theta_0$ の場合, 帰無仮説 H_0 が正しいにもかかわらず H_0 を棄却してしまう確率, すなわち第一種の過誤の確率を, 検定の**水準**, **有意水準**または**サイズ**とよぶ. すなわち, 単純帰無仮説の場合の水準は,

$$P_{\theta_0}(x \in R)$$

である.

　複合帰無仮説の場合，帰無仮説 H_0 が正しいにもかかわらず H_0 を棄却してしまう確率，すなわち第一種の過誤の確率は $\theta \in S_0$ の関数となる．誤りの確率の上限を検定の**水準**，**有意水準**または**サイズ**とよぶ．すなわち，水準は，

$$\sup_{\theta \in S_0} P_\theta(x \in R)$$

である．

　逆に H_0 が正しくないとき，H_0 が棄却される確率を検定の**検出力**とよぶ．つまり，

$$検出力 = 1 - 第二種の過誤の確率$$

である．検出力は大きい方がよい．水準の場合と同様に，単純対立仮説 $H_1 : \theta = \theta_1$ であれば検出力は，

$$P_{\theta_1}(x \in R)$$

となり，複合対立仮説の場合には，検出力は $\theta \in S_1$ の関数となる．すなわち，

$$P_\theta(x \in R) \quad (\theta \in S_1)$$

である．検出力をパラメータ θ の関数とみなしたとき，**検出力関数**とよぶ．

3.1.3 Neyman–Pearson の補題

　検定としては，水準が小さく，かつ検出力が大きいものが望ましい．しかし，一般にそのような検定を構成するのは簡単でない．極端な例で考えてみよう．もし，観測値 x によらず常に帰無仮説を棄却することとすれば，大きくしたい検出力 (仮説が正しくないとき帰無仮説を棄却する確率) は 1 となり最大になる．しかし，小さくしたい水準 (仮説が正しいとき帰無仮説を棄却する確率) も 1 となってしまう．逆に，x によらず常に帰無仮説を棄却しないこととすれば，小さくしたい水準 (仮説が正しいとき帰無仮説を棄却する確率) は 0 となり最小にできるが，今度は大きくしたい検出力まで 0 になってしまう．このように，一般に両者はトレードオフの関係にある．そのため，水準が一定値以下の検定のうちで検出力のできるだけ大きい検定を採用することがよく行われる．基本となるのが単純帰無仮説，単純対立仮説の場合の結果 (**Neyman–Pearson (ネイマン–ピアソン) の補題**) である．

単純帰無仮説，単純対立仮説

$$H_0 : \theta = \theta_0$$
$$H_1 : \theta = \theta_1$$

の場合を考える．このとき，水準が α 以下で検出力が最大になる検定を求めよう．このような検定を**最強力検定**とよぶ．

　検定を指定することは棄却域 R を指定することと同等であった．棄却域 R に対応する関数 ϕ を

$$\phi(x) = \begin{cases} 1 & (x \in R) \\ 0 & (x \notin R) \end{cases}$$

と定義する．関数 ϕ を指定することと，棄却域 R を決めることは同一視できる．

　水準 (第一種の過誤の確率) が α 以下であることは，ϕ を用いて，

$$\int \phi(x) p(x; \theta_0) \mathrm{d}x \leq \alpha$$

と表せる．また，検出力は

$$\int \phi(x) p(x; \theta_1) \mathrm{d}x$$

である．

　簡単のため，$p(x; \theta_0)$ と $p(x; \theta_1)$ の台は等しく，H_0 のもとで，尤度比 $p(x; \theta_1)/p(x; \theta_0)$ の従う確率分布が連続型 (確率分布が Lebesgue 測度に対する密度関数をもつ) である前提で考える．$p(x; \theta_1)/p(x; \theta_0)$ の従う確率分布が連続型でない (例えば離散型) である場合には，設定できる検定の水準が連続的にならず，検定の水準を 0 より大きく 1 より小さい任意の値に設定するわけにはいかなくなる．しかし，この場合でも，ランダム検定を導入することにより同様の結果を示すことができる．ランダム検定は理論的な考察のために用いられるが，応用上用いられることはまずないため，ここでは割愛する．

定理 3.1 (Neyman–Pearson の補題) 非負の実数 C に対し，関数 $\phi_C(x)$ を

$$\phi_C(x) := \begin{cases} 1 & \left(\dfrac{p(x; \theta_1)}{p(x; \theta_0)} \geq C \right), \\ 0 & \left(\dfrac{p(x; \theta_1)}{p(x; \theta_0)} < C \right) \end{cases} \tag{3.3}$$

と定義する．また，α $(0 < \alpha < 1)$ に対し，

$$\int \phi_C(x)p(x;\theta_0)\mathrm{d}x = \alpha$$

となる C を C_α とおく．このとき，検定関数 ϕ_{C_α} に対応する検定が，水準 α 以下の最強力検定となる．

(証明) 尤度比統計量を

$$z = \frac{p(x;\theta_1)}{p(x;\theta_0)}$$

とおき，パラメータ θ のもとでの z の確率密度関数を $q(z;\theta)$ とする．すると，

$$\int \phi_C(x)p(x;\theta_0)\mathrm{d}x = \int_C^\infty q(z;\theta_0)\mathrm{d}z$$

である．ここでは，z の分布の確率密度関数が存在することを前提としているので，すべての α $(0 < \alpha < 1)$ に対し，C_α が存在する．また，C_α は α に関し単調減少であることがわかる．

検定関数 ϕ の検定の水準が α であるとき，

$$\int \phi(x)p(x;\theta_0)\mathrm{d}x = \alpha$$

である．また，検出力は，

$$\int \phi(x)p(x;\theta_1)\mathrm{d}x$$

である．水準が α の検定関数 ϕ に対し，等式

$$\begin{aligned}
\int \phi(x)p(x;\theta_1)\mathrm{d}x - C_\alpha \alpha &= \int \phi(x)p(x;\theta_1)\mathrm{d}x - C_\alpha \int \phi(x)p(x;\theta_0)\mathrm{d}x \\
&= \int \phi(x)\left(\frac{p(x;\theta_1)}{p(x;\theta_0)} - C_\alpha\right)p(x;\theta_0)\mathrm{d}x \quad (3.4)
\end{aligned}$$

が成立する．検出力を最大にする水準 α の検定関数は，検出力から定数 $C_\alpha \alpha$ を引いた量 (3.4) を最大にする水準 α の検定関数 ϕ と一致する．式 (3.4) の右辺を (水準が α でないものも含めたすべての検定関数の中で) 最大にする検定関数は

$$\phi_\alpha(x) := \begin{cases} 1 & \left(\dfrac{p(x;\theta_1)}{p(x;\theta_0)} - C_\alpha \geq 0\right), \\[3mm] 0 & \left(\dfrac{p(x;\theta_1)}{p(x;\theta_0)} - C_\alpha < 0\right) \end{cases}$$

であることが直ちににわかる．C_α の定義より，検定関数 ϕ_α に対応する検定の水準は α である．したがって，水準 α の検定の検定関数で (3.4) を最大にするものは ϕ_α である．また，ϕ_α に対応する検定の検出力は α に対し単調増大なので，水準 α 以下の検定の検定関数で (3.4) を最大にするものは ϕ_α である．よって，定理が示せた． ∎

例 3.1 分散 1 の正規分布 $N(\theta, 1)$ を考える．帰無仮説と対立仮説を，それぞれ

$$H_0 : \ \theta = 0,$$
$$H_1 : \ \theta = \theta_1 > 0$$

とする．尤度比統計量は，

$$\frac{p(x; \theta = \theta_1)}{p(x; \theta = 0)} = \frac{\frac{1}{\sqrt{2\pi}} \exp\left\{-\frac{1}{2}\left(x - \theta_1\right)^2\right\}}{\frac{1}{\sqrt{2\pi}} \exp\left(-\frac{1}{2}x^2\right)} = \exp\left\{\theta_1\left(x - \frac{1}{2}\theta_1\right)\right\} \tag{3.5}$$

となる．したがって，$x \geq \frac{1}{\theta_1}\log C_\alpha + \frac{1}{2}\theta_1$ のとき帰無仮説を棄却することになる．

(3.5) は x に関し単調増大なので，正規分布 $N(0, 1)$ の上側 α 点を z_α として，

$$x \geq z_\alpha$$

のとき，仮説を棄却すればよい．また，p 値は，$\phi(y)$ を標準正規分布の確率密度関数としたとき，

$$\int_x^\infty \phi(y)\mathrm{d}y$$

である．p 値が α 以下のときに帰無仮説は棄却される．単に仮説が「棄却された」，「棄却されなかった」と述べるよりは，p 値を述べた方が情報量は多いことがわかる．

この最強力検定は $\theta_1\ (> 0)$ の値によらない．したがって，複合対立仮説

$$H_0 : \ \theta = 0,$$
$$H_1 : \ \theta > 0$$

の場合にも，同じ検定が最強力検定となっていることがわかる． ◁

3.2 尤度比検定

前節では，単純帰無仮説，単純対立仮説の場合に尤度比検定が最強力検定となることを見た．より一般の状況では，最強力検定は必ずしも存在しないが，尤度比検定が実用上良い検定となることが多い．

3.2.1 単純帰無仮説の尤度比検定

パラメトリックモデル $\{p(x;\theta) \mid \theta \in \Theta\}$ を考える．単純帰無仮説と複合対立仮説

$$H_0 : \theta = \theta_0,$$
$$H_1 : \theta \in S \subset \Theta$$

を考えよう．

単純帰無仮説の場合，尤度比検定統計量は，

$$T(x) := \frac{\max_{\theta \in S} p(x;\theta)}{p(x;\theta_0)}$$

で定義される．

例 3.2 分散 1 の正規分布 $N(\theta,1)$ を考える．帰無仮説と対立仮説は，それぞれ

$$H_0 : \theta = 0,$$
$$H_1 : \theta \neq 0$$

とする．尤度比検定統計量は，

$$T(x) = \frac{\max_{\theta \in S} p(x;\theta)}{p(x;\theta = 0)} = \frac{\max_{\theta} \frac{1}{\sqrt{2\pi}} \exp\left\{-\frac{1}{2}\left(x - \theta\right)^2\right\}}{\frac{1}{\sqrt{2\pi}} \exp\left(-\frac{1}{2}x^2\right)} = \exp\left(\frac{1}{2}x^2\right) \quad (3.6)$$

となる．統計量 T は確率変数であるのでその確率分布の上側 α 点を C_α として，$T \geq C_\alpha$ のとき，帰無仮説を棄却するのが尤度比検定である．式 (3.6) は $|x|$ の単調増加関数なので，標準正規分布 $N(0,1)$ の上側 $\alpha/2$ 点を $\phi_{\alpha/2}$ として

$$|x| \geq \phi_{\alpha/2}$$

のとき帰無仮説を棄却すればよいことがわかる．   ◁

3.2.2　複合帰無仮説の尤度比検定

パラメトリックモデル $\{p(x;\theta,\xi) \mid (\theta,\xi) \in \Theta\}$ を考える．帰無仮説と対立仮説として，

$$H_0: \ \theta = \theta_0,$$
$$H_1: \ \theta \neq \theta_0$$

を考える．応用で現れる複合帰無仮説，複合対立仮説の多くの例がこの形で表せる．

このとき，尤度比検定統計量を，

$$T(x) := \frac{\max_{\theta,\xi} p(x;\theta,\xi)}{\max_{\xi} p(x;\theta_0,\xi)}$$

と定義する．

例 3.3 正規分布 $N(\mu,\sigma^2)$ に従う独立な観測値 $x_1, x_2, \ldots, x_N$ が得られたとする．観測値全体 $x_1, x_2, \ldots, x_N$ の組を x で表す．このとき，

$$p(x;\mu,\sigma) = \prod_{i=1}^{N} \frac{1}{\sqrt{2\pi\sigma^2}} \exp\left\{ -\frac{1}{2\sigma^2}(x_i-\mu)^2 \right\}$$
$$= \frac{1}{(2\pi\sigma^2)^{N/2}} \exp\left[-\frac{1}{2\sigma^2}\left\{ \sum_{i=1}^{N}(x_i-\bar{x})^2 + N(\bar{x}-\mu)^2 \right\} \right]$$

である．$\mu = \mu_0$ のもとでの σ^2 の最尤推定値は，$\sum_{i=1}^{N}(x_i-\mu_0)^2/N$ であり，μ と σ^2 がともに未知の場合の μ, σ^2 の最尤推定値は，$\bar{x}, \sum_{i=1}^{N}(x_i-\bar{x})^2/N$ である．

帰無仮説と対立仮説として，

$$H_0: \ \mu = \mu_0,$$
$$H_1: \ \mu \neq \mu_0$$

を考えると，尤度比検定統計量は，

$$T(x) = \frac{\max_{\mu,\sigma} p(x;\mu,\sigma)}{\max_{\sigma} p(x;\mu_0,\sigma)} = \frac{\left\{ 2\pi\frac{1}{N}\sum_{i=1}^{N}(x_i-\bar{x})^2 \right\}^{-N/2} \exp\left(-\frac{N}{2}\right)}{\left\{ 2\pi\frac{1}{N}\sum_{i=1}^{N}(x_i-\mu_0)^2 \right\}^{-N/2} \exp\left(-\frac{N}{2}\right)}$$

$$= \left(\frac{\displaystyle\sum_{i=1}^{N}(x_i - \mu_0)^2}{\displaystyle\sum_{i=1}^{N}(x_i - \bar{x})^2} \right)^{N/2} = \left(1 + \frac{N(\bar{x} - \mu_0)^2}{\displaystyle\sum_{i=1}^{N}(x_i - \bar{x})^2} \right)^{N/2} \tag{3.7}$$

となる．帰無仮説 $\mu = \mu_0$ のもとで，$T(x)$ の分布は σ によらない．これは，式 (3.7) で x_i $(i = 1, 2, \ldots)$ を定数倍しても分子と分母で効果が打ち消し合うことによる．したがって，$\mu = \mu_0, \sigma = 1$ のもとで，$T(x)$ の分布の上側 α 点 C_α を求め，$T(x) > C_\alpha$ であれば帰無仮説 H_0: $\mu = \mu_0$ を棄却すればよい．また，式 (3.7) より，ここでの尤度比検定は，『確率・統計 I』で扱った t 検定の両側検定と同等であることがわかる．同様にして，F 検定も尤度比検定として理解することができる．◁

3.2.3 尤度比検定の漸近理論

例 3.3 では，帰無仮説 $\mu = \mu_0$ のもとで，$T(x)$ の分布は σ によらなかった．しかし，これは僥倖であって，一般の統計モデルでは必ずしも成立しない．また，正確な尤度比統計量の分布を求めることができるとは限らない．そのため，尤度比検定の棄却域を定める際には，尤度比統計量が帰無仮説のもとで従う分布を近似的に求めて利用することがよく行われる．

定理 3.2 パラメータ (θ, ξ) をもつパラメトリックモデル $p(\cdot; \theta, \xi)$ を考える．観測値 $X_1, \ldots, X_N$ はモデルに属する分布に独立に従うものとする．θ は k 次元，ξ は l 次元とする．このとき，対数尤度比統計量の 2 倍

$$2 \log \frac{\displaystyle\max_{\theta, \xi} p(X^N; \theta, \xi)}{\displaystyle\max_{\xi} p(X^N; \theta_0, \xi)}$$

の確率分布は，帰無仮説のもとで $N \to \infty$ のとき，自由度 k の χ^2 分布に収束する．

定理 3.2 の証明の概略を示す前に，いくつか準備をしておく．

まず，d 次元確率変数 x が平均 0，分散共分散行列 Σ の d 変量正規分布 $N_d(0, \Sigma)$ に従うとき，$x^\top \Sigma^{-1} x$ は，自由度 d の χ^2 分布に従うことを確認しよう．Σ は正定値対称行列であるから，$P^\top \Sigma P$ が対角行列になる直交行列 P が存在する．こ

の対角行列を $D = P^\top \Sigma P$ とする. D の対角要素をその平方根で置き換えて得られる対角行列を $D^{1/2}$ とおく. $\Sigma^{1/2} = PD^{1/2}P^\top$ と定義すると, $\Sigma^{1/2}\Sigma^{1/2} = \Sigma$ が成立する. このとき, $\Sigma^{-1/2}x$ は, 平均 0, 分散共分散行列 I_d (単位行列) の d 変量正規分布 $N_d(0, I_d)$ に従う. このことから, $(\Sigma^{-1/2}x)^\top(\Sigma^{-1/2}x) = x^\top \Sigma^{-1} x$ は自由度 d の χ^2 分布に従うことがわかる.

次に, $p(x; \theta, \xi)$ が分散共分散行列が既知の正規分布モデルの場合に定理 3.2 の証明を与える. この場合は, $N = 1$ でも対数尤度比の 2 倍が正確に χ^2 分布に従う. θ を k 次元の縦ベクトル, ξ を l 次元の縦ベクトルとし, $d = k + l$ とおく. d 変量正規分布

$$N_d \left(\begin{pmatrix} \theta \\ \xi \end{pmatrix}, \begin{pmatrix} \Sigma_{\theta\theta} & \Sigma_{\theta\xi} \\ \Sigma_{\xi\theta} & \Sigma_{\xi\xi} \end{pmatrix} \right)$$

に従う確率変数

$$x = \begin{pmatrix} x_\theta \\ x_\xi \end{pmatrix}$$

が 1 回観測されるとする.

x_θ は x の第 1 〜 第 k 成分からなる k 次元ベクトルであり, x_ξ は x の第 $(k+1)$ 〜 第 d 成分からなる l 次元ベクトルである. このとき, 帰無仮説 $H_0\colon \theta = \theta_0$, 対立仮説 $H_1\colon \theta \neq \theta_0$ について検定する問題を考えよう.

ここで,

$$\Sigma = \begin{pmatrix} \Sigma_{\theta\theta} & \Sigma_{\theta\xi} \\ \Sigma_{\xi\theta} & \Sigma_{\xi\xi} \end{pmatrix}$$

は既知の $d \times d$ 正定値対称行列で, $\Sigma_{\theta\theta}, \Sigma_{\theta\xi}, \Sigma_{\xi\theta}, \Sigma_{\xi\xi}$ は, サイズがそれぞれ $k \times k$, $k \times l$, $l \times k$, $l \times l$ の部分行列で, $\Sigma_{\xi\theta}^\top = \Sigma_{\xi\theta}$ である. Σ の逆行列を

$$\Sigma^{-1} = \begin{pmatrix} \Sigma^{\theta\theta} & \Sigma^{\theta\xi} \\ \Sigma^{\xi\theta} & \Sigma^{\xi\xi} \end{pmatrix}$$

とおくと,

$$\Sigma_{\theta\theta}^{-1} = \Sigma^{\theta\theta} - \Sigma^{\theta\xi}(\Sigma^{\xi\xi})^{-1}\Sigma^{\xi\theta} \tag{3.8}$$

が成立する. 逆行列の部分行列は添字を上付にして区別する. x が観測されたとき, $H_1\colon \theta \neq \theta_0$ のもとでの対数尤度関数は,

$$\log p(x;\theta,\xi) = \log\left[\frac{1}{(2\pi)^{d/2}|\Sigma|^{1/2}}\exp\left\{-\frac{1}{2}\begin{pmatrix} x_\theta - \theta \\ x_\xi - \xi \end{pmatrix}^\top \Sigma^{-1}\begin{pmatrix} x_\theta - \theta \\ x_\xi - \xi \end{pmatrix}\right\}\right]$$

となる. このとき θ, ξ の最尤推定量は, $\hat{\theta} = x_\theta, \hat{\xi} = x_\xi$ であるから, H_1 のもとでの最大対数尤度は,

$$\log p(x;\hat{\theta},\hat{\xi}) = -\frac{d}{2}\log(2\pi) - \frac{1}{2}\log|\Sigma|^{1/2}$$

である.

次に仮説 $H_0 : \theta = \theta_0$ のもとでの ξ の最尤推定量 $\hat{\xi}_0$ を求める. x が観測されたとき, H_0 のもとでの対数尤度関数は,

$$\log p(x;\theta_0,\xi) = \log\left[\frac{1}{(2\pi)^{d/2}|\Sigma|^{1/2}}\exp\left\{-\frac{1}{2}\begin{pmatrix} x_\theta - \theta_0 \\ x_\xi - \xi \end{pmatrix}^\top \Sigma^{-1}\begin{pmatrix} x_\theta - \theta_0 \\ x_\xi - \xi \end{pmatrix}\right\}\right]$$

$$= -\frac{d}{2}\log(2\pi) - \frac{1}{2}\log|\Sigma|^{1/2} - \frac{1}{2}\begin{pmatrix} x_\theta - \theta_0 \\ x_\xi - \xi \end{pmatrix}^\top \Sigma^{-1}\begin{pmatrix} x_\theta - \theta_0 \\ x_\xi - \xi \end{pmatrix}$$

となる. したがって, H_0 のもとでの最尤推定量は,

$$\begin{pmatrix} x_\theta - \theta_0 \\ x_\xi - \xi \end{pmatrix}^\top \Sigma^{-1}\begin{pmatrix} x_\theta - \theta_0 \\ x_\xi - \xi \end{pmatrix} = \begin{pmatrix} x_\theta - \theta_0 \\ x_\xi - \xi \end{pmatrix}^\top \begin{pmatrix} \Sigma^{\theta\theta} & \Sigma^{\theta\xi} \\ \Sigma^{\xi\theta} & \Sigma^{\xi\xi} \end{pmatrix}\begin{pmatrix} x_\theta - \theta_0 \\ x_\xi - \xi \end{pmatrix}$$

$$= (\theta_0 - x_\theta)^\top \Sigma^{\theta\theta}(\theta_0 - x_\theta) + (\xi - x_\xi)^\top \Sigma^{\xi\theta}(\theta_0 - x_\theta)$$

$$+ (\theta_0 - x_\theta)^\top \Sigma^{\theta\xi}(\xi - x_\xi) + (\xi - x_\xi)^\top \Sigma^{\xi\xi}(\xi - x_\xi)$$

$$= \{\xi - x_\xi + (\Sigma^{\xi\xi})^{-1}\Sigma^{\xi\theta}(\theta_0 - x_\theta)\}^\top \Sigma^{\xi\xi}\{\xi - x_\xi + (\Sigma^{\xi\xi})^{-1}\Sigma^{\xi\theta}(\theta_0 - x_\theta)\}$$

$$+ (\theta_0 - x_\theta)^\top \{\Sigma^{\theta\theta} - \Sigma^{\theta\xi}(\Sigma^{\xi\xi})^{-1}\Sigma^{\xi\theta}\}(\theta_0 - x_\theta)$$

より,

$$\hat{\xi}_0 = x_\xi - (\Sigma^{\xi\xi})^{-1}\Sigma^{\xi\theta}(\theta_0 - x_\theta)$$

となる. よって, 最大対数尤度は, 式 (3.8) を用いて,

$$\log p(x;\theta_0,\hat{\xi}_0)$$

$$= -\frac{d}{2}\log(2\pi) - \frac{1}{2}\log|\Sigma|^{1/2} - \frac{1}{2}(\theta_0 - x_\theta)^\top \{\Sigma^{\theta\theta} - \Sigma^{\theta\xi}(\Sigma^{\xi\xi})^{-1}\Sigma^{\xi\theta}\}(\theta_0 - x_\theta)$$

$$= -\frac{d}{2}\log(2\pi) - \frac{1}{2}\log|\Sigma|^{1/2} - \frac{1}{2}(\theta_0 - x_\theta)^\top \Sigma_{\theta\theta}^{-1}(\theta_0 - x_\theta)$$

となる.

　したがって，対数尤度比統計量の 2 倍は，

$$2\log\frac{\max\limits_{\theta,\xi} p(x;\theta,\xi)}{\max\limits_{\xi} p(x;\theta_0,\xi)} = (\theta_0 - x_\theta)^\top \Sigma_{\theta\theta}{}^{-1}(\theta_0 - x_\theta) \tag{3.9}$$

となる. 仮説 H_0 のもとでは，x_θ が平均 θ_0，分散共分散行列 $\Sigma_{\theta\theta}$ の k 次元正規分布に従うことから，(3.9) は自由度 k の χ^2 分布に従う.

　次に，一般の統計モデル $p(x;\theta,\xi)$ の場合に定理 3.2 の証明の概略を説明しよう.

(証明) $\theta = (\theta^1,\ldots,\theta^k)$, $\xi = (\xi^1,\ldots,\xi^l)$ とする. この証明中ではパラメータの成分を表すために上付きの添字を用いる. モデルに属する真の分布 $p(x;\theta,\xi)$ に従う独立な確率変数 $x_1,\ldots,x_N$ が観測されたとする. $x_1,\ldots,x_N$ の組を x^N で表す. N が大きい場合，$\hat\theta - \theta$ は 0 に近い. $\log p(x;\theta)$ を $\hat\theta$ の周りで Taylor 展開すると，$\hat\theta$ が最尤推定量であるため

$$\frac{\partial}{\partial\theta^i}\log p(x;\theta,\xi)\bigg|_{\theta=\hat\theta,\xi=\hat\xi} = \frac{\partial}{\partial\xi^j}\log p(x;\theta,\xi)\bigg|_{\theta=\hat\theta,\xi=\hat\xi} = 0$$

であることから，

$$\begin{aligned}
\log p(x^N;\theta,\xi) \simeq{} & \log p(x^N;\hat\theta,\hat\xi) \\
& + \sum_{i=1}^k \frac{\partial}{\partial\theta^i}\log p(x^N;\theta,\xi)\bigg|_{\theta=\hat\theta,\xi=\hat\xi}(\theta^i-\hat\theta^i) \\
& + \sum_{i=1}^l \frac{\partial}{\partial\xi^i}\log p(x^N;\theta,\xi)\bigg|_{\theta=\hat\theta,\xi=\hat\xi}(\xi^i-\hat\xi^i) \\
& + \frac{1}{2}\sum_i\sum_j \frac{\partial^2}{\partial\theta^i\partial\theta^j}\log p(x^N;\theta,\xi)\bigg|_{\theta=\hat\theta,\xi=\hat\xi}(\theta^i-\hat\theta^i)(\theta^j-\hat\theta^j) \\
& + \frac{1}{2}\sum_i\sum_j \frac{\partial^2}{\partial\theta^i\partial\xi^j}\log p(x^N;\theta,\xi)\bigg|_{\theta=\hat\theta,\xi=\hat\xi}(\theta^i-\hat\theta^i)(\xi^j-\hat\xi^j) \\
& + \frac{1}{2}\sum_i\sum_j \frac{\partial^2}{\partial\xi^i\partial\theta^j}\log p(x^N;\theta,\xi)\bigg|_{\theta=\hat\theta,\xi=\hat\xi}(\xi^i-\hat\xi^i)(\theta^j-\hat\theta^j) \\
& + \frac{1}{2}\sum_i\sum_j \frac{\partial^2}{\partial\xi^i\partial\xi^j}\log p(x^N;\theta,\xi)\bigg|_{\theta=\hat\theta,\xi=\hat\xi}(\xi^i-\hat\xi^i)(\xi^j-\hat\xi^j) \\
={} & \log p(x^N;\hat\theta,\hat\xi)
\end{aligned}$$

$$+ \frac{1}{2} \sum_i \sum_j \frac{1}{N} \frac{\partial^2}{\partial \theta^i \partial \theta^j} \log p(x^N; \theta, \xi) \Big|_{\theta=\hat{\theta}, \xi=\hat{\xi}} \sqrt{N}(\theta^i - \hat{\theta}^i) \sqrt{N}(\theta^j - \hat{\theta}^j)$$

$$+ \frac{1}{2} \sum_i \sum_j \frac{1}{N} \frac{\partial^2}{\partial \theta^i \partial \xi^j} \log p(x^N; \theta, \xi) \Big|_{\theta=\hat{\theta}, \xi=\hat{\xi}} \sqrt{N}(\theta^i - \hat{\theta}^i) \sqrt{N}(\xi^j - \hat{\xi}^j)$$

$$+ \frac{1}{2} \sum_i \sum_j \frac{1}{N} \frac{\partial^2}{\partial \xi^i \partial \theta^j} \log p(x^N; \theta, \xi) \Big|_{\theta=\hat{\theta}, \xi=\hat{\xi}} \sqrt{N}(\xi^i - \hat{\xi}^i) \sqrt{N}(\theta^j - \hat{\theta}^j)$$

$$+ \frac{1}{2} \sum_i \sum_j \frac{1}{N} \frac{\partial^2}{\partial \xi^i \partial \xi^j} \log p(x^N; \theta, \xi) \Big|_{\theta=\hat{\theta}, \xi=\hat{\xi}} \sqrt{N}(\xi^i - \hat{\xi}^i) \sqrt{N}(\xi^j - \hat{\xi}^j)$$

$$(3.10)$$

となる. $N \to \infty$ のとき,

$$\frac{1}{N} \frac{\partial^2}{\partial \theta^i \partial \theta^j} \log p(x; \theta, \xi) \Big|_{\theta=\hat{\theta}, \xi=\hat{\xi}}, \quad \frac{1}{N} \frac{\partial^2}{\partial \theta^i \partial \xi^j} \log p(x; \theta, \xi) \Big|_{\theta=\hat{\theta}, \xi=\hat{\xi}},$$

$$\frac{1}{N} \frac{\partial^2}{\partial \xi^i \partial \theta^j} \log p(x; \theta, \xi) \Big|_{\theta=\hat{\theta}, \xi=\hat{\xi}}, \quad \frac{1}{N} \frac{\partial^2}{\partial \xi^i \partial \xi^j} \log p(x; \theta, \xi) \Big|_{\theta=\hat{\theta}, \xi=\hat{\xi}}$$

は Fisher 情報行列の成分

$$I_{\theta^i \theta^j} := \mathrm{E}_{\theta, \xi} \left\{ \frac{\partial^2}{\partial \theta^i \partial \theta^j} \log p(x; \theta, \xi) \right\}, \quad I_{\theta^i \xi^j} := \mathrm{E}_{\theta, \xi} \left\{ \frac{\partial^2}{\partial \theta^i \partial \xi^j} \log p(x; \theta, \xi) \right\}$$

$$I_{\xi^i \theta^j} := \mathrm{E}_{\theta, \xi} \left\{ \frac{\partial^2}{\partial \xi^i \partial \theta^j} \log p(x; \theta, \xi) \right\}, \quad I_{\xi^i \xi^j} := \mathrm{E}_{\theta, \xi} \left\{ \frac{\partial^2}{\partial \xi^i \partial \xi^j} \log p(x; \theta, \xi) \right\}$$

に収束する. したがって, 式 (3.10) より, 最大対数尤度は, $\tilde{\theta}^i = \sqrt{N}(\hat{\theta}^i - \theta^i)$, $\tilde{\xi}^i = \sqrt{N}(\hat{\xi}^i - \xi^i)$ とおくと,

$$\log p(x; \hat{\theta}, \hat{\xi}) \simeq \log p(x; \theta, \xi)$$

$$- \frac{1}{2} \sum_i \sum_j I_{\theta^i \theta^j} \tilde{\theta}^i \tilde{\theta}^j - \frac{1}{2} \sum_i \sum_j I_{\theta^i \xi^j} \tilde{\theta}^i \tilde{\xi}^j$$

$$- \frac{1}{2} \sum_i \sum_j I_{\xi^i \theta^j} \tilde{\xi}^i \tilde{\theta}^j - \frac{1}{2} \sum_i \sum_j I_{\xi^i \xi^j} \tilde{\xi}^i \tilde{\xi}^j \qquad (3.11)$$

と表せる. $I_{\theta\theta}$ を $I_{\theta^i \theta^j}$ を (i, j) 成分とする $k \times k$ 行列, $I_{\theta\xi}$ を $I_{\theta^i \xi^j}$ を (i, j) 成分とする $k \times l$ 行列, $I_{\xi\theta}$ を $I_{\xi^i \theta^j}$ を (i, j) 成分とする $l \times k$ 行列, $I_{\xi\xi}$ を $I_{\xi^i \xi^j}$ を (i, j) 成分とする $l \times l$ 行列, とすると, (θ, ξ) の Fisher 情報行列 I は, $d \times d$ 行列

$$I = \begin{pmatrix} I_{\theta\theta} & I_{\theta\xi} \\ I_{\xi\theta} & I_{\xi\xi} \end{pmatrix}$$

である．$(\tilde{\theta}, \tilde{\xi})$ は，N が十分大きいとき，近似的に平均 0，分散共分散行列 I^{-1} の d 次元正規分布に従うのであった．次に，モデル $p(x^N; \theta_0, \xi)$ のもとでの最大対数尤度に対する同様の近似を考える．ξ の最尤推定量を $\hat{\xi}_0$ とおくと，

$$\log p(x^N; \theta_0, \xi) \simeq \log p(x^N; \theta_0, \hat{\xi}_0) + \sum_{i=1}^{l} \frac{\partial}{\partial \xi^i} \log p(x^N; \theta_0, \xi)\Big|_{\xi=\hat{\xi}_0} (\xi^i - \hat{\xi}_0^i)$$

$$+ \frac{1}{2} \sum_i \sum_j \frac{\partial^2}{\partial \xi^i \partial \xi^j} \log p(x^N; \theta_0, \xi)\Big|_{\xi=\hat{\xi}_0} (\xi^i - \hat{\xi}_0^i)(\xi^j - \hat{\xi}_0^j)$$

$$= \log p(x^N; \theta_0, \hat{\xi}_0)$$

$$+ \frac{1}{2} \sum_i \sum_j \frac{1}{N} \frac{\partial^2}{\partial \xi^i \partial \xi^j} \log p(x^N; \theta_0, \xi)\Big|_{\xi=\hat{\xi}_0} \sqrt{N}(\xi^i - \hat{\xi}_0^i)\sqrt{N}(\xi^j - \hat{\xi}_0^j) \quad (3.12)$$

となる．$N \to \infty$ のとき，

$$\frac{1}{N} \frac{\partial^2}{\partial \xi^i \partial \xi^j} \log p(x; \theta_0, \xi)\Big|_{\xi=\hat{\xi}_0}$$

は Fisher 情報行列の成分

$$I_{\xi^i \xi^j} := \mathrm{E}_{\theta, \xi}\left\{ \frac{\partial^2}{\partial \xi^i \partial \xi^j} \log p(x; \theta_0, \xi) \right\}$$

に確率収束する．したがって，式 (3.12) より，最大対数尤度は，$\tilde{\xi}_0^i = \sqrt{N}(\hat{\xi}^i - \xi_0^i)$ とおくと，

$$\log p(x; \theta_0, \hat{\xi}_0) \simeq \log \ p(x; \theta_0, \xi) - \frac{1}{2} \sum_i \sum_j I_{\xi^i \xi^j} \tilde{\xi}_0^i \tilde{\xi}_0^j \quad (3.13)$$

となる．$\tilde{\xi}_0$ は，N が十分大きいとき，近似的に平均 0，分散共分散行列 $(I_{\xi\xi})^{-1}$ の k 次元正規分布に従う．

式 (3.11) と (3.13) より，対数尤度比統計量の 2 倍の (3.9) は，N が十分大きいとき自由度 k の χ^2 分布に従うとみなせる．以上のことから，N が十分大きいときは，一般のモデルについても対数尤度比の確率分布は，多変量正規分布の場合の対数尤度比の確率分布と同様に考えることができることがわかる．　■

例 3.4 [分割表の独立性の検定] x は 1 から k まで，y は 1 から l までの値をとる確率変数とする．(u, v) の組を何回か測定し，$x = i, y = j$ が n_{ij} 回ずつ観測されたとする．各測定における観測結果は互いに独立であるものとする．

このとき，x と y が独立であるかの検定は現実問題でしばしば必要となり，『確率・統計 I, II』でも扱われている．ここでは，この問題に対する尤度比検定を考える．x が値 i，y が値 j をとる確率を p_{ij} とする．また，$p_{i\bullet} := \sum_{j=1}^{l} p_{ij}$, $p_{\bullet j} := \sum_{i=1}^{k} p_{ij}$, $p_{\bullet\bullet} := \sum_{i=1}^{k} \sum_{j=1}^{l} p_{ij}$ とおく．

x と y が独立であるという仮説は，

$$\mathrm{H}_0:\quad p_{ij} = p_{i\bullet} p_{\bullet j}$$

対立仮説は，

$$\mathrm{H}_1:\quad \text{ある } i, j \text{ に対し } p_{ij} \neq p_{i\bullet} p_{\bullet j}$$

となる．

　仮説 H_0 のもとで自由に動けるパラメータは $p_{i\bullet}$ $(i = 1,\ldots,k-1)$ と $p_{\bullet j}$ $(j = 1,\ldots,l-1)$ の $k+l-2$ 個となる．$p_{k\bullet}$ は，条件 $\sum_{i=1}^{k} p_{i\bullet} = 1$ より，$p_{i\bullet}$ $(i = 1,\ldots,k-1)$ を指定すれば決まってしまう．同様に，$p_{\bullet l}$ は条件 $\sum_{j=1}^{l} p_{\bullet j} = 1$ より，$p_{\bullet j}$ $(i = 1,\ldots,l-1)$ を指定すれば決まる．そのため，この 2 つはパラメータに含めない．

　仮説 H_1 のもとで自由に動けるパラメータは p_{ij} $(i = 1,\ldots,k; j = 1,\ldots,l)$ から p_{kl} を除いた $(kl - 1)$ 個となる．p_{kl} は条件 $\sum_{i=1}^{k} \sum_{j=1}^{l} p_{ij} = 1$ より，他を与えれば決まる．また，p_{ij} $(i = 1,\ldots,k; j = 1,\ldots,l)$ から p_{kl} を除いた $(kl - 1)$ 個の代わりに，$p_{i\bullet}$ $(i = 1,\ldots,k-1)$, $p_{\bullet j}$ $(j = 1,\ldots,l-1)$, p_{ij} $(i = 1,\ldots,k-1; j = 1,\ldots,l-1)$ をパラメータとして採用してももちろんかまわない．パラメータの個数は $k+l-2 + (k-1)(l-1) = kl - 1$ より一致する．

　この検定は，定理 3.2 で考えた設定のもとで考えることができる．仮説 H_0 では独立モデルを考えることになり，定理の θ が $p_{i\bullet}$ $(i = 1,\ldots,k-1)$ と $p_{\bullet j}$ $(j = 1,\ldots,l-1)$ との組に対応する．仮説 H_1 では独立とは限らないモデルを考えることになり，θ が $p_{i\bullet}$ $(i = 1,\ldots,k-1)$ と $p_{\bullet j}$ $(j = 1,\ldots,l-1)$ との組に対応し，ξ が p_{ij} $(i = 1,\ldots,k-1; j = 1,\ldots,l-1)$ に対応する．

　さて，i, j の組が n_{ij} 個得られたというデータが与えられたとき，$n_{\bullet\bullet} := \sum_{i=1}^{k} \sum_{j=1}^{l} n_{ij}$, $n_{\bullet j} := \sum_{i=1}^{k} n_{ij}$, $n_{i\bullet} := \sum_{j=1}^{l} n_{ij}$, とおくと，$\mathrm{H}_0$ でのモデルの尤度は，

$$p((n_{ij}); \theta) = \frac{n_{..}!}{n_{11}! \cdots n_{kl}!} \prod_{i=1}^{k} \prod_{j=1}^{l} (p_{i \bullet} p_{\bullet j})^{n_{ij}},$$

H_1 でのモデルの尤度は，

$$p((n_{ij}); \theta, \xi) = \frac{n_{..}!}{n_{11}! \cdots n_{kl}!} \prod_{i=1}^{k} \prod_{j=1}^{l} p_{ij}^{n_{ij}}$$

となる．すぐ確認できるように，最大尤度はそれぞれ

$$p((n_{ij}); \hat{\theta}) = \frac{n_{..}!}{n_{11}! \cdots n_{kl}!} \prod_{i=1}^{k} \prod_{j=1}^{l} \left(\frac{n_{i \bullet} n_{\bullet j}}{n_{\bullet \bullet}^2} \right)^{n_{ij}},$$

$$p((n_{ij}); \hat{\theta}, \hat{\xi}) = \frac{n_{..}!}{n_{11}! \cdots n_{kl}!} \prod_{i=1}^{k} \prod_{j=1}^{l} \left(\frac{n_{ij}}{n_{\bullet \bullet}} \right)^{n_{ij}}$$

だから，尤度比検定統計量は，

$$2 \log \frac{p((n_{ij}); \hat{\theta}, \hat{\xi})}{p((n_{ij}); \hat{\theta})} = 2 \sum_{i=1}^{k} \sum_{j=1}^{l} n_{ij} \log \frac{\frac{n_{ij}}{n_{\bullet \bullet}}}{\frac{n_{i \bullet} n_{\bullet j}}{n_{\bullet \bullet}^2}}$$

となる．これがサンプルサイズが大きいとき自由度 $(k-1)(l-1)$ の χ^2 分布に従うとみなせることを利用して棄却域を決めればよい． ◁

3.2.4 区　間　推　定

　未知パラメータ θ は 1 次元であるとする．θ の値を推定する際，推定値を一つだけ与えるだけでなく，真のパラメータの値がどのあたりであるかを区間を用いて推定することがある．これを区間推定とよぶ．区別するために，推定値を一つ与える推定を点推定とよぶこともある．区間推定については『確率・統計 I』でも扱われている．ここでは区間推定を検定と関係づけて理解する．

　区間推定では，データ X が得られたとき，真のパラメータを含んでいると思われるある区間 $[L(X), U(X)]$ を構成する．すべての $\theta \in \Theta$ に対して，

$$P_\theta (L(X) \leq \theta \leq U(X)) \geq 1 - \alpha \qquad (0 < \alpha < 1)$$

であるとき，信頼係数 $1-\alpha$ の**信頼区間**であるという．ここで，P_θ は θ が真の値であるときの確率を表す．α の値は小さい方が望ましく，信頼区間の幅 $U(X) - L(X)$

は狭い方が望ましい. しかし, 一般に, α を小さく設定すると, 信頼区間の幅は大きくなる.

信頼区間は検定を用いて構成することができる. θ が真のパラメータの値であるという命題を帰無仮説 H_0 とする. この帰無仮説に対する有意水準 α の検定を考える. あるデータ X が得られたとき, θ が真のパラメータの値であるという帰無仮説が棄却されない θ の集合を $S(X)$ とおくと,

$$P_\theta\left(\theta \in S(X)\right) \geq 1 - \alpha \qquad (0 < \alpha < 1)$$

となることがわかるであろう. この $S(X)$ を**信頼集合**とよぶ. 一般に, 信頼集合は区間で表されるとは限らないが, パラメータが 1 次元の場合, 多くの問題で $S(X)$ は区間 $[L(X), U(X)]$ になる. これを信頼区間とよぶ.

以下の例を見てみよう.

例 3.5 [分散既知の正規分布 $N(\mu, \sigma^2)$] 正規分布 $N(\mu, \sigma^2)$ に従う独立な確率変数 $X_1, X_2, \ldots, X_N$ が観測されたとき, μ についての信頼区間を構成する. 分散 σ^2 は既知とする. 正規分布 $N(0,1)$ の上側 $100\alpha\%$ 点を ϕ_α とおく. このとき, μ が真のパラメータの値であるという仮説の検定を考えよう.

統計量 $T(X) = (\sum X_i - N\mu)/(\sqrt{N}\sigma)$ は正規分布 $N(0,1)$ に従う. $|T(X)| > \phi_{\alpha/2}$ のとき仮説を棄却すると有意水準が α の両側検定となる. つまり, μ が真のパラメータの値のとき, 検定により μ が真のパラメータの値であるという帰無仮説が棄却される確率 (第一種の過誤の確率) は α となる.

$|T(X)| \leq \phi_{\alpha/2}$ であれば, 仮説は棄却されない. この条件は, $\bar{X} = \sum X_i/n$ とおいて,

$$\bar{X} - \frac{\sigma}{\sqrt{N}}\phi_{\alpha/2} \leq \mu \leq \bar{X} + \frac{\sigma}{\sqrt{N}}\phi_{\alpha/2}$$

と同値であることがわかる. すなわち, 区間

$$\left[\bar{X} - \frac{\sigma}{\sqrt{N}}\phi_{\alpha/2}, \bar{X} + \frac{\sigma}{\sqrt{N}}\phi_{\alpha/2}\right]$$

は信頼係数 $1 - \alpha$ の信頼区間である.   ◁

この例では, 真のパラメータが μ であったとき信頼区間が μ を含む確率がちょうど $1 - \alpha$ となっている. モデルによってはこのような信頼区間がいつも構成できるとは限らない. 例えば, 二項分布モデルで平均 μ が未知のパラメータの場合, 二項分布は離散分布であるため, すべてのパラメータ μ に対し μ を含む確率が与

えられた $0 < 1 - \alpha < 1$ にちょうど一致するように信頼区間を構成することはできない.

　　　　　　　　　　　　　　　　　　　　　　　　　　　　　　■

　「信頼係数 $1 - \alpha$ の信頼区間」は,「パラメータが確率変数であり, データが与えられたときパラメータの従う条件付確率分布による信頼区間の確率が $1 - \alpha$ 以上」ということを意味するのではない. しばしば見られる誤解なので注意してほしい.

　パラメータが多次元でそのうちのひとつのパラメータに興味がある場合でも同様の考え方で信頼区間を構成できることがある. 興味のないパラメータを攪乱パラメータ, または迷惑パラメータとよぶことがある.

例 3.6 [分散未知の正規分布 $\mathrm{N}(\mu, \sigma^2)$] 正規分布 $\mathrm{N}(\mu, \sigma^2)$ に従う独立な確率変数 $X_1, X_2, \ldots, X_n$ が観測されたとき, μ についての信頼区間を構成する. σ は攪乱パラメータである.

　このとき,
$$s^2(X^n) = \frac{\sum_{i=1}^{n}(X_i - \bar{X})^2}{n - 1}$$
を用いて構成される t 統計量
$$t(X^n) = \frac{\sqrt{n}(\bar{X} - \mu)}{s(X^n)}$$
は自由度 $n - 1$ の t 分布に従うのであった.

　平均の真の値が μ であるという帰無仮説の検定を考えよう. 自由度 $n-1$ の t 分布の上側 $100\alpha\%$ 点を $t_\alpha^{(n-1)}$ とおき,
$$|t(X^n)| > t_{\alpha/2}^{(n-1)}$$
のとき仮説を棄却する検定を考えると. 仮説が正しいときに棄却してしまう確率は α である. したがって,
$$\bar{X} - \frac{s(X^n)}{\sqrt{n}} t_{\alpha/2}^{(n-1)} \leq \mu \leq \bar{X} + \frac{s(X^n)}{\sqrt{n}} t_{\alpha/2}^{(n-1)}$$
であれば仮説は棄却されない. したがって,
$$\left[\bar{X} - \frac{s(X^n)}{\sqrt{n}} t_{\alpha/2}^{(n-1)}, \bar{X} + \frac{s(X^n)}{\sqrt{n}} t_{\alpha/2}^{(n-1)} \right]$$

は信頼係数 $1 - \alpha$ の信頼区間である.

この例では, 攪乱パラメータ σ の値によらず, 真のパラメータが μ であったとき信頼区間が μ を含む確率が $1 - \alpha$ となっている. 一般にはこのような都合のよい信頼区間がとれるとは限らない. 検定統計量の分布がパラメータ (μ, σ) によらないことが, このような信頼区間の存在につながっている. ◁

3.3 モ デ ル 選 択

3.3.1 赤池情報量規準

データ解析を行う際, 最初からひとつの統計モデルを特定できていることは少ない. いくつかのモデルの候補のうちから適切と思われるモデルを選択するのが普通である. したがって, どのようにしてモデルを選択するのかが重要になる. これがモデル選択とよばれる問題である. ビッグデータを有効に活用するためには, 既存のモデルを適用するだけでなく, データに応じたオーダーメイドのモデルを構築することが必要になることが多い. このようなとき, モデル選択の考え方を理解しておくことが重要になる.

一般にデータの特性を十分表現するにはある程度複雑なモデルを利用することが必要である. しかし, あまり複雑なモデルを採用するとパラメータの推定の精度がおち, モデルを用いた予測の性能がかえって悪くなってしまうという問題がある.

このことを簡単な例で見てみよう.

例 3.7 [多項式回帰モデル] 正規分布 $N(f(x_i), \sigma^2)$ に従う観測値 $y_i, i = 1, 2, \ldots, N$ が得られたとする. ここで, $f(x)$ は未知の滑らかな関数である. 観測誤差の分散 σ^2 も未知とする. このデータを k 次多項式回帰モデル

$$y_i = a_0 + a_1 x_i + a_2 x_i{}^2 + \cdots + a_k x_i{}^k + \varepsilon_i \quad (i = 1, \ldots, N)$$

$$\varepsilon_i \stackrel{\text{i.i.d.}}{\sim} N(0, \sigma^2)$$

を仮定して解析することを考える. なお, i.i.d. は "independently and identically distributed" の略であり, 確率変数が独立に同一の分布に従っていることを意味する. このモデルにおいては未知のパラメータは, $a_0, a_1, \ldots, a_k, \sigma^2$ の $k + 2$ 個である.

このモデルでは，多項式 $a_0 + a_1 x_i + a_2 x_i{}^2 + \cdots + a_k x_i{}^k$ を用いて未知の関数 $f(x)$ を近似している．高次の多項式を使えば原理的にはいくらでも $f(x)$ を精密に近似できる．つまり，k 次多項式の中で $f(x)$ を一番良く近似するものが選べるのであれば，k は大きいほど近似の精度が良い．k が小さすぎると k 次多項式の中で一番 $f(x)$ に近いものでも $f(x)$ を十分良く近似できない．しかし，高次の多項式を使うと推定しなけらばならないパラメータの数 $k+2$ が大きくなってしまう．観測値の数は限られているため，すべてのパラメータを精度良く推定することはできない．そのため，あまり高次の多項式を用いて推定を行うと，推定により得られる k 次多項式と k 次多項式の中で $f(x)$ を一番良く近似するものとの乖離が大きくなり，パラメータを推定して得られる多項式 $\hat{a}_0 + \hat{a}_1 x + \hat{a}_2 x^2 + \cdots + \hat{a}_k x^k$ は $f(x)$ を良く近似できない．

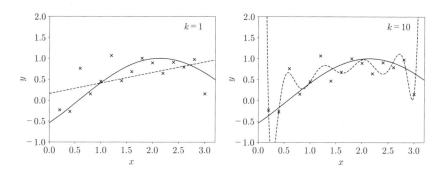

図 3.1　k 次多項式による回帰．実線は真の関数 $f(x) = -\cos(x+1)$．点線は k 次多項式を用いた推定結果 $(k = 1, 10)$．

図 3.1 で実線は，$f(x) = -\cos(x+1)$ を表している．$x_i = 0.2i$ $(i = 1, \ldots, 15)$，$\sigma_0^2 = 0.3^2$ のとき，$\mathrm{N}(f(x_i), \sigma_0^2)$ に従う観測値 y_i $(i = 1, 2, \ldots, 15)$ が×印である．この観測値をもとに 1 次多項式回帰モデル

$$y_i = a_0 + a_1 x_i + \varepsilon_i, \quad \varepsilon_i \overset{\text{i.i.d.}}{\sim} \mathrm{N}(0, \sigma^2)$$

と 10 次多項式回帰モデル

$$y_i = a_0 + a_1 x_i + \cdots + a_{10} x_i{}^{10} + \varepsilon_i, \quad \varepsilon_i \overset{\text{i.i.d.}}{\sim} \mathrm{N}(0, \sigma^2)$$

のパラメータをそれぞれ最尤推定して得られた f の推定結果が点線である．真の $f(x)$ の近似式として，1 次多項式は単純すぎることがわかる．一方，10 次多項式

だとパラメータ推定の精度が落ち，推定結果が $f(x)$ から大きくずれることが見て
とれる.
◁

例 3.7 のように，統計モデルを用いてパラメータ推定を行って確率分布の近似
を行うとき，推定した確率分布と真の確率分布とのずれは 2 つに分けて考えるこ
とができる．第 1 のずれは，真の確率分布と，統計モデルの中で一番良い確率分
布とのずれである．第 2 のずれは，統計モデルの中で真の確率分布を一番良く近
似する確率分布とパラメータ推定により得られる確率分布とのずれである.

このように，統計モデルを用いる際には，現象を十分近似できる統計モデルの
中で，なるべく複雑でないモデルを採用する必要がある．この事実は昔から経験
的に知られており，「オッカムの剃刀」や「ケチの原理」とよばれていた.

以上のことを定量的に評価して，データに基づいて予測の意味で良いモデルを採
用するための規準が赤池情報量規準 (AIC, Akaike's information criterion) である.

定義 3.1

$$\text{AIC} = -2 \times \text{モデルの最大対数尤度} + 2 \times \text{モデルのパラメータ数}.$$

AIC は 2 つの項の和として定義される．第 1 項はモデルの最大対数尤度の -2
倍である．-2 倍して定義するのは，定理 3.2 より対数尤度比統計量の 2 倍が近似
的に χ^2 分布に従うことによる．モデルの最大対数尤度が大きいことは，モデル
が手元データに良く当てはまっていることを意味することを見てみよう.

最尤推定量は，データが与えられたとき，対数尤度を最大にするパラメータの
値を推定値とするものであった．つまり，最尤推定量は，手元のデータに最も良
く当てはまるパラメータの値を推定値とするものである．3.2 節では，モデルは一
つ与えられたものとして考えていたが，ここでは複数の異なるモデルの最大対数
尤度を考えているのである.

複雑なモデルを用いると手元のデータに対する当てはまりが良くなり最大対数
尤度は大きくなる．つまり，第 1 項は，モデルが手元のデータをどれだけ良く説
明できるかを示す量であり，モデルが複雑になる程小さな値をとることになる.

AIC の第 2 項はモデルのパラメータ数の 2 倍である．モデルを複雑にすると，モ
デルのパラメータ数が大きくなる．第 2 項はモデルの複雑さに対するペナルティー
項である.

　AIC を小さくするモデルを選ぶことにより，データに対するあてはまりの良さとモデルの複雑さとのバランスをとることができる．

　AIC について多くの応用例を含む詳しい解説書としては坂本，石黒，北川[10]が，AIC のさまざまな拡張などの比較的最近の研究まで扱ったものとして小西，北川[9]がある．

　簡単のため，観測値 $x_1, \ldots, x_N$ が独立にある確率分布に従う場合を考えて，AIC の導出のアウトラインを与える．くわしくは，坂本，石黒，北川[10]を参照せよ．

　統計モデルを用いる目的は未知である真の確率分布をよく近似するためと考えられる．真の確率分布の密度関数を $p_0(x)$ とすると，推定した分布 $p(x; \hat{\theta})$ の良さは，Kullback–Leibler ダイバージェンス (の N 倍)

$$N \int p_0(\tilde{x}) \log \frac{p_0(\tilde{x})}{p(\tilde{x}; \hat{\theta}(x^N))} \mathrm{d}\tilde{x}$$

で評価できる．ここで，最尤推定量 $\hat{\theta}$ は $x_1, \ldots, x_N$ に依存することをはっきりさせるため $\hat{\theta}(x^N)$ と表している．また，積分中の $\tilde{x}$ は x^N とは別の変数であることを示すため，チルダをつけている．また，後の便利のために N 倍した量を考える．

　このとき，(1.3) と同様の分解により，推定した分布の密度 $p(\tilde{x}; \hat{\theta}(x^N))$ の良さは，

$$N \int p_0(\tilde{x}) \log p(\tilde{x}; \hat{\theta}(x^N)) \mathrm{d}\tilde{x} \tag{3.14}$$

で評価できる．しかし，$p_0(x)$ は未知であるため，(3.14) を直接計算することはできない．$x_1, \ldots, x_N$ が確率分布 p_0 に従うことから (3.14) を

$$\sum_{i=1}^{N} \log p(x_i; \hat{\theta}(x^N)) \tag{3.15}$$

で近似することが考えられる．しかし，この近似には問題がある．

　$\tilde{x}_1, \ldots, \tilde{x}_n$ が，$x_1, \ldots, x_n$ とは独立に確率分布 p_0 に従うサンプルであれば，

$$\sum_{i=1}^{N} \log p(\tilde{x}_i; \hat{\theta}(x^N)) \tag{3.16}$$

の $\tilde{x}_1, \ldots, \tilde{x}_n$ に関する期待値は，(3.14) である．しかし，(3.15) では，$\tilde{x}_i$ を x_i で置き換えてしまっているため，(3.15) は，(3.14) の不偏推定量になっていない．最尤推定量の導出を思い出すと，(3.15) は，(3.16) よりも大きくなりがちなことがわかるだろう．この偏りを補正して得られる量が AIC である．

真の分布 $p_0(\tilde{x})$ からモデルに属する分布 $p(\tilde{x}; \theta)$ への Kullback–Leibler ダイバージェンス

$$\int p_0(\tilde{x}) \log \frac{p_0(\tilde{x})}{p(\tilde{x}; \theta)} \mathrm{d}\tilde{x}$$

を最小にする θ を θ_0 とおくと，$N \int p_0(\tilde{x}) \log p(\tilde{x}; \hat{\theta}(x^N)) \mathrm{d}\tilde{x}$ を $\sum_{i=1}^{N} \log p(x_i; \hat{\theta}(x^N))$ で近似したときのバイアスは，E を真の分布 p_0 に対する期待値を表すものとすると，

$$\mathrm{E}\Big\{ \sum_{i=1}^{N} \log p(x_i; \hat{\theta}(x^N)) - N \int p_0(\tilde{x}) \log p(\tilde{x}; \hat{\theta}(x^N)) \mathrm{d}\tilde{x} \Big\}$$

$$= \mathrm{E}\Big\{ \sum_{i=1}^{N} \log p(x_i; \hat{\theta}(x^N)) - \sum_{i=1}^{N} \log p(x_i; \theta_0) \Big\} \tag{3.17}$$

$$+ \mathrm{E}\Big\{ \sum_{i=1}^{N} \log p(x_i; \theta_0) - N \int p_0(\tilde{x}) \log p(\tilde{x}; \theta_0) \mathrm{d}\tilde{x} \Big\} \tag{3.18}$$

$$+ \mathrm{E}\Big\{ N \int p_0(\tilde{x}) \log p(\tilde{x}; \theta_0) \mathrm{d}x - N \int p_0(\tilde{x}) \log p(\tilde{x}; \hat{\theta}(x^N)) \mathrm{d}\tilde{x} \Big\} \tag{3.19}$$

のように 3 つの部分 (3.17), (3.18), (3.19) の和として表せる．それぞれ，T_1, T_2, T_3 とおく．

T_1 は，Taylor 展開により，

$$T_1 = \mathrm{E}\Big[\sum_{i=1}^{N} \log p(x_i; \hat{\theta}(x^N)) - \sum_{i=1}^{N} \log p(x_i; \theta_0) \Big]$$

$$\simeq - \mathrm{E}\Big[\sum_{i=1}^{N} \sum_{l=1}^{d} \Big\{ \frac{\partial}{\partial \theta^l} \log p(x_i; \theta) \Big|_{\theta=\hat{\theta}} \Big\} (\theta_0{}^l - \hat{\theta}^l) \Big] \tag{3.20}$$

$$- \mathrm{E}\Big[\frac{1}{2} \sum_{i=1}^{N} \sum_{l=1}^{d} \sum_{m=1}^{d} \Big\{ \frac{\partial^2}{\partial \theta^l \partial \theta^m} \log p(x_i; \theta) \Big|_{\theta=\hat{\theta}} \Big\} (\theta_0{}^l - \hat{\theta}^l)(\theta_0{}^m - \hat{\theta}^m) \Big] \tag{3.21}$$

と近似できる．第 1 項 (3.20) は最尤推定量の定義より 0 である．$p(x; \theta_0)$ が $p_0(x)$ を十分良く近似しているとき，第 2 項 (3.21) に現れる

$$- \frac{1}{N} \sum_{i=1}^{N} \frac{\partial^2}{\partial \theta^l \partial \theta^m} \log p(x_i; \theta) \Big|_{\theta=\hat{\theta}}$$

は，Fisher 情報行列の (l, m)-成分 $I_{lm}(\theta_0)$ に収束する．また，最尤推定量の漸近的性質から，

$$N(\theta_0{}^l - \hat{\theta}^l(x^N))(\theta_0{}^m - \hat{\theta}^m(x^N))$$

の期待値は，Fisher 情報行列の逆行列の (l, m)-成分 $I^{lm}(\theta_0)$ に収束する．したがって，

$$T_1 \simeq \frac{1}{2} \sum_{l=1}^d \sum_{m=1}^d I_{lm}(\theta_0) I^{lm}(\theta_0) = \frac{1}{2}d. \tag{3.22}$$

T_2 は，

$$T_2 = \mathrm{E}\left[\sum_{i=1}^N \log p(x_i; \theta_0) - N \int p_0(\tilde{x}) \log p(\tilde{x}; \theta_0) \mathrm{d}\tilde{x}\right] = 0 \tag{3.23}$$

である．

T_3 は，Taylor 展開により

$$T_3 = \mathrm{E}\left[N \int p_0(\tilde{x}) \log p(\tilde{x}; \theta_0) \mathrm{d}x - N \int p_0(\tilde{x}) \log p(\tilde{x}; \hat{\theta}(x^N)) \mathrm{d}x\right]$$

$$\simeq -\mathrm{E}\left[N \sum_{l=1}^d \left\{\frac{\partial}{\partial \theta^l} \int p_0(\tilde{x}) \log p(\tilde{x}; \theta) \mathrm{d}\tilde{x}\Big|_{\theta=\theta_0}\right\}(\hat{\theta}^l - \theta_0{}^l)\right] \tag{3.24}$$

$$- \mathrm{E}\left[\frac{N}{2} \sum_{l=1}^d \sum_{m=1}^d \left\{\frac{\partial^2}{\partial \theta^l \partial \theta^m} \int p_0(\tilde{x}) \log p(\tilde{x}; \theta) \mathrm{d}\tilde{x}\Big|_{\theta=\theta_0}\right\}(\hat{\theta}^l - \theta_0{}^l)(\hat{\theta}^m - \theta_0{}^m)\right]$$

$$\tag{3.25}$$

のように近似できる．第 1 項 (3.24) は θ_0 の定義より 0 である．$p(x; \theta_0)$ が $p_0(x)$ を十分良く近似しているとき，第 2 項 (3.25) の

$$-\frac{\partial^2}{\partial \theta^l \partial \theta^m} \int p_0(\tilde{x}) \log p(\tilde{x}; \theta) \mathrm{d}\tilde{x}\Big|_{\theta=\theta_0}$$

は $I_{lm}(\theta_0)$ である．また，

$$N(\hat{\theta}^l(x^N) - \theta_0{}^l)(\hat{\theta}^m(x^N) - \theta_0{}^m)$$

の期待値は，Fisher 情報行列の逆行列の (l, m)-成分 $I^{lm}(\theta)$ に収束する．したがって，

$$T_3 \simeq \frac{1}{2} \sum_{l=1}^d \sum_{m=1}^d I_{lm}(\theta_0) I^{lm}(\theta_0) = \frac{1}{2}d. \tag{3.26}$$

式 (3.22), (3.23), (3.26) より，T_1, T_2, T_3 をあわせて (3.15) のバイアスを修正すると，

$$\sum_{i=1}^{N} \log p(x_i; \hat{\theta}(x^N)) - d$$

となる．この -2 倍が AIC である．

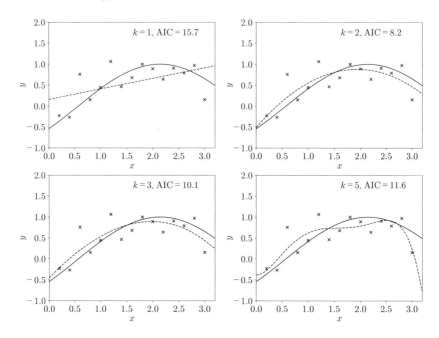

図 3.2　　$k = 1, 2, 3, 5$ 次多項式回帰の AIC. 実線は真の関数 $f(x) = -\cos(x+1)$.
点線は最尤推定により得られた多項式. $k = 2$ のとき，AIC の値は小さく，良い推定ができている.

例 3.7 [(続き) 多項式回帰モデル] 図 3.2 は，図 3.1 と同じデータに $k = 1, 2, 3, 5$ 次の多項式回帰モデルを最尤推定により当てはめた結果である．$k = 1, 2, 3, 5$ に対する AIC は 15.7, 8.2, 10.1, 11.6 であり，$k = 0, 1, \ldots, 5$ の中でも $k = 2$ の場合の AIC が小さい．$k = 2$ のときに，モデルの複雑さと最尤推定の精度のバランスがとれ，$f(x)$ の良い推定ができている． ◁

3.3.2 クロスバリデーション

　情報量規準とならんで，モデル選択のためによく利用される方法の一つにクロスバリデーションがある．日本語で交差検証法ともよばれる．

　一言でいえば，クロスバリデーションは，サンプルを推測に用いるサブセットと性能の評価をするサブセットに分けて，推測方法の評価をする方法である．クロスバリデーションは，モデル選択だけでなく未知パラメータの推定量の評価にも用いることができる．直観的に理解しやすくさまざまな問題に応用できるという利点がある．一方で計算量が大きくなることが多い．

　クロスバリデーションを用いて予測手法を評価することを考える．簡単のため，独立に同一の分布に従う観測値 $x_1, \ldots, x_N$ が得られたとする．N 個の観測値の組を x^N で表す．次に観測される同じ分布に従う観測値 x_{N+1} を予測することを考えよう．

　このとき，$x_1, \ldots, x_N$ に基づく，x_{N+1} の予測の精度を評価する関数を

$$L(x_{N+1}; x_1, \ldots, x_N)$$

とする．$L(x_{N+1}; x_1, \ldots, x_N)$ が小さいほど良い予測である．

　まず，x_{N+1} を一つの値で予測 (点予測) することを考えよう．データ x^N に基づく予測値を $\hat{x}_{N+1}(x^N)$ とおく．$\hat{x}_{N+1}(x^N)$ としては，例えば $x_1, \ldots, x_N$ の平均や中央値を採用することが考えられる．また，統計モデル $p(x; \theta)$ を用いて予測値を構成することもできる．パラメータ θ の推定値 $\hat{\theta}(x^N)$ を θ と置き換えて得られる確率密度 $p(x; \hat{\theta}(x^N))$ の期待値や中央値を $\hat{x}_{N+1}(x^N)$ として採用することもできる．

　このとき，2 乗誤差で予測値の良さを評価すると，

$$L(x_{N+1}; x_1, \ldots, x_N) = (x_{N+1} - \hat{x}_{N+1}(x^N))^2 \tag{3.27}$$

となる．特定のサンプルではなく，平均的な予測手法の良さを評価するには，

$$\mathrm{E}[L(X_{N+1}; X_1, \ldots, X_N)] \tag{3.28}$$

を評価すればよい．ここで，E は真の分布に関する期待値を表す．しかしながら，真の分布は未知であるため，真の分布で期待値 (3.28) を評価することはできない．また，x_{N+1} は予測を行う時点では観測されていないため，(3.27) もわからない．

さて, N がある程度大きければ, $x_1, \ldots, x_N$ をもとに x_{N+1} を予測する問題は, $x_1, \ldots, x_{N-1}$ をもとに x_N を予測する問題に近いと考えられる. x^{N-1} に基づく x_N の予測値を $\hat{x}_N(x^{N-1})$ とおくと

$$\mathrm{E}[L(X_N; X_1, \ldots, X_{N-1})] \tag{3.29}$$

は式 (3.28) を近似していると考えてよいであろう. そこで, 手元にある観測値 $x_1, \ldots, x_N$ を $x_1, \ldots, x_{N-1}$ と x_N に分け, $x_1, \ldots, x_{N-1}$ を利用して x_N を予測すると, x_N はすでに観測されているので,

$$L(x_N; x_1, \ldots, x_{N-1}) \tag{3.30}$$

を式 (3.29) の推定値として用いることが考えられる.

しかし, 式 (3.30) は式 (3.29) の不偏推定値ではあるが, 予測値のセットは x^{N-1} の一組, 検証用の観測値は x_N しか用いておらず, 推定値としての精度は高くない. そこで, N 個の観測値の中から推定用の $N-1$ 個と評価用の 1 個の組みに分ける分け方は N 通りあることを利用する. x^N から i ($i \in \{1, 2, \ldots, N\}$) 番目の観測値を抜いた観測値の組 $x_1, \ldots, x_{i-1}, x_{i+1}, \ldots, x_N$ を $x^N(i)$ とおき, これをもとに x_i を予測することを考える. このとき,

$$L(x_i; x^N(i)) \tag{3.31}$$

はやはり式 (3.29) の不偏推定値となっている. そこで, 検証用に用いる観測値 x_i を $i = 1, 2, \ldots, N$ の N 通りとった平均

$$\mathrm{CV} := \frac{1}{N} \sum_{i=1}^{N} L(x_i; x^N(i)) \tag{3.32}$$

で式 (3.29) の推定をする方がより精度が良いであろう. CV が小さくなるような予測手法を選択するのがクロスバリデーションの考え方である.

上で定義した CV を求めるためには N 回パラメータを推定する必要がある. そのため, データサイズ N が大きい場合には必要となる計算量が大きくなる. 計算量が大きくなりすぎることを防ぐため, $x_1, x_2, \ldots, x_N$ を同じサイズの k 個の組 $s_1, \ldots, s_k$ に分割することを考えよう. 例えば, $N = 100$ で $k = 10$ の場合, s_j は $x_{j-1+1}, \ldots, x_{j-1+10}$ の組とすればよい. 分割のしかたはいろいろあるので一意

的ではない. $s_1, \ldots, s_k$ から i 番目の組 s_i のみを除いたものを $s^k(i)$ とおく. $s^k(i)$ を用いて s_i を予測したときの精度 $L(s_i; s^{(k)}(i))$ をもとにして,

$$\mathrm{CV}_k := \frac{1}{k} \sum_{i=1}^{k} L(s_i; s^{(k)}(i))$$

で予測手法を評価することもよく行われる. これを k-分割クロスバリデーション (k-fold cross validation) とよぶ. 例えば, $k = 10$ はよく利用される. 特に, 上で見た $k = N$ のときのクロスバリデーションを leave-one-out cross validation とよぶ.

点予測の場合と同様にして, 確率分布による予測方法のクロスバリデーションを考えることもできる. 確率分布による予測とモデル選択の関係を見てみよう. 2 つの統計モデル $\{p(x;\theta)\}, \{q(x;\xi)\}$ を比較することを考える. それぞれのモデルで最尤推定量 $\hat{\theta}(x^N)$ と $\hat{\xi}(x^N)$ を用いて得られる確率密度関数 $p(\tilde{x}; \hat{\theta}(x^N))$ と $q(\tilde{x}; \hat{\xi}(x^N))$ を用いて x_{N+1} を予測する. 予測の性能を将来の観測値 x_{N+1} に対する「対数尤度」$\log p(x_{N+1}; \hat{\theta}(x^N)), \log q(x_{N+1}; \hat{\xi}(x^N))$ で評価することが考えられる. しかし, x_{N+1} は将来観測される値なので利用できない.

N 個の観測値の中から $N-1$ 個のサンプルを推定値の構成用に, 1 個を予測の評価用に用いることにすると, 推定用の観測値と評価用の観測値の分け方は N 通りあるから, $x_1, \ldots, x_{i-1}, x_{i+1}, \ldots, x_N$ の組を $x^N(i)$ で表し,

$$\mathrm{CV}(p) = \frac{1}{N} \sum_{i=1}^{N} \log p(x_i; \hat{\theta}(x^N(i))), \quad \mathrm{CV}(q) = \frac{1}{N} \sum_{i=1}^{N} \log q(x_i; \hat{\xi}(x^N(i))),$$

で, モデル $p(x;\theta), q(x;\xi)$ を用いた予測の性能の評価をすることができる. クロスバリデーションによりモデルの評価をした結果は, 赤池情報量基準による選択と近くなることが示されている.

クロスバリデーションで評価しているのは統計モデルや推定量を用いた予測手法である. 損失関数の取り方は目的に応じて変えることができる. そのため, クロスバリデーションは統計モデルの選択やパラメータ推定法などさまざまな予測手法の選択に用いることが可能になる.

4 確率の基礎

　この章では，確率過程を扱う上で必要となる測度論的確率の基礎概念について簡単にまとめる．特に，条件付確率，確率変数の収束について説明する．

4.1 確率空間

4.1.1 確率空間の定義

　Ω を (空集合ではない) ある集合とする．Ω は直観的にいえば，想定できる結果をすべて集めた集合であり，要素 ω を与えると，想定される事象の成否がすべて決まるようなものである．Ω を**標本空間**，$\omega \in \Omega$ を**標本**あるいは**根元事象**とよぶ．

例 4.1 ある一定期間に届く電子メールの件数を考える．このような場合，標本空間は非負の整数全体 $\Omega = \{0, 1, 2, \dots\}$ と書くことができる．もちろん，適当に大きな数 M (例えば $M = 10^{23}$) を考えて $\Omega = \{0, 1, \dots, M\}$ などとしてもよいが，そのような制約はあとで確率測度を導入するときに設定することができる． ◁

例 4.2 コイン投げを無限回行うことを考える．実際に無限回は行わなくても，「表が出るまで投げ続ける」というように，何回でコイン投げが終了するかわからない場合には，仮想的に無限回行うと考えると便利である．このようなとき，コインの表を 1，裏を 0 と割り当てることにより標本空間は $\Omega = \{0, 1\}^\infty$ と書ける．また根元事象は $\omega = (\omega_1, \omega_2, \dots)$，$\omega_i \in \{0, 1\}$ である． ◁

　ここで，確率を厳密に定義する上で不可欠な，σ-加法族を導入する．σ-加法族とはもともと，長さや面積を定義できる集合を明確にするために導入された概念である．後に述べるように確率も長さと同じ性質 (完全加法性) を満たすように作られるため，この概念が必要となる．

定義 4.1 Ω の部分集合を要素とする集合族 $\mathcal{F}$ が

(1) $\emptyset \in \mathcal{F}$

(2) $A \in \mathcal{F} \Rightarrow A^c \in \mathcal{F}$, ただし A^c は A の補集合
(3) (可算加法性) $A_i \in \mathcal{F}$ $(i = 1, 2, 3, \ldots) \Rightarrow \cup_{i=1}^{\infty} A_i \in \mathcal{F}$

を満たすとき, $\mathcal{F}$ は **σ-加法族**であるという. このとき $\mathcal{F}$ の各要素を**可測集合**といい, Ω と $\mathcal{F}$ との組 $(\Omega, \mathcal{F})$ を**可測空間**とよぶ.

注意 4.1 σ-加法族のことを σ-集合族あるいは完全加法族などとよぶこともある.
$\triangleleft$

例 4.1 のように Ω が可算集合[*1]ならば, べき集合 $2^{\Omega} = \{A : A \subset \Omega\}$ を $\mathcal{F}$ とすればよい. すなわちすべての部分集合が可測であるとしてよい. しかし実数全体や例 4.2 のように Ω が非可算集合のときは, どのような部分集合の「長さが測れるか」は自明ではない. そのために上のような定義が必要となる. 可算加法性は, 長さの測れる集合の可算和の長さも測れて欲しいという要請である. 以下, Ω が可算の場合は $\mathcal{F} = 2^{\Omega}$ であるとし, いちいち明記しないことにする.
確率は, 可測空間上で定義される.

定義 4.2 $(\Omega, \mathcal{F})$ を可測空間とする. $\mathcal{F}$ 上の非負関数 P が

(1) $P(\Omega) = 1$
(2) (可算加法性) $A_i \in \mathcal{F}$ $(i = 1, 2, 3, \ldots)$ かつ $A_i \cap A_j = \emptyset$ (任意の $i \neq j$) ならば,

$$P\left(\bigcup_{i=1}^{\infty} A_i\right) = \sum_{i=1}^{\infty} P(A_i) \tag{4.1}$$

を満たすとき, P を $(\Omega, \mathcal{F})$ 上の**確率測度**, 3 つ組 $(\Omega, \mathcal{F}, P)$ を**確率空間**とよぶ. また, 確率空間を考えるとき, $\mathcal{F}$ の要素を**事象**とよぶ.

注意 4.2 一般に, 可測空間 $(\Omega, \mathcal{F})$ に対し, $\mathcal{F}$ 上の $[0, \infty]$-値関数 μ が可算加法性 (定義 4.2 の 2 つ目の条件) および $\mu(\emptyset) = 0$ を満たすとき, μ を**測度**といい, $(\Omega, \mathcal{F}, \mu)$ を**測度空間**という. 本書では, 確率測度でない測度はあまり現れないが, Lebesgue の収束定理など, 共通に成り立つ定理もある (4.2.4 項参照). そのような場合には, 一般の測度でも成り立つことを付記することにする.
$\triangleleft$

---

*1 有限集合と可算無限集合を総称して可算集合ということにする.

　確率測度は非負値なので，式 (4.1) の右辺は和をとる順番に依存しないことに注意しよう．一つ例を挙げておく．

例 4.3 $\Omega = \{0, 1, 2, \ldots\}$ とする．$A \subset \Omega$ に対し，$P(A) = \sum_{\omega \in A} \lambda^{\omega} \mathrm{e}^{-\lambda} / \omega!$ とおけば，P は確率測度となることが確認できる．この P は強度 λ の **Poisson (ポアソン) 分布**とよばれる．一般に Ω が可算集合の場合は，$\sum_{\omega \in \Omega} h(\omega) = 1$ を満たす任意の非負関数 h に対して $P(A) = \sum_{\omega \in A} h(\omega)$ は確率測度となる．逆に $h(\omega) = P(\{\omega\})$ とおくことにより，確率測度 P と関数 h は 1 対 1 に対応する．このような確率測度 P を**離散分布**という．また関数 $h(\omega)$ を**確率関数**という．　　◁

　次に，確率空間について成り立つ性質を命題としてまとめておく．

命題 4.1 確率空間 $(\Omega, \mathcal{F}, P)$ に対して，以下の性質が成り立つ．ただし，$A, B, A_1,$ $A_2, \ldots$ は事象とする．性質 (5), (6) は確率の連続性とよばれる．

(1) $P(\emptyset) = 0$

(2) (有限加法性) n を正の整数とし，$A_i \in \mathcal{F}$ $(i = 1, \ldots, n)$ かつ $A_i \cap A_j = \emptyset$ $(i \neq j)$ とするとき
$$P\left(\bigcup_{i=1}^{n} A_i\right) = \sum_{i=1}^{n} P(A_i)$$

(3) $P(A^c) = 1 - P(A)$

(4) $A \subset B$ ならば $P(A) \leq P(B)$

(5) $A_1 \subset A_2 \subset \cdots$ ならば $P(\cup_{i=1}^{\infty} A_i) = \lim_{n \to \infty} P(A_n)$

(6) $A_1 \supset A_2 \supset \cdots$ ならば $P(\cap_{i=1}^{\infty} A_i) = \lim_{n \to \infty} P(A_n)$

(証明) (1) 式 (4.1) で $A_1 = A_2 = \cdots = \emptyset$ とおくと，$P(\emptyset) = \sum_{i=1}^{\infty} P(\emptyset)$ となり，$P(\emptyset) = 0$ でなければならない．(2) 式 (4.1) で $A_{n+1} = A_{n+2} = \cdots = \emptyset$ とおけば，$P(\cup_{i=1}^{n} A_i) = \sum_{i=1}^{n} P(A_i)$ を得る．(3) 性質 (2) において $n = 2$, $A_1 = A$, $A_2 = A^c$ とおけば $1 = P(\Omega) = P(A) + P(A^c)$ より $P(A^c) = 1 - P(A)$ を得る．(4) $A \cap (B \setminus A) = \emptyset$ より $P(B) = P(A) + P(B \setminus A) \geq P(A)$ である．(5) $B_1 = A_1$, $B_i = A_i \setminus A_{i-1}$ $(i \geq 2)$ とおけば，これらは $B_i \cap B_j = \emptyset$ $(i \neq j)$ を満たし，かつ $\cup_{i=1}^{\infty} A_i = \cup_{i=1}^{\infty} B_i$ となる．よって，可算加法性から，$P(\cup_{i=1}^{\infty} A_i) =$

$$P(\cup_{i=1}^\infty B_i) = \sum_{i=1}^\infty P(B_i) = \lim_{n\to\infty} \sum_{i=1}^n P(B_i) = \lim_{n\to\infty} P(\cup_{i=1}^n B_i) = \lim_{n\to\infty} P(A_n)$$
を得る. (6) $A_1^c \subset A_2^c \subset \cdots$ より, 性質 (3) と (5) を使うと $P(\cap_{i=1}^\infty A_i) = 1 - P(\cup_{i=1}^\infty A_i^c) = 1 - \lim_{n\to\infty} P(A_i^c) = \lim_{n\to\infty} (1 - P(A_i^c)) = \lim_{n\to\infty} P(A_i)$ を得る. ∎

命題 4.2 任意個 (非可算個でもよい) の σ-加法族の共通集合は σ-加法族となる. これにより Ω の任意の部分集合族 $\mathcal{A}$ に対して $\mathcal{A}$ を含む最小の σ-加法族が存在する.

(証明) σ-加法族の族を $\{\mathcal{F}_\lambda\}_{\lambda\in\Lambda}$ とおき, $\mathcal{F} = \cap_{\lambda\in\Lambda}\mathcal{F}_\lambda$ とおく. ここで Λ は一つひとつの σ-加法族を指定する集合であり, どんな集合でもよい. $\mathcal{F}$ が σ-加法族であることを示せばよい. まず, すべての λ に対して $\emptyset \in \mathcal{F}_\lambda$ であるから, $\emptyset \in \mathcal{F}$ である. また, $A \in \mathcal{F}$ ならばすべての λ に対して $A^c \in \mathcal{F}_\lambda$ だから $A^c \in \mathcal{F}$ である. 同様に, $A_i \in \mathcal{F}$ $(i = 1, 2, \ldots)$ ならば, すべての λ に対して $\cup_{i=1}^\infty A_i \in \mathcal{F}_\lambda$ だから, $\cup_{i=1}^\infty A_i \in \mathcal{F}$ である. よって $\mathcal{F}$ が σ-加法族であることが示された. 次に, Ω の任意の部分集合族 $\mathcal{A}$ に対して, $\mathcal{A}$ を含む σ-加法族全体を $\{\mathcal{F}_\lambda\}_{\lambda\in\Lambda}$ とおけば, 上記からその共通部分 $\cap_{\lambda\in\Lambda}\mathcal{F}_\lambda$ も σ-加法族となり, これが最小の σ-加法族となる. ∎

4.1.2 実数軸上の確率測度

Ω として実数の集合 $\mathbb{R}$ をとり, σ-加法族 $\mathcal{F}$ として, **Borel (ボレル) 集合族** (すべての開集合を含む最小の σ-加法族) を考える. P を $(\Omega, \mathcal{F})$ 上の確率測度とする. この例は, 応用上大変重要である. 以下, $\mathbb{R}$ 上の σ-加法族としては Borel 集合族を考えることとし, いちいち明記しないことにする.

注意 4.3 Lebesgue 積分について学習したことがない人は, これから現れるいろいろな $\mathbb{R}$ の部分集合が, Borel 可測 (Borel 集合族の元) ではないのではないか, と心配になるかもしれない. しかし, 応用上現れるおよそありとあらゆる集合は Borel 可測だと思って実は差し支えない. Borel 可測でない集合の例は, 例えば [15, p.49] にあるが, かなり苦労しないと作れない. σ-加法族を意識する必要が生ずるのは, むしろ 4.5 節で条件付期待値を導入するときであろう. そこでは, σ-加法族が「情報」の役割を果たす.   ◁

定義 4.3 $\mathbb{R}$ 上の確率測度 P に対して，関数

$$F(t) := P((-\infty, t]) = P(\{u : -\infty < u \le t\}), \quad t \in \mathbb{R}$$

を**分布関数**という.

命題 4.3 分布関数は以下の性質をもつ.

(1) F は単調非減少
(2) F は右連続
(3) $\lim_{t \to -\infty} F(t) = 0, \quad \lim_{t \to \infty} F(t) = 1$

(証明) (1) 命題 4.1 の性質 (4) より，$s < t$ ならば $F(s) = P((-\infty, s]) \le P((-\infty, t])$ $=F(t)$ である. (2) $t_i \downarrow t$，すなわち t に収束する単調減少列 t_i に対して，$\cap_{i=1}^{\infty}(-\infty, t_i]$ $= (-\infty, t]$ である. よって命題 4.1 の性質 (6) から，$\lim_{i \to \infty} F(t_i) = F(t)$ となる. (3) $t_i \downarrow -\infty$ ならば命題 4.1 の (6) から，$\lim_{i \to \infty} F(t_i) = P(\cap_{i=1}^{\infty}(-\infty, t_i]) = P(\emptyset) = 0$ となる. 同様に，$t_i \uparrow \infty$ ならば $\lim_{i \to \infty} F(t_i) = P(\cup_{i=1}^{\infty}(-\infty, t_i]) = P(\mathbb{R}) = 1$ となる. ■

　逆に上の 1, 2, 3 の性質をもつ $\mathbb{R}$ 上の関数 F が与えられると，対応する $\mathbb{R}$ 上の確率測度が一意に存在することが知られている [12, Theorem 12.4]. つまり，$\mathbb{R}$ 上の確率測度と分布関数は 1 対 1 に対応する.

命題 4.4 分布関数 F に対し

$$\lim_{t \uparrow a} F(t) < F(a)$$

が成立するとき，点 a で**ジャンプ**があるという. 任意の分布関数 F が与えられたとき，ジャンプがある点はたかだか可算無限個である.

(証明) F に対応する確率測度を P とおく. 点 a におけるジャンプの高さは $h(a) :=$ $F(a) - \lim_{t \uparrow a} F(t) = P(\{a\})$ となる. このとき，ジャンプがある点の集合は $A = \{a :$ $h(a) > 0\}$ で与えられる. また，集合 A_n を $A_n = \{a : h(a) \ge 1/n\}$ によって定めると，$A := \cup_{n=1}^{\infty} A_n$ が成り立つ. さて A_n はたかだか n 個の点しかないことがわ

かる. 実際, A_n に $n+1$ 個以上の (非可算個かもしれない) 異なる点があると仮定し, そのうちの $n+1$ 個からなる集合を B_n とおけば,

$$P(\Omega) \geq P(B_n) = \sum_{a \in B_n} P(\{a\}) = \sum_{a \in B_n} h(a) \geq \frac{n+1}{n} > 1$$

となり, P が確率測度であることに反する. 以上から, A_n は有限集合であり, したがって A はたかだか可算無限集合である. ∎

定義 4.4 分布関数 $F(t)$ に対し,

$$F(t) = \int_{-\infty}^{s} f(s)\mathrm{d}s \quad (t \in \mathbb{R})$$

となる $\mathbb{R}$ 上の関数 $f(t)$ が存在するとき, f を F の**密度関数**または**確率密度関数**とよぶ.

　与えられた分布関数に対し, 密度関数は存在するとは限らない. 密度関数が存在するような分布は, Lebesgue 測度に関して絶対連続な分布である (後に述べる定理 4.9 を参照).
　密度関数をもつ分布でよく使われるものとしては, 正規分布, 指数分布, ガンマ分布, 一様分布, ベータ分布などがある (『確率・統計 I』を参照).

4.1.3　多次元空間上の確率測度

　Ω として Euclid 空間 $\mathbb{R}^n$ をとり, σ-加法族 $\mathcal{F}$ として Borel 集合族 (開集合の全体を含む最小の σ-加法族) を考える.

定義 4.5 (多次元の分布関数) $(\mathbb{R}^n, \mathcal{B}(\mathbb{R}^n))$ 上の確率測度 P に対して

$$\begin{aligned}
F(t_1, t_2, \ldots, t_n) &= P((-\infty, t_1] \times \cdots \times (-\infty, t_n]) \\
&= P(\{u \in \mathbb{R}^n : u_i \leq t_i, \ i = 1, \ldots, n\})
\end{aligned}$$

を**分布関数**または**確率分布関数**とよぶ. 多次元であることを強調するときは**同時確率分布関数**とよぶ.

　分布関数を使うと，半開区間の直積 (つまり直方体) $(a_1, b_1] \times \cdots \times (a_n, b_n]$ の確率を表現することができる．まず，第 1 座標についてだけ差分をとることにより，

$$P((a_1, b_1] \times (-\infty, b_2] \cdots \times (-\infty, b_n]) = F(b_1, b_2, \ldots, b_n) - F(a_1, b_2, \ldots, b_n)$$

が得られる．これを続けていくと，

$$P((a_1, b_1] \times \cdots \times (a_n, b_n]) = \sum_{i_1=0}^{1} \cdots \sum_{i_n=0}^{1} (-1)^{i_1 + \cdots + i_n} F(x_{1, i_1}, \ldots, x_{n, i_n}) \quad (4.2)$$

と書ける．ただし $x_{i,0} = b_i$, $x_{i,1} = a_i$ とする．

　このことから次の命題の (1) が示される．性質 (2), (3) は 1 次元のときと同様，確率の連続性 (命題 4.1) から示される．

命題 4.5 分布関数 F は次の性質をもつ．

(1) 式 (4.2) の右辺は非負である．
(2) F は右上連続，すなわち $h = (h_1, \ldots, h_n)$ が各成分が非負であるように 0 に近づくとき $F(t + h) \to F(t)$ となる．
(3) $\displaystyle \lim_{t_i \to -\infty} F(t_1, \ldots, t_n) = 0 \ (\forall i)$, $\displaystyle \lim_{t \to (\infty, \ldots, \infty)} F(t) = 1$.

　逆にこれらの性質を満たす関数 F に対し，これを分布関数とする $\mathbb{R}^n$ 上の確率測度 P が一意に存在することが知られている [12, Theorem 12.5]．つまり，$\mathbb{R}^n$ 上の確率測度と分布関数は 1 対 1 に対応する．

定義 4.6 (多次元の密度関数) 同時分布関数 $F(t)$ に対し，

$$F(t) = \int_{-\infty}^{t_1} \cdots \int_{-\infty}^{t_n} f(s_1, s_2, \ldots, s_n) \mathrm{d}s_1 \mathrm{d}s_2 \cdots \mathrm{d}s_n \quad (t = (t_1, t_2, \ldots, t_n))$$

となる $\mathbb{R}^n$ 上の関数 f が存在するとき，f を確率分布 F の**密度関数**または**確率密度関数**とよぶ．多次元であることを強調するときは**同時確率密度関数**とよぶ．

　同時密度関数をもつ分布でよく使われるものとしては，多変量正規分布 (定義は『確率・統計 I』を参照) や Dirichlet 分布がある．

4.2 確率変数と期待値

4.2.1 確率変数の定義

$(\Omega, \mathcal{F}, P)$ をある確率空間, X を Ω 上の実数値関数とする.

定義 4.7 任意の Borel 可測集合 $C \subset \mathbb{R}$ に対して, $X^{-1}(C) \in \mathcal{F}$ のとき, X は**確率変数**であるという. ここで, $X^{-1}(C)$ は C の原像, すなわち, $X(\omega) \in C$ を満たすような $\omega \in \Omega$ の集合である.

この定義から, 確率変数 X に対して, $X^{-1}(C)$ は可測集合となる. その確率を

$$P(X \in C) = P(X^{-1}(C)) = P(\{\omega : X(\omega) \in C\})$$

のように書く.

少し例を見ておこう.

例 4.4 [1 回のコイン投げ] $\Omega = \{$"表", "裏"$\}$ とし, $\mathcal{F}$ は Ω の部分集合全体とする. このとき $X($"表"$) = 1$, $X($"裏"$) = 0$ とすれば X は確率変数である. この例は X が 1 対 1 なのでやや形式的である.   ◁

例 4.5 [無限回のコイン投げ] $\Omega = \{0, 1\}^{\infty}$, $\omega = (\omega_1, \omega_2, \ldots)$, $\omega_i = 0$ または 1 とする. $X_n(\omega) = \omega_n$, つまり n 回目をとり出す写像を X_n とおく. $\mathcal{F}$ を決めていないが, 「X_n が確率変数となるような最小の σ-加法族」を $\mathcal{F}$ とおくことができる. すなわち, $\mathcal{A} = \{X_n^{-1}(\{x\}) : n \geq 1, x = 0, 1\}$ とおき命題 4.2 を適用すればよい.   ◁

注意 4.4 一般に, 2 つの可測空間 $(\Omega, \mathcal{F})$, $(\Omega', \mathcal{F}')$ に対し, 関数 $X : \Omega \to \Omega'$ が任意の $C \in \mathcal{F}'$ に対して $X^{-1}(C) \in \mathcal{F}$ を満たすとき, この X は**可測写像**であるといい, 特に $\Omega' = \mathbb{R}$ の場合は**可測関数**という. したがって, 確率変数とは確率空間上の可測関数のことである.

可測関数どうしの四則演算によって得られる関数は可測になることが知られている. また, 可測関数の列 X_n の上限 $\sup_n X_n$ や下限 $\inf_n X_n$ も可測であり, したがって上極限 $\limsup X_n$ なども可測である. もし $\lim_{n \to \infty} X_n$ が存在すれば, これも可測である. さらに, $\Omega = \mathbb{R}$ で $\mathcal{F}$ が Borel 集合族の場合, 任意の連続関数は

可測である．可測写像の合成もまた可測である．以上のように，たかだか可算無限個の可測関数を扱う限り，そこから導出される関数の可測性について心配する必要はあまりない．ただし，4.5 節の条件付期待値を考えるときは，複数の σ-加法族を扱うため，どの意味で可測であるかを考える必要が生ずる．　　　　　　　　$\lhd$

確率空間 $(\Omega, \mathcal{F}, P)$ 上の確率変数 X が与えられたとき，任意の Borel 集合 $C \subset \mathbb{R}$ に対し，

$$P_X(C) := P(X^{-1}(C)) = P(X \in C) \tag{4.3}$$

と定義すると，自然に $\mathbb{R}$ 上の測度 P_X が決まる．この P_X を X の**確率分布**という．

例題 4.1 式 (4.3) は，$\mathbb{R}$ 上の確率測度となっていることを確認せよ．　$\lhd$

（解） まず，$P_X(\mathbb{R}) = P(\Omega) = 1$ が成り立つ．また，$C_1, C_2, \ldots$ を互いに排反な Borel 集合の列とするとき，

$$P_X(\cup_i C_i) = P(X^{-1}(\cup_i C_i)) = P(\cup_i X^{-1}(C_i)) = \sum_i P(X^{-1}(C_i)) = \sum_i P_X(C_i)$$

となり，可算加法性も成り立つ．

確率変数 X に対し，その分布 P_X に対応する分布関数のことを，X の**分布関数**という．同様に，X の密度関数も定義される．

次に，確率空間 $(\Omega, \mathcal{F}, P)$ 上の n 個の確率変数 $X_1, X_2, \ldots, X_n$ を考える．このとき，

$$Z(\omega) := (X_1(\omega), X_2(\omega), \ldots, X_n(\omega))$$

とおいて，$\mathbb{R}^n$ の Borel 集合 C に対し，

$$P_Z(C) := P(Z^{-1}(C))$$

と定義すると，P_Z は，$\mathbb{R}^n$ 上の確率測度となる．P_Z を $X_1, X_2, \ldots, X_n$ の**確率分布**という．多次元であることを強調するときは，**同時確率分布**という．また，P_Z に対応する分布関数 (定義 4.5) を Z の分布関数という．同様に Z の密度関数も定義される．さらに，X_i の確率分布の分布関数を $F_{X_i}(t_i)$ とすると，

$$F_{X_i}(t_i) = P(X_i \leq t_i) = F_{X_1, \ldots, X_n}(\infty, \ldots, \infty, t_i, \infty, \ldots, \infty)$$

が成り立つこともわかる[*2]．このとき，$F_{X_i}(t_i)$ を**周辺分布関数**という．

[*2] 右辺は極限のとり方に依存しない．すなわち，$F_{X_1, \ldots, X_n}(t_1, \ldots, t_n)$ において t_i 以外の成分を同時に無限大に近づけても，一つずつ無限大に近づけても，極限の値は同じである．

4.2.2 期　待　値

確率変数 X の期待値 $\mathrm{E}(X) = \int X(\omega)\mathrm{d}P$ を定義しよう．以下の定義は，実は Lebesgue 積分の定義とまったく同じである．

(第1段階) まず，可測集合 $A \in \mathcal{F}$ に対し，X が A の定義関数

$$X(\omega) = \mathbf{1}_A(\omega) := \begin{cases} 1 & (\omega \in A), \\ 0 & (\omega \notin A) \end{cases}$$

の場合を考える．このときは $\mathrm{E}(X) = P(A)$ と定義する．

(第2段階) 集合 Ω を $\Omega = A_1 \cup \cdots \cup A_n$ と有限個の互いに排反な集合 A_i の和で表すとき，$\Omega = A_1 + \cdots + A_n$ と書く．このような集合 A_i と，実数 c_i によって

$$X(\omega) = \sum_{i=1}^n c_i \mathbf{1}_{A_i}(\omega)$$

の形に表せる関数を**単関数**という．X が非負の可測単関数，つまり $c_i \geq 0$, $A_i \in \mathcal{F}$ の場合，期待値 $\mathrm{E}(X)$ を $\mathrm{E}(X) = \sum_{i=1}^n c_i P(A_i)$ と定義する．このとき，$\mathrm{E}(X)$ が単関数 X の表し方に依存しないことを示す必要がある．そこで，$X(\omega) = \sum_{i=1}^n c_i \mathbf{1}_{A_i}(\omega) = \sum_{j=1}^m d_j \mathbf{1}_{B_j}(\omega)$ とする．各 $A_i \cap B_j$ (空集合の場合は除く) において X は非負定数 $c_i = d_j$ なので，この値を e_{ij} とおけば，P の有限加法性から

$$\sum_{i=1}^n c_i P(A_i) = \sum_{(i,j): A_i \cap B_j \neq \emptyset} e_{ij} P(A_i \cap B_j) = \sum_{j=1}^m d_j P(B_j)$$

となる．このように，Ω の2つの分割 $\{A_i\}_{i=1}^n$, $\{B_j\}_{j=1}^m$ に対して，より細かい分割 $\{A_i \cap B_j\}_{i,j}$ のことを細分という．

(第3段階) X を非負の確率変数とする．まず，次の補題を示す．

補題 4.1 $\lim_{n \to \infty} X_n(\omega) = X(\omega)$ $(\omega \in \Omega)$ を満たす非負の可測単関数の単調非減少列 X_n が存在する．

(証明) 単関数 X_n を

$$X_n(\omega) := \begin{cases} \dfrac{k-1}{2^n} & \left(\dfrac{k-1}{2^n} \leq X(\omega) < \dfrac{k}{2^n}, \ k = 1, 2, \ldots, 2^n n\right), \\ n & (X(\omega) \geq n) \end{cases}$$

と定義すれば，各 n に対して X_n は可測関数であり，各点 ω に対して $X_n(\omega)$ は単調非減少列で，かつ $\lim_{n\to\infty} X_n(\omega) = X(\omega)$ が成り立つ．∎

上の補題のような X_n に対して，$\mathrm{E}(X) = \lim_{n\to\infty} \mathrm{E}(X_n)$ と定義する．ただし，右辺が無限大となる場合は，$\mathrm{E}(X) = \infty$ と書く．この $\mathrm{E}(X)$ が X_n の選び方に依存しないことを確認する必要がある．そのために次の補題を用意しておく．

補題 4.2 単調非減少な単関数列 X_n と単関数 Y があり，$\lim_{n\to\infty} X_n(\omega) \geq Y(\omega)$ が各点 ω で成り立つとする．このとき

$$\lim_{n\to\infty} \mathrm{E}(X_n) \geq \mathrm{E}(Y)$$

となる．

（証明） 任意の $\varepsilon > 0$ を固定して，

$$A_n = \{\omega : X_n(\omega) > Y(\omega) - \varepsilon\}$$

とおく．すると A_n は単調非減少かつ $\cup_{n=1}^{\infty} A_n = \Omega$ となるから，$\lim_{n\to\infty} P(A_n) = 1$ となる[*3]．特にある n_0 が存在して，任意の $n \geq n_0$ に対して $P(A_n) \geq 1 - \varepsilon$ となる．このような n に対しては

$$\mathrm{E}(X_n) \geq \mathrm{E}(X_n \mathbf{1}_{A_n}) \geq \mathrm{E}((Y - \varepsilon)\mathbf{1}_{A_n}) \geq \mathrm{E}(Y\mathbf{1}_{A_n}) - \varepsilon$$
$$= \mathrm{E}(Y(1 - \mathbf{1}_{A_n^c})) - \varepsilon \geq \mathrm{E}(Y) - \max(Y)P(A_n^c) - \varepsilon$$
$$\geq \mathrm{E}(Y) - \max(Y)\varepsilon - \varepsilon$$

が成り立つ（Y は単関数なので $\max(Y) < \infty$ である）．ε は任意だったので補題が示された．∎

さて，X に収束する 2 つの単調非減少な単関数列 X_n, Y_n があったとき，任意の $m \geq 1$ に対して，$\lim_{n\to\infty} X_n(\omega) = X(\omega) \geq Y_m(\omega)$ が成り立つ．よって補題から

$$\lim_{n\to\infty} \mathrm{E}(X_n) \geq \mathrm{E}(Y_m)$$

[*3] 確率測度でない一般の測度 μ に対する積分を定義するときは，$\mu(\Omega) = \infty$ の場合もあるのでもう少し考慮する必要がある．

が成り立つ. さらに $m \to \infty$ とすれば,

$$\lim_{n \to \infty} \mathrm{E}(X_n) \geq \lim_{m \to \infty} \mathrm{E}(Y_m)$$

が得られる. X_n と Y_m の役割を入れ替えれば等号が成り立つことがわかる.

(第 4 段階) 任意の確率変数 X に対して, $X^+ = \max(X, 0)$, $X^- = \max(-X, 0)$ とおけば, $X = X^+ - X^-$, $X^+ \geq 0$, $X^- \geq 0$ が成り立つ. ここで X^+, X^- はともに可測である. このとき, もし $\mathrm{E}(X^+)$, $\mathrm{E}(X^-)$ のいずれも有限であるならば $\mathrm{E}(X) = \mathrm{E}(X^+) - \mathrm{E}(X^-)$ と定義する. なお, $\mathrm{E}(X^+) + \mathrm{E}(X^-) = \mathrm{E}(|X|)$ であることも示される (後の命題 4.6 より).

以上を定義としてまとめておく.

定義 4.8 確率変数 X が $\mathrm{E}(|X|) < \infty$ を満たすとき, X は可積分であるといい, 上のように定義された $\mathrm{E}(X)$ を X の**期待値**とよぶ.

次の命題に示すように, 期待値は線形性をもっている. この性質は大変重要である.

命題 4.6 期待値は以下の性質をもつ:

(1) (線形性) 任意の $a, b \in \mathbb{R}$ および実数値確率変数 X, Y に対して $\mathrm{E}(aX + bY) = a\mathrm{E}(X) + b\mathrm{E}(Y)$ が成り立つ. ただし $\mathrm{E}(|X|) < \infty$ かつ $\mathrm{E}(|Y|) < \infty$ と仮定する.

(2) (正値性) $X \geq 0$ (a.s.) ならば $\mathrm{E}(X) \geq 0$ である. ここで a.s. は almost surely の略であり, $X \geq 0$ (a.s.) とは $P(X \geq 0) = 1$ の意味である[*4].

(証明) 性質 (2) は定義より成り立つ. 性質 (1) については, 期待値の定義に従って, まず X, Y が非負の単関数の場合に対して証明し, 次に非負確率変数の場合に対して証明し, 最後に一般の確率変数に対して証明する. この最後の段階だけ確認しておく. 期待値の定義より $\mathrm{E}(aX) = a\mathrm{E}(X)$ はすぐに確かめられるので, $a = b = 1$ と仮定する. 定義より

$$\mathrm{E}(X + Y) = \mathrm{E}((X + Y)^+) - \mathrm{E}((X + Y)^-)$$

---

*4 日本語では「ほとんど確実に」という.

である. 一方, $X = X^+ - X^-$, $Y = Y^+ - Y^-$ (ただし X^+, X^-, Y^+, Y^- は非負確率変数) とおくと,

$$(X + Y)^+ - (X + Y)^- = (X^+ + Y^+) - (X^- + Y^-)$$

が成り立つ. 移項してから積分すると, 非負の場合の結果から,

$$\mathrm{E}((X + Y)^+) + \mathrm{E}(X^-) + \mathrm{E}(Y^-) = \mathrm{E}((X + Y)^-) + \mathrm{E}(X^+) + \mathrm{E}(Y^+)$$

を得る. 再度移項すれば

$$\mathrm{E}((X + Y)^+) - \mathrm{E}((X + Y)^-) = \{\mathrm{E}(X^+) - \mathrm{E}(X^-)\} + \{\mathrm{E}(Y^+) - \mathrm{E}(Y^-)\}$$

となる. よって $\mathrm{E}(X + Y) = \mathrm{E}(X) + \mathrm{E}(Y)$ である. ∎

注意 4.5 確率測度の場合と同様にして, 一般の測度 μ に対して $\int X \mathrm{d}\mu$ が定義される. これを X の **Lebesgue (ルベーグ) 積分**という. 確率測度でない測度として特に重要なものは, 以下に述べる Lebesgue 測度と計数測度である[*5].

Lebesgue 測度とは $\mathbb{R}$ 上の測度 μ であって, 実数 $a < b$ に対して

$$\mu((a, b]) = b - a$$

を満たすものとして一意に定義される. $\mu(\mathrm{d}x)$ と書かずに単に $\mathrm{d}x$ と書くことが多い. もし $h(x)$ が有界区間 $[a, b]$ で連続な関数ならば, 積分 $\int_a^b h(x)\mathrm{d}x$ は Riemann 積分で定義しても Lebesgue 積分で定義しても同じ値になることが知られている. これは, Riemann 積分を定義するときの「短冊」が, Lebesgue 積分における単関数の役割を果たしていると考えれば自然に納得できるであろう. 通常の Riemann 積分が「縦切り」なのに対して, Lebesgue 積分は「横切り」である. 横切りの利点は, 被積分関数として許されるクラスが広がり, 特に極限操作と相性がよいという点である.

一方, **計数測度**とは, 整数全体の集合 $\mathbb{Z}$ 上の測度 μ であって, $\mu(A)$ は A の要素数とするものである. この場合, μ に対する Lebesgue 積分は, 単に和をとる操作に対応する：$\int X(\omega)\mu(\mathrm{d}\omega) = \sum_{\omega \in \mathbb{Z}} X(\omega)$. ◁

[*5] Lebesgue 積分は一般の測度に対する積分法を意味するのに対し, Lebesgue 測度は特定の測度の名称である. なお, Lebesgue 測度に関する積分のみを Lebesgue 積分とよぶ場合もある.

さて，X の確率分布 P_X (すなわち $P_X(C) = P(X \in C)$) を用いると，

$$\mathrm{E}(X) = \int_\Omega X(\omega)\mathrm{d}P(\omega) = \int_{\mathbb{R}} t\mathrm{d}P_X(t) \tag{4.4}$$

が成立することを示そう．まず，簡単な例で確認しておく．

例 4.6 [サイコロ] $\Omega = \{1, 2, \ldots, 6\}$，$P(\{\omega\}) = 1/6$，$X(\omega) = 2I_{\{\omega=6\}} + I_{\{\omega=5\}}$ とする．式 (4.4) の左辺は $\omega = 1, \ldots, 6$ と順次動かして

$$0 \times \frac{1}{6} + 0 \times \frac{1}{6} + 0 \times \frac{1}{6} + 0 \times \frac{1}{6} + 1 \times \frac{1}{6} + 2 \times \frac{1}{6} = \frac{1}{2}$$

と計算する．右辺は，X の確率分布を先に計算して $P(X = 0) = 4/6$，$P(X = 1) = 1/6$，$P(X = 2) = 1/6$ が得られ，そのあと

$$0 \times P(X = 0) + 1 \times P(X = 1) + 2 \times P(X = 2) = \frac{1}{2}$$

と計算する．両者は一致している．   ◁

このことを，少し一般的な設定で示すことにする．$(\Omega, \mathcal{F}, P)$ を確率空間，$(\Omega', \mathcal{F}')$ を可測空間とする．可測写像

$$\Phi : \Omega \to \Omega'$$

(すなわち，$A' \in \mathcal{F}'$ に対し $\Phi^{-1}(A') \in \mathcal{F}$) が与えられたとき，$A' \in \mathcal{F}'$ に対し，

$$P_\Phi(A') = P(\Phi^{-1}(A))$$

と定義すると，$(\Omega', \mathcal{F}')$ 上の確率測度 P_Φ が決まる[*6]．なお，Ω' を $\mathbb{R}$，$\mathcal{F}'$ を Borel 集合族ととれば，式 (4.3) で考えた状況になる．

X' が $(\Omega', \mathcal{F}')$ 上の確率変数のとき，$X = X' \circ \Phi$ を

$$X(\omega) = X'(\Phi(\omega)) \tag{4.5}$$

と定義すれば，X は $(\Omega, \mathcal{F})$ 上の確率変数になっている[*7]．

例題 4.2 式 (4.5) で定義される X は確率変数であることを示せ．   ◁

(解) C を任意の Borel 可測集合とすれば，一般に逆写像に関して $X^{-1}(C) = \Phi^{-1}(X'^{-1}(C))$ が成り立つ．$X'^{-1}(C)$ は $\mathcal{F}'$-可測，また Φ は可測写像であるから，$X^{-1}(C)$ は $\mathcal{F}$-可測である．よって X は確率変数である．

このとき，次が成り立つ．

---

*6　P_Φ を，P の Φ による押し出し (push-forward) という．
*7　X を，X' の Φ による引き戻し (pull-back) という．

定理 4.1 (積分の変数変換)

$$\left(\mathrm{E}(X)=\right)\int_\Omega X\mathrm{d}P = \int_{\Omega'} X'\mathrm{d}P_\Phi \tag{4.6}$$

　この定理は 2 つの積分のうち片方が定積分の値をもてば，もう片方も定積分の値をもち，両者の値が一致することを意味する，

　定理の意味は，直観的には理解しやすいと思われる．証明を飛ばしてもよいのだが，この定理の証明で使われる論法，すなわち，まず定義関数の場合に証明し，次に非負の単関数の場合に証明し，次に非負の可測関数で証明し，最後に一般の可測関数の場合に証明するという手続きは，可測関数に関する定理を証明するときの常套手段であるので，慣れるためにここで証明も見ておくことにする．

(証明) 上の例題より，X は $(\Omega, \mathcal{F})$ 上可測関数である．以下いくつかの段階に分けて証明する．

(第 1 段階：X' が定義関数の場合)

　ある $A' \in \mathcal{F}'$ に対し，$X'(\omega') = \mathbf{1}_{A'}(\omega')$ の場合を考える．まず，

$$\int_{\Omega'} X'(\omega')\mathrm{d}P_\Phi = \int_{\Omega'} \mathbf{1}_{A'}(\omega')\mathrm{d}P_\Phi = P_\Phi(A')$$

となる．また，

$$\int_\Omega X(\omega)\mathrm{d}P = \int_\Omega \mathbf{1}_{A'}(\Phi(\omega))\mathrm{d}P = \int_\Omega \mathbf{1}_{\Phi^{-1}(A')}(\omega)\mathrm{d}P = P(\Phi^{-1}(A'))$$

となる．P_Φ の定義より，$P_\Phi(A') = P(\Phi^{-1}(A'))$ だから，定義関数に対しては式 (4.6) が示された．

(第 2 段階：X' が非負の可測単関数の場合)

　X' が非負の単関数，すなわち，集合 Ω' を $\Omega' = A'_1 + A'_2 + \cdots + A'_n$ と有限個の可測集合の直和に表して，$X'(\omega') = \sum_{i=1}^n c_i \mathbf{1}_{A'_i}$ $(c_i \geq 0)$ の場合を考える．単関数に対する期待値の定義と，第 1 段階の結果から，

$$\int_{\Omega'} X'(\omega')\mathrm{d}P_\Phi = \int_\Omega X(\omega)\mathrm{d}P$$

がいえる．なお，両辺が有限和の表し方に依存しないことは，期待値の定義のときに示した通りである．

(第 3 段階：X' が非負の可測関数の場合)

　X' が非負の可測関数とする．このとき，可測な非負単関数の非減少列 $\{X'_n(\omega')\}$

が存在して, Ω' の各点 ω' で $X_n'(\omega') \to X'(\omega')$ となる. また, $X_n(\omega) := X_n'(\Phi(\omega))$ とおくと, $X_n(\omega)$ は $(\Omega, \mathcal{F})$ 上の可測な非負単関数の非減少列となり, Ω の各点 ω で $X_n(\omega) \to X(\omega)$ となる. すると, 期待値の定義 (あるいは後述の単調収束定理) と第 2 段階の結果より,

$$\int_{\Omega'} X' \mathrm{d}P_\phi = \lim_{n \to \infty} \int_{\Omega'} X_n' \mathrm{d}P_\Phi = \lim_{n \to \infty} \int_\Omega X_n \mathrm{d}P = \int_\Omega X \mathrm{d}P$$

が成り立つ. これで非負可測関数の場合に式 (4.6) が示された.
(第 4 段階：X' が一般の可測関数の場合)

$X' = X'^+ - X'^-$, $X'^+ \geq 0$, $X'^- \geq 0$ と表せる. ここで, X'^+, X'^- はともに可測である. X'^+, X'^- について第 3 段階と同様に考えればよい. ∎

次の系は日常的に使われるが, 測度を使わずに初等的に証明しようとすると厄介となる.

系 4.1 確率変数 X が密度関数 $f(x)$ をもつならば, 可測関数 h に対して

$$\mathrm{E}(h(X)) = \int h(x) f(x) \mathrm{d}x$$

が成り立つ. ただし $\mathrm{d}x$ は Riemann 積分でなく Lebesgue 積分の意味とする.

(証明) $h(X)$ の分布を $P_{h(X)}$ と書くと, 定理 4.1 から

$$\mathrm{E}(h(X)) = \int y P_{h(X)}(\mathrm{d}y) = \int h(x) P_X(\mathrm{d}x) = \int h(x) f(x) \mathrm{d}x$$

となる. 最後の等号は, 再び $h(x)$ が定義関数の場合から始めて, 単調収束定理 (後述の定理 4.4) を使って証明できる (詳細は省略する). ∎

注意 4.6 一般に, X の分布関数を F, また F に対応する確率測度を P とするとき, $\mathbb{R}$ 上の可測関数 h に対し,

$$\int h(x) F(\mathrm{d}x) = \mathrm{E}(h(X))$$

と定義する. これを **Lebesgue–Stieltjes** (ルベーグ–スティルチェス) **積分**という. これは単に期待値を別の記号で表しただけなので, 概念として新しいことはなにもない. $h(x)$ が連続で $\mathrm{E}(h(X)) < \infty$ ならば, これは **Riemann–Stieltjes** (リーマン–スティルチェス) **積分** (定義は『確率・統計 I』参照) と一致する. ◁

4.2.3　独　立　性

「独立性」が確率論に独自の意味を与える概念であることが, Kolmogorov (1903–1987) をはじめ, 多くの研究者により強調されてきた.

定義 4.9 (事象の独立性) 事象 $A_1, A_2, \ldots, A_n$ が**独立**であるとは, 任意の空でない $\{i_1, i_2, \ldots, i_k\} \subset \{1, 2, \ldots, n\}$ に対して,

$$P(A_{i_1} \cap A_{i_2} \cap \cdots \cap A_{i_k}) = P(A_{i_1})P(A_{i_2}) \cdots P(A_{i_k})$$

が成り立つことである.

定義 4.10 (確率変数の独立性) 確率変数 $X_1, X_2, \ldots, X_n$ が独立であるとは, $\mathbb{R}$ の任意の Borel 集合 $S_1, S_2, \ldots, S_n$ に対して, n 個の事象

$$A_k = \{\omega : X_k(\omega) \in S_k\} \qquad (k = 1, 2, \ldots, n)$$

が独立となることである.

なお, 無限個の確率変数の集合 X_λ, $\lambda \in \Lambda$ (Λ は適当な添字集合) に対しては, 任意の有限部分集合 $\{i_1, i_2, \ldots, i_k\} \subset \Lambda$ に対して $X_{i_1}, X_{i_2}, \ldots, X_{i_k}$ が独立であるとき, 独立であるという.

独立性を分布関数の言葉で言い換えると次のようになる.

定理 4.2 確率変数 $X_1, X_2, \ldots, X_n$ が独立であるための必要十分条件は, 任意の $(t_1, \ldots, t_n)$ に対して

$$F_{X_1, X_2, \ldots, X_n}(t_1, t_2, \ldots, t_n) = \prod_{i=1}^{n} F_{X_i}(t_i) \tag{4.7}$$

となることである. ただし, $F_{X_1, \ldots, X_n}$ は $X_1, \ldots, X_n$ の同時分布関数, F_{X_i} は X_i の周辺分布関数を表す.

(証明) まず, $X_1, \ldots, X_n$ が独立ならば

$$P(X_1 \leq t_1, \ldots, X_n \leq t_n) = \prod_{i=1}^{n} P(X_i \leq t_i)$$

が成り立つ. 逆に, 式 (4.7) を仮定する. 分布関数に対応する確率測度が一意的である, という事実を認めれば, 式 (4.7) の右辺は $X_1, \ldots, X_n$ と同じ周辺分布をもつ独立な確率変数列の分布であるから, $X_1, \ldots, X_n$ も独立でなければならない. ∎

系 4.2 確率変数 $X_i\ (i = 1, \ldots, n)$ の従う確率分布が, それぞれ確率密度関数 $f_{X_i}(t)\ (i = 1, \ldots, n)$ をもつとする. このとき, $\prod_{i=1}^{n} f_{X_i}(t_i)$ が $X_1, \ldots, X_n$ の同時密度関数であることと, $X_1, \ldots, X_n$ が独立であることは同値である.

定理 4.3 X と Y はそれぞれ確率分布関数 F, G の確率分布に独立に従う確率変数とする. このとき, $X + Y$ の確率分布関数は

$$P(X + Y \leq x) = \int_{-\infty}^{\infty} F(x - t)\mathrm{d}G(t) = \int_{-\infty}^{\infty} G(x - t)\mathrm{d}F(t)$$

となる.

(証明) x に対し, 関数 $g_x(u, v)$ を

$$g_x(u, v) := \begin{cases} 1 & (u + v \leq x), \\ 0 & (u + v > x) \end{cases}$$

と定義する. F と G に対応する確率測度をそれぞれ P_X, P_Y とおく. また, P_X と P_Y との直積測度 (後述の定理 4.7) を $P_{X,Y}$ とおくと, Fubini の定理 (定理 4.8) より,

$$\begin{aligned} \int_{\mathbb{R}^2} g_x \mathrm{d}P_{X,Y} &= \int_{-\infty}^{\infty} \left(\int_{-\infty}^{\infty} g_x(u, v)\mathrm{d}P_X(u) \right) \mathrm{d}P_Y(v) \\ &= \int_{-\infty}^{\infty} \left(\int_{-\infty}^{\infty} g_x(u, v)\mathrm{d}P_Y(v) \right) \mathrm{d}P_X(u) \end{aligned}$$

となる. よって示せた. ∎

系 4.3 X と Y はそれぞれ確率分布関数 F, G の確率分布に独立に従う確率変数とする. X の確率分布が確率密度関数 $f(u)$ をもつとき, $X + Y$ の従う確率分布は確率密度関数

$$\int_{-\infty}^{\infty} f(t - v)\mathrm{d}G(v)$$

をもつ.

(証明) Fubini の定理より，

$$\int_{-\infty}^{t} \left(\int_{-\infty}^{\infty} f(u-v)\mathrm{d}G(v) \right) \mathrm{d}u = \int_{-\infty}^{\infty} \left(\int_{-\infty}^{t} f(u-v)\mathrm{d}u \right) \mathrm{d}G(v)$$
$$= \int_{-\infty}^{\infty} F(t-v)\mathrm{d}G(v) = P(X+Y \le t)$$

よりいえる． ■

独立性の概念は，次のように σ-加法族に対して一般化される．

定義 4.11 (σ-加法族の独立性) $\mathcal{F}$ の部分 σ-加法族 $\mathcal{F}_1, \dots, \mathcal{F}_n$ が独立であるとは，任意の事象 $B_1 \in \mathcal{F}_1, \dots, B_n \in \mathcal{F}_n$ に対して $P(B_1 \cap \dots \cap B_n) = P(B_1) \cdots P(B_n)$ が成り立つことである．

例えば，事象 $A_1, \dots, A_n$ の独立性は，上の定義で $\mathcal{F}_i = \{\emptyset, A_i, A_i^c, \Omega\}$ とした場合に相当する．確率変数の独立性も，確率変数が生成する σ-加法族 (後の定義 4.18) を考えれば，σ-加法族の独立性の特殊ケースと見ることができる．

4.2.4　期待値および Lebesgue 積分に関する諸定理

期待値と Lebesgue 積分に関する諸定理をまとめて記しておく．最初からすべて理解する必要はなく，あとで必要になったときに読み返せばよいであろう．証明は省略するが，興味がある者は例えば文献[15, 16]を参照せよ．

以下，可測空間 $(\Omega, \mathcal{F})$ 上の確率測度 P を考える．一般の測度 μ についても成り立つ場合はその都度注意を与える．以下，$\{x_n\}_{n=1}^{\infty}$ を単に $\{x_n\}$ などと表す．

定理 4.4 (単調収束定理) $\{X_n\}$ が非負可測関数列で，各 $\omega \in \Omega$ を固定したとき $X_n(\omega)$ が単調非減少列となっているならば，

$$\lim_{n \to \infty} \int X_n \mathrm{d}P = \int \lim_{n \to \infty} X_n \mathrm{d}P$$

が成立する．この両辺は ∞ でもよい．また，P を一般の測度 μ に置き換えても成り立つ．

定理 4.5 (Fatou の補題) $\{X_n\}$ が非負可測関数列のとき,

$$\liminf_{n\to\infty} \int X_n \mathrm{d}P \geq \int \liminf_{n\to\infty} X_n \mathrm{d}P \tag{4.8}$$

が成立する (P を一般の測度 μ に置き換えても成り立つ).

定理 4.6 (Lebesgue の収束定理) $\{X_n\}$ は (非負とは限らない) 可測関数列とし, ある可積分な非負可測関数 Y が存在して, $|X_n(\omega)| \leq Y(\omega)$ であるとする. このとき, もし極限 $\lim_{n\to\infty} X_n(\omega)$ が存在するならば,

$$\lim_{n\to\infty} \int X_n \mathrm{d}P = \int \lim_{n\to\infty} X_n \mathrm{d}P$$

が成り立つ (P を一般の測度 μ に置き換えても成り立つ).

系 4.4 (微積分の順序交換) $\mathbb{R} \times \Omega$ 上の可測関数 $X(t,\omega)$ が, ω については可積分であり, 各 $\omega \in \Omega$ に対して t について微分可能とし, その導関数 $(\partial/\partial t)X(t,\omega)$ が区間 (a,b) においてある可積分関数 Y によって一様に押さえられるとする:

$$\left| \frac{\partial}{\partial t} X(t,\omega) \right| \leq Y(\omega), \quad (t \in (a,b), \ \omega \in \Omega).$$

このとき, 各 $t \in (a,b)$ に対して

$$\frac{\mathrm{d}}{\mathrm{d}t} \int X(t,\omega) \mathrm{d}P = \int \frac{\partial}{\partial t} X(t,\omega) \mathrm{d}P$$

が成り立つ (P を一般の測度 μ に置き換えても成り立つ).

系 4.5 (有界収束定理) $\{X_n\}$ は有界な確率変数列とする. すなわち, ある $M < \infty$ が存在して $|X_n(\omega)| \leq M$ とする. このときもし極限 $\lim_{n\to\infty} X_n(\omega)$ が存在するならば,

$$\lim_{n\to\infty} \int X_n \mathrm{d}P = \int \lim_{n\to\infty} X_n \mathrm{d}P$$

が成り立つ. これは一般の測度 μ では成立しない.

2 つの確率空間 $(\Omega, \mathcal{F}, P)$ と $(\Omega', \mathcal{F}', P')$ を考える. まず, 直積 σ-加法族 $\mathcal{F} \times \mathcal{F}'$ を, すべての $A \times A'$ $(A \in \mathcal{F}, A' \in \mathcal{F}')$ を含む最小の σ-加法族として定義する[*8]. また, P と P' の**直積測度** $P \times P'$ を,

$$(P \times P')(A \times A') = P(A)P'(A'), \quad A \in \mathcal{F}, \quad A' \in \mathcal{F}'$$

[*8]   これは集合としての直積とは異なる.

を満たす $(\Omega \times \Omega', \mathcal{F} \times \mathcal{F}')$ 上の確率測度として定義する.

定理 4.7 直積測度 $P \times P'$ は存在し,一意的である (P, P' を σ-有限な測度 μ, μ' に置き換えても成り立つ[*9]).

定理 4.8 (Fubini の定理) $X(\omega, \omega')$ は $\Omega \times \Omega'$ 上の可測関数とする.

(1) X が非負のとき,

$$\int_{\Omega \times \Omega'} X \mathrm{d}(P \times P') = \int_{\Omega} \left(\int_{\Omega'} X \mathrm{d}P' \right) \mathrm{d}P = \int_{\Omega'} \left(\int_{\Omega} X \mathrm{d}P \right) \mathrm{d}P' \quad (4.9)$$

が成り立つ.ここで積分の値が ∞ であってもよい.また,関数 $\omega \mapsto \int_{\Omega'} X \mathrm{d}P'$ および $\omega' \mapsto \int_{\Omega} X \mathrm{d}P$ が可測となることも主張の一部である.

(2) f が (非負とは限らず) $P \times P'$ 可積分のとき,式 (4.9) が成り立つ.(1) と同様,可測性も主張の一部である.

(P, P' を σ-有限な測度 μ, μ' に置き換えても成り立つ)

次に述べる Radon–Nikodym の定理は,4.5 節で条件付期待値を定義するときに必要となる.また,Radon–Nikodym 微分は確率密度関数 (定義 4.4) の一般化であり,統計学では尤度関数として用いられる.

定理 4.9 (Radon–Nikodym (ラドン–ニコディム) の定理) P と Q はそれぞれ $(\Omega, \mathcal{F})$ 上の確率測度とし,Q は P に関して**絶対連続**,すなわち,$A \in \mathcal{F}$ に関して,$P(A) = 0$ ならば $Q(A) = 0$ であるとする.このとき,ある可測関数 f が存在して,

$$Q(A) = \int_A f(\omega) \mathrm{d}P(\omega) \quad (A \in \mathcal{F})$$

と書ける.またこのような f は P-a.s. で一意的である.f を **Radon–Nikodym 微分**といい,$f = \mathrm{d}Q/\mathrm{d}P$ と表す (P, Q を σ-有限な測度 μ, ν に置き換えても成り立つ).

また,次の L^2-空間も 6 章以降で多用する.

[*9] 測度 μ が σ-有限であるとは,ある集合列 $\{F_n\}_{n=1}^{\infty}$ が存在して $\mu(F_n) < \infty$ かつ $\cup_{n=1}^{\infty} F_n = \Omega$ となることをいう.

定理 4.10 $L^2 = L^2(\Omega) = L^2(\Omega, P) = \{X : \int |X|^2 dP < \infty\}$ とおき，$X \in L^2$ のノ
ルムを $\|X\|_2 = \{\int |X|^2 dP\}^{1/2}$ で定める．このとき，距離 $\|X - Y\|_2$ に関して L^2
は完備である[*10]．すなわち Cauchy 列が収束する（P を一般の測度 μ に置き換え
ても成り立つ）．

4.3 大 数 の 法 則

4.3.1 確率変数列の収束

確率変数列 X_n ($n = 1, 2, 3, \dots$) の収束にはいくつかの異なる種類がある．よく
使われるものに，概収束，平均収束，確率収束，弱収束がある．それぞれの意味
と違いをよく理解しておく必要がある[*11]．弱収束は，確率変数というより本質的
には確率分布に関する概念なので，4.4 節で詳述する．

定義 4.12 (概収束) ある確率変数 X が存在して，

$$P(\{\omega : \lim_{n \to \infty} X_n(\omega) = X(\omega)\}) = 1$$

となるとき，確率変数列 X_n は確率変数 X に**概収束**するといい，

$$\lim_{n \to \infty} X_n = X \quad \text{a. s.}$$

のように表す．また，確率 1 で収束するということもある．

定義からわかるように，概収束は，関数列の（測度 0 の集合を無視した）各点収
束のことである．

各 X_n および X が同一の確率空間上で定義されていると設定するのが測度論的
確率論の特徴である．つまり ω がいったん抽出されると，確率変数の値はすべて
定まり，ω を所与とするときに $\{X_n(\omega)\}_{n=1}^{\infty}$ は通常の数列と考えることができる．

定義 4.13 (確率収束) ある確率変数 X が存在して，任意の $\varepsilon > 0$ に対し，

$$\lim_{n \to \infty} P(\{\omega : |X_n(\omega) - X(\omega)| > \varepsilon\}) = 0$$

[*10] 内積も入れると Hilbert 空間となる．
[*11] 例えば 7 章で伊藤の公式を示すとき，弱収束以外の 3 つの収束がすべて使われる．

となるとき，確率変数列 X_n は確率変数 X に**確率収束**するという．これは次の条件と同値である：任意の $\varepsilon > 0$ に対して

$$\lim_{n \to \infty} P(\{\omega : |X_n(\omega) - X(\omega)| < \varepsilon\}) = 1.$$

定義 4.14 (α 次平均収束) ある $\alpha > 0$ に対し，確率変数 X が存在して，

$$\lim_{n \to \infty} \mathrm{E}(|X_n(\omega) - X(\omega)|^{\alpha}) = 0$$

となるとき，確率変数列 X_n は確率変数 X に **α 次平均収束**するという．L$^\alpha$-収束するということもある．とくに，$\alpha = 2$ の場合が一番よく現れる．このとき，$\alpha(= 2)$ を略して，単に平均収束ということが多い．

　3 つの異なる種類の収束には以下の関係がある．

定理 4.11 (1) X_n が X に概収束すれば，X_n は X に確率収束する．
(2) X_n が X に $\alpha(> 0)$ 次平均収束すれば，X_n は X に確率収束する．

　なお，概収束するからといって平均収束するとは限らず，平均収束するからといって概収束するとは限らない．後の例題 4.3, 4.4 を参照せよ．

(証明) 簡単な (2) から証明することにする．
(2) (α 次平均収束 $\Rightarrow$ 確率収束) X_n が X に α 次平均収束すると仮定する．任意の $\varepsilon > 0$ に対し，Chebyshev の不等式 (後述の補題 4.3) から

$$P(|X_n - X| > \varepsilon) \leq \frac{1}{\varepsilon^{\alpha}} \mathrm{E}(|X_n - X|^{\alpha}).$$

となる．$n \to \infty$ とすると右辺は 0 に収束するので左辺も 0 に収束する．ε は任意だったから，X_n は X に確率収束する．
(1) (概収束 $\Rightarrow$ 確率収束) X_n が X に概収束するということは，次の事象の確率が 1 であることと同値である：任意の $k \geq 1$ に対し，ある $n \geq 1$ が存在して，$m \geq n$ ならば

$$|X_m(\omega) - X(\omega)| < \frac{1}{k}.$$

よって，

$$A_{k,m} = \{\omega : |X_m(\omega) - X(\omega)| < k^{-1}\}$$

とおけば $P(\cap_{k=1}^{\infty}\cup_{n=1}^{\infty}\cap_{m=n}^{\infty}A_{k,m})=1$ が成り立つ. したがって特に, 各 $k \geq 1$ に対して $P(\cup_{n=1}^{\infty}\cap_{m=n}^{\infty}A_{k,m})=1$ が成り立つ. k を固定すると $\cap_{m=n}^{\infty}A_{k,m}$ は n に関して単調増大列となるので, 確率の連続性より,

$$\lim_{n\to\infty} P\left(\bigcap_{m=n}^{\infty} A_{k,m}\right) = P\left(\bigcup_{n=1}^{\infty}\bigcap_{m=n}^{\infty} A_{k,m}\right) = 1$$

が成り立つ. よって特に

$$\lim_{n\to\infty} P(A_{k,n}) = 1$$

が成り立つが, これは X_n が X に確率収束することと同値である. ∎

補題 4.3 (Chebyshev (チェビシェフ) の不等式) 任意の確率変数 X と正の実数 α, c に対して次の不等式が成立する:

$$P(|X| \geq c) \leq \frac{\mathrm{E}(|X|^{\alpha})}{c^{\alpha}}. \tag{4.10}$$

(証明) $Y = \mathbf{1}_{\{|X|\geq c\}}$ とおくと, 不等式 $Y(\omega) \leq (|X(\omega)|/c)^{\alpha}$ が各 ω に対して成り立つ. この式の両辺の期待値をとれば式 (4.10) を得る. ∎

次の命題は明らかかもしれないが, 一応示しておく.

命題 4.7 確率変数列 X_n が, 2 つの確率変数 X, Y にそれぞれ確率収束 (あるいは概収束, 平均収束) するならば, $X = Y$ (a.s.) である.

(証明) 定理 4.11 より, 確率収束の場合を示せば十分である. 任意の $\varepsilon > 0$ に対して

$$P(|X - Y| > \varepsilon) \leq P(|X_n - X| > \frac{\varepsilon}{2}) + P(|X_n - Y| > \frac{\varepsilon}{2})$$
$$\to 0 \quad (n \to \infty)$$

が成り立つ. つまり $P(|X - Y| > \varepsilon) = 0$ である. $\varepsilon \to 0$ とすれば結果を得る. 正確には, $\varepsilon_i = 1/i$ とおいて確率の連続性 (命題 4.1) を用いればよい. ∎

例題 4.3 [平均収束するが概収束しない例] $\Omega = [0,1]$, P は一様分布 (つまり $P(A) = \int_A \mathrm{d}x, A \in \mathcal{F}$) とし, $X_n(\omega) = \mathbf{1}_{(\sqrt{n}-\lfloor\sqrt{n}\rfloor,\sqrt{n+1}-\lfloor\sqrt{n}\rfloor]}(\omega)$ とおく. ただ

し記号 $\lfloor z \rfloor$ $(z \in \mathbb{R})$ は，z 以下の整数の中で最大のものを表す．このとき，X_n は 0 に平均収束するが，概収束しないことを示せ．なお，平均収束すれば確率収束するので，この例は「確率収束するが概収束しない例」にもなっている．　　◁

(**解**) まず，平均収束することは

$$\mathrm{E}(|X_n|^2) = \sqrt{n+1} - \sqrt{n} = \frac{1}{\sqrt{n+1}+\sqrt{n}} \to 0$$

よりわかる．一方，概収束しないことを示すには，$\omega \in (0,1]$ を固定したとき $X_n(\omega) = 1$ および $X_n(\omega) = 0$ を満たす n がそれぞれ無限個存在することを示せば十分である．実際，任意の正整数 m に対して，

$$\omega \in (0,1] = \bigcup_{k=0}^{2m} \left(\sqrt{m^2+k} - m, \sqrt{m^2+k+1} - m \right]$$

なので，ある $k = k(m,\omega) \in \{0, \ldots, 2m\}$ については $X_{m^2+k}(\omega) = 1$，その他の k に対しては $X_{m^2+k}(\omega) = 0$ となる．よって示された．

慣れないうちは確率収束と概収束の区別はあまり簡単ではないかもしれない．しかし，上の例題から，ある種の確率システムの安定性を示したいときに，確率変数 X_n がある定数 c に確率収束することを示したのでは意味がなく，概収束することを示さなければならないことが理解できる．

例題 4.4 [概収束するが平均収束しない例] $\Omega = [0,1]$，P は Lebesgue 測度とし，$X_n(\omega) = n1_{[0,1/n]}(\omega)$ とおく．このとき X_n は 0 に概収束するが，平均収束しないことを示せ．なお，概収束すれば確率収束するので，この例は「確率収束するが平均収束しない例」にもなっている．　　◁

(**解**) X_n が 0 に概収束することは，任意の $\omega \in (0,1]$ を固定したとき，$1/n < \omega$ となるすべての n に対して $X_n(\omega) = 0$ となることからわかる．特に X_n は 0 に確率収束するので，もし X_n が平均収束するとすれば，その収束先は 0 のはずである．しかし $\mathrm{E}(|X_n|^2) = n$ なので X_n は平均収束しない．

4.3.2　大 数 の 弱 法 則

大数の弱法則は，一言でいえば，**標本平均**が期待値 (**母平均**) に確率収束するということである．これは，次の定理に示すように，平均収束が確率収束を含意す

ること (定理 4.11) に基づいて容易に証明できる. あとで見る大数の強法則の証明と比較せよ.

定理 4.12 (大数の弱法則) $X_1, X_2, \ldots$ が,期待値 μ,分散 σ^2 の同一の分布に独立に従う確率変数列であるとき,任意の $\varepsilon > 0$ に対し,

$$\lim_{n \to \infty} P\left(\left|\frac{X_1 + \cdots + X_n}{n} - \mu\right| \ge \varepsilon\right) = 0$$

が成立する.

(証明) $S_n := X_1 + \cdots + X_n$ とおくと, S_n/n は期待値 μ, 分散 σ^2/n の確率変数であるから,

$$\mathrm{E}((S_n/n - \mu)^2) = \frac{\sigma^2}{n} \to 0$$

となる. つまり S_n/n は μ に平均収束する. よって,定理 4.11 より確率収束する. ∎

　大数の弱法則にはさまざまな一般化がある. 一般化された定理も,確率収束を扱っている限り,大数の弱法則とよばれるのが普通である. Chebyshev の不等式は分散だけを使って上界を与えるため,確率変数列の独立性ではなく無相関性を仮定するだけで十分であることを利用した一般化が次の定理である. 証明は定理4.12 と同様なので省略する.

定理 4.13 X_i $(i = 1, 2, \ldots)$ はそれぞれ期待値 μ_i, 分散 σ_i^2 をもつ互いに相関のない確率変数列とする. このとき,

$$\lim_{n \to \infty} \frac{1}{n^2} \sum_{i=1}^{n} \sigma_i^2 = 0$$

であれば,任意の $\varepsilon > 0$ に対して,

$$\lim_{n \to \infty} P\left(\left|\frac{X_1 + \cdots + X_n}{n} - \frac{\mu_1 + \cdots + \mu_n}{n}\right| \ge \varepsilon\right) = 0$$

が成立する.

4.3.3　大数の強法則

大数の強法則は，標本平均が母平均に概収束することを述べており，弱法則よりもより強い結果となっている．概収束の証明によく使われる補題として Borel–Cantelli の補題がある．これをまず説明しよう．

定理 4.14 (Borel–Cantelli (ボレル–カンテリ) の補題) $A_1, A_2, \ldots$ を事象の系列とし，

$$\{A_n \text{ i.o.}\} := \bigcap_{k=1}^{\infty} \bigcup_{n=k}^{\infty} A_n = \{\omega : \forall k \geq 1, \ \exists n \geq k, \ \omega \in A_n\}$$

とおく．このとき，$\sum_{n=1}^{\infty} P(A_n) < \infty$ ならば $P(A_n \text{ i.o.}) = 0$ である．

注意 4.7 i.o. とは infinitely often の略である．定義より，$\omega \in \{A_n \text{ i.o.}\}$ とは ω が無限個の A_n に属することを意味する．なお，$\{A_n \text{ i.o.}\}$ の代わりに $\limsup_{n\to\infty} A_n$ と書くことも多い．同様に，$\liminf_{n\to\infty} A_n = \bigcup_{k=1}^{\infty} \bigcap_{n=k}^{\infty} A_n$ と定義される． ◁

(証明) 任意の k に対し，

$$P(A_n \text{ i.o.}) = P\left(\bigcap_{k=1}^{\infty} \bigcup_{n=k}^{\infty} A_n\right) \leq P\left(\bigcup_{n=k}^{\infty} A_n\right) \leq \sum_{n=k}^{\infty} P(A_n)$$

となる．仮定より $\sum_{n=1}^{\infty} P(A_n) < \infty$ であるから，$\lim_{k\to\infty} \sum_{n=k}^{\infty} P(A_n) = 0$ が成り立つ．したがって，$P(A_n \text{ i.o.}) = 0$ がいえる． ∎

注意 4.8 通常は，次の事実も合わせて Borel–Cantelli の補題という：

事象 $A_1, A_2, \ldots$ が独立で，かつ $\sum_{n=1}^{\infty} P(A_n) = \infty$ であれば $P(A_n \text{ i.o.}) = 1$ である．

ここで，$A_1, A_2, \ldots$ の独立性の仮定がないと，$\sum_{n=1}^{\infty} P(A_n) = \infty$ であっても $P(A_n \text{ i.o.}) = 1$ となるとは限らない．例えば，$\Omega = [0, 1]$，P は Lebesgue 測度 (一様分布) とし，$A_1 = A_2 = \cdots = [0, 1/2]$ とする．このとき $\sum_{n=1}^{\infty} P(A_n) = \infty$ だが $P(A_n \text{ i.o.}) = P([0, 1/2]) = 1/2 \neq 1$ である． ◁

簡単のため，やや強い仮定 (4 次モーメントの存在) をおいた上で，大数の強法則を証明する．

定理 4.15 (4 次モーメントの存在を仮定した大数の強法則) $X_1, X_2, \ldots$ を，独立に同一の分布に従う確率変数列とする．X_i の分布の 4 次モーメントは有限であると仮定し，期待値と分散をそれぞれ μ, σ^2 とおく．このとき，

$$P\left(\lim_{n\to\infty} \frac{X_1 + \cdots + X_n}{n} = \mu\right) = 1$$

が成り立つ．

(証明) $X_i - \mu$ を X_i と置き直すことにより，はじめから $\mu = 0$ として一般性を失わない．すると

$$\mathrm{E}\left(\left\{\sum_{k=1}^{n} X_k\right\}^4\right) = n\mathrm{E}\left(X_k^4\right) + \binom{n}{2}\binom{4}{2}\sigma^4$$

より，ある $C > 0$ が存在して，

$$\mathrm{E}\left(\left\{\sum_{k=1}^{n} X_k\right\}^4\right) \le Cn^2.$$

となる．ここで，4 次モーメントに基づく Chebyshev の不等式を用いると，任意の $\varepsilon > 0$ に対して

$$P\left(\left|\sum_{k=1}^{n} X_k\right| \ge \varepsilon n\right) \le \frac{\mathrm{E}\left(\left|\sum_{k=1}^{n} X_k\right|^4\right)}{(\varepsilon n)^4} \le \frac{Cn^2}{(\varepsilon n)^4} = \frac{C}{\varepsilon^4 n^2}$$

となる．したがって，

$$\sum_{n=1}^{\infty} P\left(\left|\sum_{k=1}^{n} X_k\right| \ge \varepsilon n\right) < \infty.$$

となり，Borel–Cantelli の補題より，ω を与えたとき $\left|\sum_{k=1}^{n} X_k\right| \ge \varepsilon n$ を満たす n が有限個しかないことが確率 1 でいえる ($A_n = \{\omega : \left|\sum_{k=1}^{n} X_k(\omega)\right| \ge \varepsilon n\}$ とおけばよい)．よって，

$$P\left(\limsup_{n\to\infty} \frac{\left|\sum_{k=1}^{n} X_k\right|}{n} \le \varepsilon\right) = 1. \tag{4.11}$$

がいえる．確率の連続性から $\varepsilon \to 0$ とできるので，結果を得る． ∎

例題 4.5 $X_1, X_2, \ldots$ を独立に $[0,1]$ 上の一様分布に従う確率変数列とする. このとき,

$$\lim_{n\to\infty} (X_1 X_2 \cdots X_n)^{1/n} = \mathrm{e}^{-1} \quad \mathrm{a.\,s.}$$

を示せ. ◁

(解) $Y_n := (X_1 \cdots X_n)^{1/n} = \exp(\sum_{k=1}^{n} (\log X_k)/n)$ より, $\log X_k$ に大数の強法則を適用すればよい. X_k が $[0,1]$ 上の一様分布に従うとき, $-\log X_k$ は平均 1 の指数分布に従うので, $E(|\log X_k|^4) < \infty$ であり, $Y_n \to \mathrm{e}^{-1}$ (a.s.) が従う.

4 次モーメントや分散の存在を仮定しない, 大数の強法則を証明抜きで示しておく [17, Theorem 9.4].

定理 4.16 (大数の強法則) $X_1, X_2, \ldots$ を, 期待値 μ をもつ同一の分布に独立に従う確率変数列とする. このとき,

$$P\left(\lim_{n\to\infty} \frac{X_1 + \cdots + X_n}{n} = \mu\right) = 1$$

が成り立つ.

4.4 確率分布の弱収束

4.4.1 弱収束の定義と性質

確率論では, 確率分布の列がある分布 (例えば正規分布や Poisson 分布) に収束することが重要であることが多い. 有名な中心極限定理は, その典型的な例である. 収束の定義の仕方はいろいろあるが, ここでは, そのなかでも非常によく使われて, いろいろな重要な定理を理解するうえで不可欠の, 弱収束とよばれる概念を扱う.

定義 4.15 P_n $(n = 1, 2, \ldots)$, P をそれぞれ $\mathbb{R}^k$ 上の確率測度とする. $\mathbb{R}^k$ 上の任意の有界連続関数 f に対し,

$$\lim_{n\to\infty} \int_{\mathbb{R}^k} f \mathrm{d}P_n = \int_{\mathbb{R}^k} f \mathrm{d}P$$

が成立するとき，P_n は P に**弱収束**するといい，$P_n \rightsquigarrow P$ と表す[*12]．また，弱収束と同じ意味で**分布収束**または**法則収束**ということもある[*13]．

注意 4.9 Euclid 空間とは限らない一般の距離空間 (あるいは位相空間) 上の確率測度の弱収束も，同様に定義される．　　　　　　　　　　　　　　　　　　　◁

例題 4.6 区間 $[0,1]$ 上の確率測度を考える．P_n を n 個の点 $1/n, 2/n, \ldots, n/n = 1$ にそれぞれ確率 $1/n$ を与える (離散型) 確率測度とする．$n \to \infty$ で，P_n は $[0,1]$ 上の Lebesgue 測度 P に弱収束することを示せ．　　　　　　　　　　　　◁

(解) 任意の有界連続関数 f に対して，Riemann 積分の定義により

$$\int f \mathrm{d}P_n = \frac{1}{n}\sum_{i=1}^{n} f(i/n) \to \int_0^1 f(x)\mathrm{d}x = \int f \mathrm{d}P$$

が成り立つ (注意 4.5 も参照せよ)．よって P_n は P に弱収束する．

弱収束は分布関数を使って次のように特徴づけられる．

定理 4.17 $P_n\ (n = 1, 2, \ldots)$, P を $\mathbb{R}^k$ 上の確率測度とし，$F_n\ (n = 1, 2, \ldots)$, F をそれぞれに対応する分布関数とする．F の任意の連続点 x で，

$$\lim_{n\to\infty} F_n(x) = F(x) \tag{4.12}$$

が成立することは，P_n が P に弱収束するための必要十分条件である．

(証明) まず 1 次元 Euclid 空間 $\mathbb{R}$ の場合を考える．
(必要性) P_n が P に弱収束すると仮定し，x を F の連続点とする．定義関数を用いると，$F_n(x) = \int \mathbf{1}_{(-\infty, x]}(t)\mathrm{d}P_n(t)$, $F(x) = \int \mathbf{1}_{(-\infty, x]}(t)\mathrm{d}P(t)$ と書ける．定義関数は有界だが連続ではないので，これを有界連続関数で近似することを考える．任意の $a < b$ に対して

$$g_{a,b}(t) = \begin{cases} 1 & (t \le a), \\ (b-t)/(b-a) & (a < t < b), \\ 0 & (t \ge b) \end{cases}$$

[*12] まったく同じ意味で $P_n \Rightarrow P$ あるいは $P_n \xrightarrow{d} P$ などという表記もよく使われるが以下では採用しない．

[*13] 確率測度の収束を考えているときは弱収束，対応する確率変数の収束を考えているときは分布収束 (あるいは法則収束) といって区別する流儀もある．本書では区別せずに用いる．

とおくと，$g_{a,b}$ は有界連続関数であり，また不等式 $\mathbf{1}_{(-\infty,a]}(t) \leq g_{a,b}(t) \leq \mathbf{1}_{(-\infty,b]}(t)$ が成り立つ．よって，任意の $\varepsilon > 0$ に対して，

$$\limsup_{n\to\infty} \int \mathbf{1}_{(-\infty,x]}\mathrm{d}P_n \leq \lim_{n\to\infty} \int g_{x,x+\varepsilon}\mathrm{d}P_n = \int g_{x,x+\varepsilon}\mathrm{d}P \leq \int \mathbf{1}_{(-\infty,x+\varepsilon]}\mathrm{d}P$$

が成り立つ．この式の両辺をそれぞれ F_n と F を使って書くと，

$$\limsup_{n\to\infty} F_n(x) \leq F(x+\varepsilon)$$

が得られる．同様にして，

$$\liminf_{n\to\infty} F_n(x) \geq F(x-\varepsilon)$$

も示される．いま F は x で連続であると仮定しているので，$\varepsilon \downarrow 0$ の極限をとることにより，$\lim_{n\to\infty} F_n(x) = F(x)$ が得られる．

(十分性) 式 (4.12) を仮定し，f を $\mathbb{R}$ 上の有界連続関数とする．$f(x)$ を定義関数 $\mathbf{1}_{(-\infty,c]}(x)$ $(c \in \mathbb{R})$ の線形和で近似することを考える．まず，$\varepsilon > 0$ に対し，a, b $(a < b)$ を

$$F(a) < \varepsilon, \quad F(b) > 1 - \varepsilon$$

を満たす F の連続点とする．命題 4.4 より，$F(x-) \neq F(x)$ となる不連続点はたかだか可算無限個なので，必ずこのような a, b をとることができる．さらに，a, b は連続点なので，仮定より，十分大きいすべての n に対して

$$F_n(a) < 2\varepsilon, \quad F_n(b) > 1 - 2\varepsilon$$

とできる．さて f は $[a,b]$ 上で一様連続なので，a, b 間を適当な個数に分割して，$a = a_0 < a_1 < a_2 < \cdots < a_k = b$ ととり，

$$\sup_{x\in[a_i,a_{i+1}]} |f(x) - f(a_i)| < \varepsilon \quad (i = 0, 1, \ldots, k-1)$$

かつ a_i $(i = 0, 1, \ldots, k)$ はすべて F の連続点となるようにできる．このとき関数 $f_\varepsilon(x)$ を

$$f_\varepsilon(x) = \sum_{i=0}^{k-1} f(a_i)\mathbf{1}_{(a_i,a_{i+1}]}(x) = \sum_{i=0}^{k-1} f(a_i)(\mathbf{1}_{(-\infty,a_{i+1}]}(x) - \mathbf{1}_{(-\infty,a_i]}(x))$$

と定義すれば, 式 (4.12) より

$$\lim_{n \to \infty} \int f_\varepsilon \mathrm{d} P_n = \int f_\varepsilon \mathrm{d} P \tag{4.13}$$

となる. また, f と f_ε の積分の差を評価すると, $C := \sup_{x \in \mathbb{R}} |f(x)| < \infty$ として

$$\left| \int (f - f_\varepsilon) \mathrm{d} P_n \right|$$

$$\leq \int_{-\infty}^{a} |f - f_\varepsilon| \mathrm{d} P_n + \sum_{i=0}^{k-1} \int_{a_i}^{a_{i+1}} |f - f_\varepsilon| \mathrm{d} P_n + \int_{b}^{\infty} |f - f_\varepsilon| \mathrm{d} P_n$$

$$\leq C F_n(a) + \varepsilon \sum_{i=0}^{k-1} (F_n(a_{i+1}) - F_n(a_i)) + C(1 - F_n(b))$$

$$\leq (4C + 1)\varepsilon, \tag{4.14}$$

同様に

$$\left| \int (f - f_\varepsilon) \mathrm{d} P \right| \leq (2C + 1)\varepsilon \tag{4.15}$$

が成り立つ. 式 (4.13), (4.14), (4.15) から,

$$\limsup_{n \to \infty} \left| \int f \mathrm{d} P_n - \int f \mathrm{d} P \right|$$

$$\leq \limsup_{n \to \infty} \left| \int (f - f_\varepsilon) \mathrm{d} P_n \right| + \limsup_{n \to \infty} \left| \int f_\varepsilon \mathrm{d} P_n - \int f_\varepsilon \mathrm{d} P \right| + \left| \int (f - f_\varepsilon) \mathrm{d} P \right|$$

$$\leq (6C + 2)\varepsilon$$

を得る. $\varepsilon > 0$ は任意だったので, $\lim_{n \to \infty} \int f \mathrm{d} P_n = \int f \mathrm{d} P$ である. 以上で 1 次元の場合が証明された.

多次元 Euclid 空間の場合も, 区間を直方体に置き換えて考えることによりほぼ同様に示される. ここでは F の連続点が $\mathbb{R}^k$ で稠密であることだけ示しておく. F の周辺分布関数を $F_1, \ldots, F_k$ とおけば, 任意の $t = (t_1, \ldots, t_k), t' = (t'_1, \ldots, t'_k) \in \mathbb{R}^k$ に対して

$$|F(t'_1, \ldots, t'_k) - F(t_1, \ldots, t_k)|$$

$$= \left| \sum_{i=1}^{k} \{ F(t'_1, \ldots, t'_{i-1}, t'_i, t_{i+1}, \ldots, t_k) - F(t'_1, \ldots, t'_{i-1}, t_i, t_{i+1}, \ldots, t_k) \} \right|$$

$$\leq \sum_{i=1}^{k} |F(t'_1, \ldots, t'_{i-1}, t'_i, t_{i+1}, \ldots, t_k) - F(t'_1, \ldots, t'_{i-1}, t_i, t_{i+1}, \ldots, t_k)|$$

$$\leq \sum_{i=1}^{k} |F_i(t'_i) - F_i(t_i)|$$

となる. 各 F_i の連続点全体の集合を $D_i \subset \mathbb{R}$ とおけば, 上の不等式から, F の連続点全体の集合は $\prod_{i=1}^{k} D_i$ を含む. D_i は $\mathbb{R}$ で稠密であるから, $\prod_{i=1}^{k} D_i$ は $\mathbb{R}^k$ で稠密である. よって F の連続点は稠密である. ■

分布関数 F_n に対応する確率測度 P_n が, 分布関数 F に対応する確率測度 P に弱収束するとき, F_n は F に弱収束, 分布収束, あるいは法則収束するといい,

$$F_n \rightsquigarrow F$$

と表す. また, 確率変数 X_n の確率分布 P_n が確率変数 X の確率分布 P に弱収束するとき, X_n は X に弱収束, 分布収束, あるいは法則収束するといい,

$$X_n \rightsquigarrow X$$

のように表す. また,

$$X_n \rightsquigarrow P, \quad X_n \rightsquigarrow F$$

のような表記も用いる.

例 4.7 $\mathbb{R}$ 上の分布関数を考える.

$$F_n(x) := \begin{cases} 1 & (x \geq 1/n) \\ 0 & (x < 1/n) \end{cases}, \quad F(x) := \begin{cases} 1 & (x \geq 0) \\ 0 & (x < 0) \end{cases}$$

のとき, $x = 0$ は F の連続点ではない. このとき,

$$\lim_{n \to \infty} F_n(0) = 0 \neq F(0) = 1.$$

だが, $F_n \rightsquigarrow F$ は成立している. ◁

例 4.8 [Poisson の小数の法則] $\lambda > 0$ とし, P_n を成功確率 λ/n の二項分布

$$P_n(X = x) = \frac{n!}{x!(n-x)!}(\lambda/n)^x(1-\lambda/n)^{n-x}, \quad x = 0, \ldots, n$$

とする。また、P をパラメータ λ の Poisson 分布

$$P(X = x) = \frac{\lambda^x \mathrm{e}^{-\lambda}}{x!}, \quad x = 0, 1, \ldots$$

とする。このとき、P_n が P に弱収束することを示そう。各 $x = 0, 1, \ldots$ に対し、$P_n(X = x) \to P(X = x)$ であることを示せば十分である。実際、

$$\begin{aligned}
P_n(X = x) &= \frac{n!}{x!(n-x)!}(\lambda/n)^x(1 - \lambda/n)^{n-x} \\
&= \frac{n(n-1)\cdots(n-x+1)\lambda^x}{x!n^x}(1 - \lambda/n)^n(1 - \lambda/n)^{-x} \\
&\to \frac{\lambda^x}{x!}\mathrm{e}^{-\lambda}
\end{aligned}$$

となる。   ◁

例 4.9 例題 4.6 において、P_n に対応する分布関数は $F_n(x) = [nx]/n \, (0 < x < 1)$ と書ける。また、$[0, 1]$ 上の Lebesgue 測度に対応する分布関数は $F(x) = x \, (0 < x < 1)$ である。よって、すべての $0 < x < 1$ に対して $F_n(x)$ が $F(x)$ に収束することがわかる。$x \leq 0$ や $x \geq 1$ の場合については自明であろう。   ◁

確率変数の弱収束に関して次の定理が成り立つ。弱収束する確率変数列に対し、連続関数を適用しても弱収束することを述べている。

定理 4.18 (連続写像定理) X_n は k 次元確率変数ベクトルの列とし、$X_n \rightsquigarrow X$ とする。このとき $f : \mathbb{R}^k \to \mathbb{R}^m$ が連続関数ならば $f(X_n) \rightsquigarrow f(X)$ となる。

(証明) X_n の分布を P_n、X の分布を P とする。弱収束の定義から、任意の有界連続関数 $h : \mathbb{R}^m \to \mathbb{R}$ に対して $\int h(f(x))\mathrm{d}P_n \to \int h(f(x))\mathrm{d}P$ が成り立つことを示せばよい。実際、合成関数 $h(f(x))$ は $\mathbb{R}^k$ 上の有界連続関数であるから、これは成り立つ。   ■

確率収束との関係は次の通りである。

定理 4.19 ある確率空間 $(\Omega, \mathcal{F}, P)$ 上の確率変数列 $X_n \, (n = 1, 2, 3, \ldots)$ が確率変数 X に確率収束するとする。このとき、X_n は X に弱収束する。

(証明)　X_n の分布関数を F_n, X の分布関数を F とし, x を F の連続点とする. 任意の $\varepsilon > 0$ に対し, 包含関係

$$\{X_n \leq x\} \subset \{X \leq x + \varepsilon\} \cup \{|X_n - X| > \varepsilon\}$$

が成り立つので

$$F_n(x) \leq F(x + \varepsilon) + P(|X_n - X| > \varepsilon)$$

となる. 両辺の上極限をとると, X_n が X に確率収束するという仮定から

$$\limsup_{n \to \infty} F_n(x) \leq F(x + \varepsilon)$$

となる. 同様に, 包含関係

$$\{X \leq x - \varepsilon\} \subset \{X_n \leq x\} \cup \{|X_n - X| \geq \varepsilon\}$$

より

$$F(x - \varepsilon) \leq F_n(x) + P(|X_n - X| \geq \varepsilon)$$

が成り立ち, 両辺の下極限をとると

$$F(x - \varepsilon) \leq \liminf_{n \to \infty} F_n(x)$$

となる. 最後に $\varepsilon \to 0$ とすれば, x が連続点であることより $\lim_n F_n(x) = F(x)$ を得る. ∎

4.4.2　極値分布

　確率的な現象のリスクを考えるとき等には, 確率変数列の平均値周辺の挙動よりも最大値の分布が問題になることがある.

　確率変数 $X_1, X_2, \ldots, X_n$ が独立に分布関数 $G(x)$ をもつ確率分布に従うとき, 最大値 $M_n := \max\{X_1, X_2, \ldots, X_n\}$ の確率分布の分布関数 F_n は,

$$F_n(x) := P(M_n \leq x) = \prod_{i=1}^{n} P(X_i \leq x) = G^n(x)$$

となる. 最大値の分布を**極値分布**とよぶ.

例 4.10 期待値 $1/\alpha$ $(\alpha > 0)$ の指数分布の分布関数は,

$$G(x) = \begin{cases} 1 - \mathrm{e}^{-\alpha x} & (x \geq 0), \\ 0 & (x < 0). \end{cases}$$

確率変数 $X_1, X_2, \ldots, X_n$ が独立に期待値 $1/\alpha$ の指数分布に従うとき, 最大値 M_n の確率分布の分布関数 F_n は,

$$F_n(x) = \begin{cases} (1 - \mathrm{e}^{-\alpha x})^n & (x \geq 0), \\ 0 & (x < 0). \end{cases}$$

ここで $n \to \infty$ の極限をとると, 任意の x に対し, $\lim_{n \to \infty} F_n(x) = 0$ となり, F_n は確率分布関数には弱収束しないことがわかる. このことは, $n \to \infty$ の極限では, M_n が無限に大きな値をとるようになることに対応している.

しかし, 確率変数 $M_n - \alpha^{-1} \log n$ を考えると, その分布関数は,

$$P(M_n - \alpha^{-1} \log n \leq x) = P(M_n \leq x + \alpha^{-1} \log n)$$
$$= \begin{cases} \{1 - \mathrm{e}^{-(\alpha x + \log n)}\}^n & (x \geq -\alpha^{-1} \log n), \\ 0 & (x < -\alpha^{-1} \log n). \end{cases}$$

ここで, $\{1 - \mathrm{e}^{-(\alpha x + \log n)}\}^n = \{1 - (1/n)\mathrm{e}^{-\alpha x}\}^n \to \mathrm{e}^{-\mathrm{e}^{-\alpha x}}$ $(n \to \infty)$ となり,

$$F(x) := \mathrm{e}^{-\mathrm{e}^{-\alpha x}} \quad (x \in \mathbb{R})$$

は確率分布関数なので, $M_n - \alpha^{-1} \log n$ の分布の分布関数は, $F(x)$ に弱収束することがいえる. すなわち,

$$M_n - \alpha^{-1} \log n \rightsquigarrow F(x)$$

である. このことから, n が大きいとき, 確率変数 $M_n - \alpha^{-1} \log n$ の分布は $F(x)$ で近似できることがわかる. ここで $-\alpha^{-1} \log n \downarrow -\infty$ であり, $F(x)$ のサポートが $\mathbb{R}$ 全域であることに注意する. $F(x)$ は **Gumbel (ガンベル) 分布**とよばれる.

$\triangleleft$

例 4.10 で見たように, 確率論では確率変数列 Z_n で $n \to \infty$ の極限での分布を考えるとき, Z_n も無限に大きい値をとるようになったり, あるいは 1 点に退化したりする場合がある. そこで適当な実数列 a_n, b_n をとり, Z_n の代わりに, 確率変

数列 $(Z_n - b_n)/a_n$ の分布の極限を考えることがよく行われる. 上の例は, $a_n = 1$, $b_n = \alpha^{-1} \log n$ の場合である.

例 4.11 $\alpha > 0$ として, 確率分布関数

$$G(x) = \begin{cases} 1 - x^{-\alpha} & (x \geq 1), \\ 0 & (x < 1) \end{cases}$$

により定まる確率分布に従う n 個の独立な確率変数 $X_1, X_2, \ldots, X_n$ の最大値を M_n とする. なお, この G が表す分布は Pareto (パレート) 分布とよばれる. M_n の確率分布はやはり確率分布関数には弱収束しないことが示される. 代わりに $n^{-1/\alpha} M_n$ を考えると, その分布関数は,

$$F(x) = \begin{cases} \mathrm{e}^{-x^{-\alpha}} & (x > 0), \\ 0 & (x \leq 0) \end{cases}$$

に弱収束することが示される. $F(x)$ は **Fréchet (フレシェ) 分布**とよばれる. この場合は, $a_n = n^{1/\alpha}$, $b_n = 0$ である. ◁

例 4.12 $\alpha > 0$ として, 確率分布関数

$$G(x) = \begin{cases} 1 & (x \geq 1) \\ 1 - (1-x)^{\alpha} & (0 \leq x < 1), \\ 0 & (x < 0). \end{cases}$$

について考える. これはベータ分布の特殊な場合である. 最大値 M_n の確率分布の分布関数 F_n は, 値 1 に退化した分布に収束することが示される. 代わりに $n^{1/\alpha}(M_n - 1)$ を考えると, その分布関数は,

$$F(x) = \begin{cases} 1 & (x \geq 0), \\ \mathrm{e}^{-(-x)^{\alpha}} & (x < 0) \end{cases}$$

に弱収束することが示される. これは **Weibull (ワイブル) 分布**あるいは Weibull 型の分布とよばれる分布になっている (確率変数 Z の確率分布関数が上で与えられた $F(x)$ のとき, Z は負の値しかとらない. 実際には, $-Z$ の分布を Weibull 分布とよぶことが多い). ◁

以上の 3 例では特殊な分布に基づく極値分布の極限分布を導出した. 実は, 極値分布の極限分布としては, 本質的にこの 3 種類だけしか現れないことが知られ

ている. この驚くような結果は, 極値分布がもとの分布の右側の裾の落ち方の挙動だけで決まることによっている[14]. 以下に定理として述べておこう.

定理 4.20 確率分布関数 $G(x)$ に独立に従う確率変数 $X_1, \ldots, X_n$ があり, それらの最大値を M_n とおく. もし, ある実数列 a_n, b_n が存在して, $(M_n - b_n)/a_n$ が退化しない分布に収束するならば, その分布収束先は (位置と尺度を適切に調整すれば) Gumbel 分布, Fréchet 分布, Weibull 分布のいずれかになる.

(証明) 証明は [13, Theorem 1.1.3] にならう. 簡単のためここではいくつか仮定を追加する. まず, $G(x)$ は連続で, ある区間 (l, r) において微分可能かつ $G'(x) > 0$ とし, 区間 $(-\infty, l]$ では $G(x) = 0$, $[r, \infty)$ では $G(x) = 1$ とする. ただし $l = -\infty$ や $r = \infty$ でもよい. また l や r においては G は微分不可能でもよい. このとき, $\tilde{G}(x) = 1/(-\log G(x))$ で定義される関数 $\tilde{G}(x)$ は (l, r) から $(0, \infty)$ への単調増加関数となる. また, 収束先の分布 $H(x)$ も (区間 (l, r) の違いを除いて) 同じ条件を満たすと仮定し, $\tilde{H}(x) = 1/(-\log H(x))$ とおく.

さて, $(M_n - b_n)/a_n$ の分布は $\{G(a_n x + b_n)\}^n$ である. 仮定より, ある非退化な分布 $H(x)$ が存在して

$$\lim_{n \to \infty} \{G(a_n x + b_n)\}^n = H(x) \tag{4.16}$$

となる. よって

$$\lim_{n \to \infty} \frac{1}{n} \tilde{G}(a_n x + b_n) = \tilde{H}(x)$$

が成り立つ. 必要ならば a_n, b_n を取り替えることにより, $\tilde{H}(0) = 1$, $\tilde{H}'(0) = 1$ として一般性を失わない. さらに, 式 (4.16) を満たすようにしつつ, a_n, b_n の添字 n を整数から実数に拡張することができる (詳細は略す). 一般に, 連続な単調増加関数の列が収束すれば, その逆関数の列も収束するから,

$$\lim_{n \to \infty} \frac{\tilde{G}^{-1}(ny) - b_n}{a_n} = \tilde{H}^{-1}(y), \quad y \in (0, \infty)$$

となる. $\tilde{H}^{-1}(1) = 0$ に注意すれば

$$\tilde{H}^{-1}(y) = \lim_{n \to \infty} \frac{\tilde{G}^{-1}(ny) - \tilde{G}^{-1}(n)}{a_n}$$

となる. よって, $h(y) = \tilde{H}^{-1}(y)$ とおくと, 任意の $x, y > 0$ に対して

$$h(xy) = \lim_{n \to \infty} \frac{\tilde{G}^{-1}(nxy) - \tilde{G}^{-1}(n)}{a_n}$$

$$= \lim_{n \to \infty} \frac{\tilde{G}^{-1}(nxy) - \tilde{G}^{-1}(nx)}{a_{nx}} \frac{a_{nx}}{a_n} + \lim_{n \to \infty} \frac{\tilde{G}^{-1}(nx) - \tilde{G}^{-1}(n)}{a_n}$$

$$= h(y) \lim_{n \to \infty} \frac{a_{nx}}{a_n} + h(x)$$

$$=: h(y)A(x) + h(x)$$

となる. 両辺を x で微分し, $x = 1$ とおくと,

$$yh'(y) = h(y)A'(1) + 1$$

となる. ただし $h'(1) = (\tilde{H}^{-1})'(1) = 1/\tilde{H}'(0) = 1$ であることを用いた. さらに $\gamma = A'(1)$ とおき, 上の式を $h(y)$ についての微分方程式と見たとき, 初期条件 $h(1) = \tilde{H}^{-1}(1) = 0$ のもとでの解は

$$h(y) = \frac{y^\gamma - 1}{\gamma}$$

となる. ただし $\gamma = 0$ のときは $\gamma \to 0$ における極限と考える. すると, $h(y) = \tilde{H}^{-1}(y)$, $\tilde{H}(x) = 1/(-\log H(x))$ だったから,

$$H(x) = \exp\left(-(1 + \gamma x)^{-1/\gamma}\right)$$

となる. ただし x は $1 + \gamma x > 0$ を満たすものに限る. この分布 $H(x)$ は, 位置 と尺度を適当に調節することにより, $\gamma > 0$ のとき Fréchet 分布, $\gamma = 0$ のとき Gumbel 分布, $\gamma < 0$ のとき Weibull 分布となることが確かめられる. ■

4.4.3 特 性 関 数

確率分布の弱収束を考える際に, 強力な道具となるのが特性関数である. 中心 極限定理は, まず, 二項分布などの特別な場合に直接分布を扱う方法による証明 が与えられた. しかし, 1900 年ごろ Lyapunov により始められた特性関数を用い たアプローチにより, 統一的な証明を見通しよく与えることが可能になった.

定義 4.16 確率変数 X に対し定まる, 実数 λ の関数

$$\phi(\lambda) = \mathrm{E}(\mathrm{e}^{\mathrm{i}\lambda X})$$

を X の**特性関数**とよぶ. ここで i は虚数単位である. $|\mathrm{e}^{\mathrm{i}\lambda x}| = 1$ だから右辺の期 待値は常に存在する.

注意 4.10　$f(x)$ が複素数値関数であるときには，実部 $\mathrm{Re}f(x)$, 虚部 $\mathrm{Im}f(x)$ がともに可積分であるときに限って $f(x)$ は可積分であるといい，

$$\int f(x)\mathrm{d}P = \int \mathrm{Re}f(x)\mathrm{d}P + \mathrm{i}\int \mathrm{Im}f(x)\mathrm{d}P$$

により f の積分を定義する．可積分性は $\int |f|\mathrm{d}P < \infty$ と書くことができる．Lebesgue の収束定理 (定理 4.6) 等が複素数値関数についても実数値関数の場合と同様に成立することはこの積分の定義から容易に確認できる．　　　　　◁

補題 4.4　$\phi(\lambda)$ はある確率変数の特性関数であるとするとき，$\phi(0) = 1$ であり，任意の実数 λ に対し $|\phi(\lambda)| \leq 1$ である．また，ϕ は実数上の関数として一様連続である．

(証明)　まず $\phi(0) = \int \mathrm{d}P(x) = 1$ である．また，任意の実数 λ に対し

$$|\phi(\lambda)| = \left| \int \mathrm{e}^{\mathrm{i}\lambda x}\mathrm{d}P(x) \right| \leq \int |\mathrm{e}^{\mathrm{i}\lambda x}|\mathrm{d}P(x) = \int \mathrm{d}P(x) = 1$$

が成り立つ．最後に一様連続性を示す．任意の実数 λ, μ に対して

$$|\phi(\lambda) - \phi(\mu)| \leq \int |\mathrm{e}^{\mathrm{i}\lambda x} - \mathrm{e}^{\mathrm{i}\mu x}|\mathrm{d}P(x) = \int |\mathrm{e}^{\mathrm{i}(\lambda-\mu)x} - 1|\mathrm{d}P(x)$$

であるから，$\lim_{\epsilon \to 0} \int |\mathrm{e}^{\mathrm{i}\epsilon x} - 1|\mathrm{d}P(x) = 0$ を示せばよい．これは，$|\mathrm{e}^{\mathrm{i}\epsilon x} - 1| \leq 2$ と Lebesgue の収束定理 (定理 4.6) から得られる．　　　　　∎

例題 4.7　正規分布 $\mathrm{N}(\mu, \sigma^2)$ の密度関数は

$$f(x; \mu, \sigma) = \frac{1}{\sqrt{2\pi\sigma^2}}\mathrm{e}^{-(x-\mu)^2/(2\sigma^2)}$$

である．特性関数は，

$$\phi(\lambda) = \int_{-\infty}^{\infty} \mathrm{e}^{\mathrm{i}\lambda x}\frac{1}{\sqrt{2\pi\sigma^2}}\exp\left(-\frac{1}{2\sigma^2}(x-\mu)^2\right)\mathrm{d}x = \mathrm{e}^{\mathrm{i}\lambda\mu - \frac{\sigma^2\lambda^2}{2}}$$

となることを示せ．　　　　　◁

(解)　$\mu = 0$, $\sigma^2 = 1$ のときだけ示せば，他の場合は置換積分によって容易に導かれる．また，分布の対称性から $\lambda > 0$ について計算すれば十分である．すると

$$\phi(\lambda) = \int_{-\infty}^{\infty} \frac{\mathrm{e}^{\mathrm{i}\lambda x - x^2/2}}{\sqrt{2\pi}}\mathrm{d}x = \int_{-\infty}^{\infty} \frac{\mathrm{e}^{-(x-\mathrm{i}\lambda)^2/2 - \lambda^2/2}}{\sqrt{2\pi}}\mathrm{d}x$$

$$= \int_{-\infty}^{\infty} \frac{\mathrm{e}^{-x^2/2-\lambda^2/2}}{\sqrt{2\pi}} \mathrm{d}x = \mathrm{e}^{-\lambda^2/2}$$

となる. ただし 3 つ目の等号に留数定理を用いている (次の例題も参照せよ).

例題 4.8 Cauchy 分布は, 密度関数が,

$$f(x) := \frac{1}{\pi} \frac{c}{x^2 + c^2} \quad (c > 0)$$

で与えられる確率分布である. Cauchy 分布の特性関数が,

$$\phi(\lambda) = \mathrm{e}^{-c|\lambda|}$$

となることを示せ. ◁

(解) $c = 1$ のときに示せば, 他の場合は置換積分によりすぐに導かれる. また, $\lambda > 0$ のときに $\phi(\lambda) = \mathrm{e}^{-\lambda}$ であることを示せば, 分布の対称性から $\phi(\lambda) = \mathrm{e}^{-|\lambda|}$ であることがわかる. よって $\lambda > 0$ とする. すると

$$\phi(\lambda) = \int \frac{\mathrm{e}^{\mathrm{i}\lambda x}}{\pi(x^2 + 1)} \mathrm{d}x = \lim_{R \to \infty} \int_{-R}^{R} \frac{\mathrm{e}^{\mathrm{i}\lambda x}}{\pi(x^2 + 1)} \mathrm{d}x$$

である. ここで, 複素積分の積分路として $\Gamma_1 \colon z = t \ (-R \le t \le R)$, $\Gamma_2 \colon z = R\mathrm{e}^{\mathrm{i}\theta}$ $(0 < \theta < \pi)$ を考えると, 留数定理より $(R > 1$ のとき$)$

$$\oint_{\Gamma_1 + \Gamma_2} \frac{\mathrm{e}^{\mathrm{i}\lambda z}}{\pi(z^2 + 1)} \mathrm{d}z = \lim_{z \to \mathrm{i}} \frac{2\pi\mathrm{i}(z - \mathrm{i})\mathrm{e}^{\mathrm{i}\lambda z}}{\pi(z^2 + 1)} = \mathrm{e}^{-\lambda}$$

となる. 一方, Γ_2 における積分を評価すると

$$\left| \int_{\Gamma_2} \frac{\mathrm{e}^{\mathrm{i}\lambda z}}{\pi(z^2 + 1)} \mathrm{d}z \right| \le \int_0^{\pi} \left| \frac{\mathrm{e}^{\mathrm{i}\lambda R\mathrm{e}^{\mathrm{i}\theta}} \mathrm{i}R\mathrm{e}^{\mathrm{i}\theta}}{\pi(R^2\mathrm{e}^{2\mathrm{i}\theta} + 1)} \right| \mathrm{d}\theta = \int_0^{\pi} \frac{R\mathrm{e}^{-\lambda R\sin\theta}}{\pi|R^2 + \mathrm{e}^{-2\mathrm{i}\theta}|} \mathrm{d}\theta$$

$$\le \int_0^{\pi} \frac{R}{\pi(R^2 - 1)} \mathrm{d}\theta = \frac{R}{R^2 - 1} \to 0 \quad (R \to \infty)$$

となる. よって,

$$\phi(\lambda) = \lim_{R \to \infty} \int_{\Gamma_1} \frac{\mathrm{e}^{\mathrm{i}\lambda z}}{\pi(z^2 + 1)} \mathrm{d}z = \mathrm{e}^{-\lambda}$$

を得る.

独立な確率変数の和の特性関数に関する次の事実は, 容易に示すことができる.

補題 4.5 独立な確率変数 $X_1, X_2, \ldots, X_n$ の特性関数が $\phi_1(\lambda), \phi_2(\lambda), \ldots, \phi_n(\lambda)$ であるとき, 確率変数 $S_n = X_1 + X_2 + \cdots + X_n$ の特性関数 $\psi(\lambda)$ は

$$\psi(\lambda) = \mathrm{E}(\mathrm{e}^{\mathrm{i}\lambda S_n}) = \prod_{i=1}^{n} \phi_i(\lambda)$$

となる.

次の定理により, 確率分布と特性関数とは 1 対 1 に対応することがわかる.

定理 4.21 (Lévy の反転公式) F を $\mathbb{R}$ 上のある確率測度の分布関数, ϕ をその特性関数とする. α, β $(\alpha < \beta)$ を F の連続点とする. このとき,

$$F(\beta) - F(\alpha) = \lim_{\sigma \to 0+} \frac{1}{2\pi} \int_{-\infty}^{\infty} \phi(\lambda) \mathrm{e}^{-\frac{\sigma^2 \lambda^2}{2}} \frac{\mathrm{e}^{-\mathrm{i}\lambda\beta} - \mathrm{e}^{-\mathrm{i}\lambda\alpha}}{-\mathrm{i}\lambda} \mathrm{d}\lambda$$

が成り立つ.

反転公式の証明を与える前にいくつか注意を与えておく.

注意 4.11 $\mathbb{R}$ 上の関数 f が $\mathrm{L}^1 = \{f : \int_{-\infty}^{\infty} |f(x)| \mathrm{d}x < \infty\}$ に属し, その Fourier 変換

$$\phi(\lambda) = \int_{-\infty}^{\infty} f(x) \mathrm{e}^{\mathrm{i}\lambda x} \mathrm{d}x \tag{4.17}$$

も L^1 に属すとき,

$$f(x) = \frac{1}{2\pi} \int_{-\infty}^{\infty} \phi(\lambda) \mathrm{e}^{-\mathrm{i}\lambda x} \mathrm{d}\lambda \tag{4.18}$$

となることはよく知られており, 式 (4.18) は Fourier 逆変換とよばれている. この場合, 式 (4.18) の両辺を $x = \alpha$ から $x = \beta$ まで積分すれば, 反転公式を直接導くことができる. ◁

注意 4.12 反転公式は, $\alpha < \beta$ を F の連続点として,

$$F(\beta) - F(\alpha) = \lim_{T \to \infty} \frac{1}{2\pi} \int_{-T}^{T} \phi(\lambda) \frac{\mathrm{e}^{-\mathrm{i}\lambda\beta} - \mathrm{e}^{-\mathrm{i}\lambda\alpha}}{-\mathrm{i}\lambda} \mathrm{d}\lambda \tag{4.19}$$

の形で書かれることも多い. ◁

　確率分布が密度関数をもつとき，特性関数は Fourier 変換 (4.17) にほかならない．Fourier 逆変換が存在すれば，特性関数からもとの密度関数を復元できることになる．

　ただ，一般に確率分布は密度関数をもつとは限らず，密度関数が存在する場合であっても，特性関数 ϕ が L^1 に属するとは限らない．確率分布と特性関数が 1 対 1 に対応することを示すためにはこの問題を回避する必要がある．それをうまく解決するのが Lévy の反転公式である．

　以下の証明では，小さい分散をもつ正規分布とのたたみ込みを用いることによって，注意 4.11 にある L^1 に関する事実を前提とせず，反転公式の証明が完結している．

(証明) 分布関数 F をもつ確率変数を X とし，それとは独立に標準正規分布に従う確率変数を Z とする．以下では，まず $\sigma > 0$ を定数として確率変数 $X + \sigma Z$ に対する反転公式を導き，$\sigma \to 0+$ における極限によって一般の場合を示す．

　まず，系 4.3 より，$X + \sigma Z$ の密度関数は

$$f_\sigma(x) = \int_{-\infty}^\infty \frac{1}{\sqrt{2\pi}\sigma} \mathrm{e}^{-\frac{(x-u)^2}{2\sigma^2}} \mathrm{d}F(u) \tag{4.20}$$

と書ける．式 (4.20) の特性関数 ϕ_σ は，σZ の特性関数が $\mathrm{e}^{-\sigma^2\lambda^2/2}$ であることから，

$$\phi_\sigma(\lambda) = \mathrm{e}^{-\frac{\sigma^2\lambda^2}{2}} \phi(\lambda) \tag{4.21}$$

となる．この特性関数のフーリエ逆変換をとってみよう．式 (4.21) は，$|\phi(\lambda)| \leq 1$ であるから，可積分 (言い換えると L^1 の要素) なので，Fourier 逆変換をとることができて，

$$
\begin{aligned}
\frac{1}{2\pi} \int_{-\infty}^\infty \mathrm{e}^{-\mathrm{i}\lambda x} \phi_\sigma(\lambda) \mathrm{d}\lambda &= \frac{1}{2\pi} \int_{-\infty}^\infty \mathrm{e}^{-\mathrm{i}\lambda x} \mathrm{e}^{-\frac{\sigma^2\lambda^2}{2}} \phi(\lambda) \mathrm{d}\lambda \\
&= \frac{1}{2\pi} \int_{-\infty}^\infty \mathrm{e}^{-\mathrm{i}\lambda x} \mathrm{e}^{-\frac{\sigma^2\lambda^2}{2}} \int_{-\infty}^\infty \mathrm{e}^{\mathrm{i}\lambda u} \mathrm{d}F(u) \mathrm{d}\lambda \\
&= \int_{-\infty}^\infty \frac{1}{2\pi} \int_{-\infty}^\infty \mathrm{e}^{\mathrm{i}\lambda(u-x)} \mathrm{e}^{-\frac{\sigma^2\lambda^2}{2}} \mathrm{d}\lambda \mathrm{d}F(u) \tag{4.22} \\
&= \int_{-\infty}^\infty \frac{1}{\sqrt{2\pi}\sigma} \mathrm{e}^{-\frac{(x-u)^2}{2\sigma^2}} \mathrm{d}F(u) = f_\sigma(x) \tag{4.23}
\end{aligned}
$$

となる．式 (4.22) で Fubini の定理を使った．式 (4.23) は ϕ_σ を Fourier 逆変換して，密度関数 f_σ に戻す式になっている．このことから，$X + \sigma Z$ については，普通の Fourier 変換，Fourier 逆変換の公式がそのまま使えることが確認できた．

さて，密度関数 f_σ に対応する分布関数を F_σ とおけば，式 (4.23) より，任意の α, β に対して

$$F_\sigma(\beta) - F_\sigma(\alpha) = \int_\alpha^\beta f_\sigma(x)\mathrm{d}x = \int_\alpha^\beta \frac{1}{2\pi} \int_{-\infty}^\infty \mathrm{e}^{-\mathrm{i}\lambda x} \mathrm{e}^{-\frac{\sigma^2\lambda^2}{2}} \phi(\lambda)\mathrm{d}\lambda\mathrm{d}x$$

$$= \frac{1}{2\pi} \int_{-\infty}^\infty \left(\int_\alpha^\beta \mathrm{e}^{-\mathrm{i}\lambda x}\mathrm{d}x \right) \mathrm{e}^{-\frac{\sigma^2\lambda^2}{2}} \phi(\lambda)\mathrm{d}\lambda \qquad (4.24)$$

$$= \frac{1}{2\pi} \int_{-\infty}^\infty \mathrm{e}^{-\frac{\sigma^2\lambda^2}{2}} \phi(\lambda) \frac{\mathrm{e}^{-\mathrm{i}\lambda\beta} - \mathrm{e}^{-\mathrm{i}\lambda\alpha}}{-\mathrm{i}\lambda}\mathrm{d}\lambda \qquad (4.25)$$

となる．式 (4.24) で再び Fubini の定理を使った．

最後に，$\sigma \to 0+$ の極限では，$X + \sigma Z$ は X に確率収束することは容易に示せる．確率収束すれば弱収束するという関係から，

$$F_\sigma \rightsquigarrow F \quad (\sigma \to 0+)$$

がいえる．したがって，α, β を F の連続点とすれば，式 (4.25) より，

$$F(\beta) - F(\alpha) = \lim_{\sigma \to 0+} \frac{1}{2\pi} \int_{-\infty}^\infty \phi(\lambda)\mathrm{e}^{-\frac{\sigma^2\lambda^2}{2}} \frac{\mathrm{e}^{-\mathrm{i}\lambda\beta} - \mathrm{e}^{-\mathrm{i}\lambda\alpha}}{-\mathrm{i}\lambda}\mathrm{d}\lambda$$

がいえる．∎

系 4.6 $\mathbb{R}$ 上の確率測度 P と Q それぞれの特性関数が等しければ，確率測度 P と Q は等しい．

例 4.13 [安定分布] $X_1, X_2, \ldots, X_n$ が平均 0, 分散 1 の正規分布 $\mathrm{N}(0,1)$ に独立に従うとき，$\sum_{i=1}^n X_i/\sqrt{n}$ の従う分布は $\mathrm{N}(0,1)$ となる．実際，正規分布 $\mathrm{N}(\mu, \sigma^2)$ の特性関数は $\mathrm{e}^{\mathrm{i}\lambda\mu - \lambda^2\sigma^2/2}$ であるから，

$$\mathrm{E}\left(\mathrm{e}^{\mathrm{i}\lambda \sum_{i=1}^n X_i/\sqrt{n}} \right) = \prod_{i=1}^n \mathrm{E}\left(\mathrm{e}^{\mathrm{i}\lambda X_i/\sqrt{n}} \right) = \prod_{i=1}^n \mathrm{e}^{-\lambda^2/2n} = \mathrm{e}^{-\lambda^2/2}$$

となる．よって $\sum_{i=1}^n X_i/\sqrt{n}$ は $\mathrm{N}(0,1)$ に従う．同様に，$X_1, X_2, \ldots, X_n$ が Cauchy 分布に独立に従うとき，$\sum_{i=1}^n X_i/n$ の従う分布は同じ Cauchy 分布となる．このように，独立同一分布に従う確率変数の和を適当にスケーリングすると同じ分布に

従うとき，この分布を**安定分布**という．安定分布や，より広いクラスである無限分解可能分布は，特性関数を使って調べられる[17]．

◁

特性関数を用いると，次の節で述べるように中心極限定理の証明が容易になる．

4.4.4　中心極限定理

特性関数を用いることにより中心極限定理が容易に証明できるようになる．その際，次の連続性定理が本質的である．連続性定理の証明自体は難しいので，その概略のみ 4.4.5 項で述べる．詳細は例えば文献[18, 19]を参照されたい．

定理 4.22 (連続性定理) F_n $(n = 1, 2, \ldots)$ および F を $\mathbb{R}$ 上の確率測度の分布関数，ϕ_n $(n = 1, 2, \ldots)$ および ϕ を対応する特性関数とする．任意の $\lambda \in \mathbb{R}$ に対し $\phi_n(\lambda) \to \phi(\lambda)$ のとき，$F_n \rightsquigarrow F$ が成立する．

注意 4.13 $F_n \rightsquigarrow F$ ならば，任意の $\lambda \in \mathbb{R}$ に対し，$\phi_n(\lambda) \to \phi(\lambda)$ が成立することは，弱収束の定義よりただちにいえる．連続性定理はこの逆を示すものである．

◁

中心極限定理を述べる前に 1 つ補題を与えておく．

補題 4.6 X を特性関数 ϕ をもつ確率変数とする．正の整数 k に対して，モーメント $\mathrm{E}(|X|^k)$ が存在するならば，ϕ は k 階連続微分可能で，

$$\phi^{(k)}(0) = \mathrm{i}^k \mathrm{E}(X^k)$$

が成立する．

(証明) $k = 1$ の場合を示す．$k \geq 2$ の場合も同様の議論を繰り返すことにより示せる．

系 4.4 (微積分の順序交換) を用いる．$\phi(\lambda) = \int \mathrm{e}^{\mathrm{i}\lambda x} dP(x)$ の被積分関数 $\mathrm{e}^{\mathrm{i}\lambda x}$ は λ について微分可能であり，その導関数は $\mathrm{i}x\mathrm{e}^{\mathrm{i}\lambda x}$ である．仮定より

$$\int |x| P(dx) = \mathrm{E}(|X|) < \infty$$

だから, 系 4.4 の条件は満たされ, 微積分の順序交換が可能となる:

$$\phi'(\lambda) = \int \mathrm{i}x \mathrm{e}^{\mathrm{i}\lambda x} \mathrm{d}P(x).$$

特に $\phi'(0) = \mathrm{i}E(X)$ である. また, 補題 4.4 と同様にして, $\phi'(\lambda)$ は λ の連続関数であることがわかる. ■

注意 4.14 k が偶数で $\phi^{(k)}(0)$ が存在すれば $E(|X|^k) < \infty$ となることも知られている[17]. ◁

定理 4.23 (中心極限定理) $X_1, X_2, \ldots$ を平均 μ, 分散 σ^2 の同一の分布に独立に従う確率変数とする. $S_n = X_1 + \cdots + X_n$ とおくと,

$$F_n(x) = P\left(\frac{S_n - n\mu}{\sqrt{n}\sigma} \le x\right) \rightsquigarrow \mathrm{N}(0, 1)$$

が成り立つ.

(証明) $X_i - \mu$ をあらためて X_i と置き直すことにより, $\mu = 0$ と仮定できる. X_i の特性関数を ϕ とおく. このとき, $S_n/\sqrt{n}\sigma$ の特性関数 ϕ_n は,

$$\phi_n(\lambda) = \mathrm{E}\left(\mathrm{e}^{\frac{\mathrm{i}\lambda S_n}{\sqrt{n}\sigma}}\right) = \prod_{k=1}^{n} \mathrm{E}\left(\mathrm{e}^{\frac{\mathrm{i}\lambda X_k}{\sqrt{n}\sigma}}\right) = \left\{\phi\left(\frac{\lambda}{\sqrt{n}\sigma}\right)\right\}^n$$

となる. 補題 4.6 より,

$$\phi'(0) = \mathrm{i}\mu = 0, \quad \phi''(0) = -\sigma^2$$

で $\phi''(\lambda)$ は λ の連続関数だから,

$$\phi(\lambda) = 1 - \frac{\sigma^2}{2}\lambda^2 + \mathrm{o}(\lambda^2)$$

となる. したがって,

$$\phi_n(\lambda) = \left\{\phi\left(\frac{\lambda}{\sqrt{n}\sigma}\right)\right\}^n = \left(1 - \frac{1}{2n}\lambda^2 + \mathrm{o}(n^{-1})\right)^n$$

より,

$$\lim_{n \to \infty} \phi_n(\lambda) = \mathrm{e}^{-\lambda^2/2}$$

が得られる. 右辺は標準正規分布 N(0, 1) の特性関数なので, 連続性定理より, 定理の結果がいえる. ∎

今まで $\mathbb{R}$ 上の確率分布と特性関数の関係について見てきた. 同様に, $\mathbb{R}^k$ ($k \geq 2$) 上の確率分布の場合でも特性関数の方法は強力である.

定義 4.17 X を k 次元確率ベクトル (確率変数が k 個並んだ縦ベクトル), P を X の分布 ($\mathbb{R}^k$ 上の確率測度) とする. また, $\lambda \in \mathbb{R}^k$ とする. このとき,

$$\phi(\lambda) := \mathrm{E}\left(\mathrm{e}^{\mathrm{i}\lambda^\top X}\right) = \int_{\mathbb{R}^k} \mathrm{e}^{\mathrm{i}\lambda^\top x} \mathrm{d}P(x)$$

を X の特性関数とよぶ.

定理 4.24 特性関数 $\phi(\lambda)$ により, $\mathbb{R}^k$ 上の確率測度は一意に決まる.

$\mathbb{R}^k$ ($k \geq 2$) の場合に, 連続性定理についても対応する結果が成立することが知られている.

多次元の場合の中心極限定理についても結果のみ述べておく.

定理 4.25 $X_1, X_2, \ldots$ を平均ベクトル μ, 分散共分散行列 Σ の同一の分布に独立に従う確率変数ベクトルの列とする. $S_n := X_1 + \cdots + X_n$ とおくと, $(S_n - n\mu)/\sqrt{n}$ の分布は N$(0, \Sigma)$ に弱収束する.

4.4.5 連続性定理の証明の概略

この節は飛ばしても差し支えない. 詳細は例えば文献[18, 19]を参照されたい.

(証明) まず, 特性関数の列 $\{\phi_n\}$ が ϕ に各点収束するとき, 対応する確率分布の列 $\{F_n\}$ がタイトであることを示すことができる. $\{F_n\}$ がタイトであるとは, 任意の $\varepsilon > 0$ に対してある $z > 0$ が存在して, すべての n に対して $1 - P_n([-z, z]) \leq \varepsilon$ となることである. ここで P_n は F_n に対応する確率測度である. これと同値な条件は

$$\lim_{z \to \infty} \limsup_{n \to \infty} \{1 - P_n([-z, z])\} = 0$$

である. この性質は次の不等式 (後の補題 4.7) を用いて示される：

$$\frac{1}{\delta}\int_{-\delta}^{\delta}\{1-\phi_n(\lambda)\}\mathrm{d}\lambda \geq 1 - P_n\left(\left[-\frac{2}{\delta},\frac{2}{\delta}\right]\right).$$

実際, この不等式を認めたとき, $n\to\infty$ のもとで左辺は $(1/\delta)\int_{-\delta}^{\delta}\{1-\phi(\lambda)\}\mathrm{d}\lambda$ に収束し (Lebesgue の収束定理), さらに $\delta\to 0$ とすると 0 に収束する (補題 4.4 を使う). よって F_n はタイトである.

一般に, タイトな確率分布列 $\{F_n\}_{n=1}^{\infty}$ に対しては, ある部分列 $\{F_{n_k}\}_{k=1}^{\infty}$ とある分布 $\tilde{F}$ が存在し, $F_{n_k}\rightsquigarrow\tilde{F}$ となることが知られている [18, Theorem 11.1.10]. このとき, ϕ_{n_k} は $\tilde{F}$ の特性関数 $\tilde{\phi}$ に各点収束する. 一方, 仮定から ϕ_{n_k} は ϕ にも各点収束する. よって $\tilde{\phi}=\phi$ であり, 反転公式から $\tilde{F}=F$ である.

最後に F_n 自体が F に弱収束することを背理法によって示す. もし F に弱収束しないとすれば, ある F の連続点 x において $F_n(x)$ が $F(x)$ に収束しないことになる. したがってある部分列 F_{n_k} で $\liminf_{k\to\infty}|F_{n_k}(x)-F(x)|>0$ となるものを選べる. この部分列もタイトなので, さらに部分列をとって弱収束するようにできる. しかしその収束先は F だから矛盾である. 以上で $F_n\rightsquigarrow F$ が示された. ■

証明の中で使われた次の補題は, 特性関数の原点付近の振る舞いと確率測度の裾での振る舞いの対応を示している.

補題 4.7 $\mathbb{R}$ 上の確率測度 P とその特性関数 ϕ に対して次の不等式が成り立つ：

$$\frac{1}{\delta}\int_{-\delta}^{\delta}\{1-\phi(\lambda)\}\mathrm{d}\lambda \geq 1 - P\left(\left[-\frac{2}{\delta},\frac{2}{\delta}\right]\right).$$

(証明) 左辺を変形する：

$$\begin{aligned}
\frac{1}{\delta}\int_{-\delta}^{\delta}\{1-\phi(\lambda)\}\mathrm{d}\lambda &= \frac{1}{\delta}\int_{\mathbb{R}}\int_{-\delta}^{\delta}\{1-\mathrm{e}^{\mathrm{i}\lambda x}\}\mathrm{d}\lambda P(\mathrm{d}x)\\
&= \frac{1}{\delta}\int_{\mathbb{R}}\left(2\delta - \frac{\mathrm{e}^{\mathrm{i}\delta x}-\mathrm{e}^{-\mathrm{i}\delta x}}{\mathrm{i}x}\right)P(\mathrm{d}x)\\
&= \int_{\mathbb{R}}2\left(1-\frac{\sin(\delta x)}{\delta x}\right)P(\mathrm{d}x)\\
&\geq \int_{|x|>2/\delta}P(\mathrm{d}x).
\end{aligned}$$

最後の不等式は, $|y|>2$ のとき $1-\sin y/y > 1/2$ となること, および y 全域で $1-\sin y/y \geq 0$ となることを用いている. ■

4.5　条 件 付 期 待 値

4.5.1　測度論的な条件付期待値の定義

今まで，独立な確率変数の最大値や和の確率分布について考えてきた．確率過程などのもっと一般の確率システムを扱うためには，独立でない確率変数の組について考える必要がある．そのために必要となるのが，条件付確率や条件付期待値の概念である．(測度論的な) 確率論での条件付期待値の定義は，初めて見る人にはやや取り付きにくいところがあるが，是が非でも理解するべき大変重要なポイントなので考え方によく慣れておく必要がある．

まず，確率変数から生成される σ-加法族を定義する．

定義 4.18 確率空間 $(\Omega, \mathcal{F}, P)$ 上の確率変数 $X_\lambda : \Omega \to \mathbb{R}$ の集合 $\{X_\lambda : \lambda \in \Lambda\}$ (Λ は任意の添字集合，λ は添字) に対し，すべての X_λ が可測となるような最小の σ-加法族を X_λ ($\lambda \in \Lambda$) の**生成する** σ-加法族とよび，$\sigma(X_\lambda : \lambda \in \Lambda)$ と表す．

1 つの確率変数 X が生成する σ-加法族を $\sigma(X)$ と書く．$\sigma(X)$ に関して以下の 2 つの補題が成り立つ．$\mathbb{R}$ の Borel 集合族を $\mathcal{B}$ と記す．

補題 4.8 確率変数 X に対し，$\sigma(X)$ は $\mathbb{R}$ の Borel 集合の X による逆像すべてからなる集合，すなわち $\{C : C = X^{-1}(A), A \in \mathcal{B}\}$ に等しい．

(証明) $\mathcal{G} = \{C : C = X^{-1}(A), A \in \mathcal{B}\}$ とおく．$\mathcal{G}$ は σ-加法族であり，X は $\mathcal{G}$-可測となるから，$\sigma(X) \subset \mathcal{G}$ であることがわかる．逆に，X が可測となるような任意の σ-加法族を $\mathcal{H}$ とすれば，任意の $A \in \mathcal{B}$ に対して $X^{-1}(A) \in \mathcal{H}$ でなければならない．したがって，$\mathcal{G} \subset \mathcal{H}$ である．$\sigma(X)$ はこのような $\mathcal{H}$ のうち最小のものであるから，$\mathcal{G} \subset \sigma(X)$ が成り立つ．■

補題 4.9 X, Y を確率変数とする．このとき，Y が $\sigma(X)$-可測となるための必要十分条件は，ある Borel 可測関数 $h : \mathbb{R} \to \mathbb{R}$ が存在して $Y(\omega) = h(X(\omega))$ と書けることである．

(証明) 十分性は明らかであるから，必要性を示す．確率変数 X を固定し，ある可測関数 h を使って $Y = h(X)$ と書けるような確率変数 Y の全体を $\mathcal{L}$ とおく．任意

の $C \in \sigma(X)$ に対し，補題 4.8 より，ある Borel 集合 A が存在して $C = X^{-1}(A)$ と書ける．すると，$\mathbf{1}_C(\omega) = \mathbf{1}_{X^{-1}(A)}(\omega) = \mathbf{1}_A(X(\omega))$ であるから，$\mathbf{1}_C \in \mathcal{L}$ である．このことから，$\sigma(X)$-可測な単関数はすべて $\mathcal{L}$ に属す．Y を任意の非負 $\sigma(X)$-可測な確率変数とする．補題 4.1 より，Y は $\sigma(X)$-可測な単関数列 Y_n の単調増大極限として表される．各 Y_n は単関数だから，ある可測関数 h_n が存在して $Y_n(\omega) = h_n(X(\omega))$ と書ける．h_n は X の値域では単調増大であるから極限をもつ．各 $x \in \mathbb{R}$ に対して $h(x) = \limsup_{n \to \infty} h_n(x)$ と定義すると，h は可測関数であり，すべての $\omega \in \Omega$ に対して $h_n(X(\omega)) \to h(X(\omega))$ となる．よって $Y = h(X) \in \mathcal{L}$ である．一般の $\sigma(X)$-可測な Y に対しては正と負の部分に分けて考えればよい． ∎

以下ではまず，確率変数が有限個の値しかとらない場合に，条件付期待値の初等的な定義について復習する．そのあとで測度論的な定義を与える．

$(\Omega, \mathcal{F}, P)$ を確率空間，X を $x_1, x_2, \ldots, x_n$ のいずれかの値をとる確率変数，Y を $y_1, y_2, \ldots, y_m$ のいずれかの値をとる確率変数とする．初等的な確率論では，条件付確率を

$$P(Y = y_j | X = x_i) = \frac{P(Y = y_j, X = x_i)}{P(X = x_i)}$$

で定義し，条件付期待値を

$$\mathrm{E}(Y | X = x_i) = \sum_{j=1}^{m} y_j P(Y = y_j | X = x_i)$$

で定義する．確率変数 $Z(\omega)$ を

$$Z(\omega) = \mathrm{E}(Y | X)(\omega) = \sum_{i=1}^{n} \mathrm{E}(Y | X = x_i) \mathbf{1}_{\{X(\omega) = x_i\}}$$

とおく．このとき，補題 4.9 より (あるいは直接確認することにより)，$Z(\omega)$ は $\sigma(X)$-可測な関数である．

さて，$A_i = \{\omega : X(\omega) = x_i\}$ とおき，各 A_i 上における $Z(\omega)$ の積分を考える．$Z(\omega)$ が各 A_i 上では一定の値 $\mathrm{E}(Y | X = x_i)$ をとることから，

$$\int_{A_i} Z \mathrm{d}P = \mathrm{E}(Y | X = x_i) P(A_i)$$
$$= \sum_j y_j P(Y = y_j | X = x_i) P(X = x_i)$$

$$= \sum_j y_j P(Y = y_j, X = x_i) = \int_{A_i} Y \mathrm{d}P$$

となる．任意の $E \in \sigma(X)$ に対して，E は A_i $(i = 1, 2, \ldots, n)$ のうちいくつかの和集合になっているので，

$$\int_E Z \mathrm{d}P = \int_E Y \mathrm{d}P \quad (E \in \sigma(X)) \tag{4.26}$$

がいえる．

以上から，確率変数 X, Y が有限個の値しかとらない場合については，

- $Z = \mathrm{E}(Y|X)$ は $\sigma(X)$-可測で，
- 式 (4.26) を満たす

ということがわかった．測度論的な確率論における条件付期待値は，これら 2 つの性質に基づいて以下のように定義される．ただし，$\sigma(X)$ の代わりに，より一般に任意の部分 σ-加法族 $\mathcal{F}'$ を考える．6 章以降の確率過程論では，無限個の確率変数を与えたときの条件付確率などを考える必要が生じる．このようなとき，条件付期待値の本質である部分 σ-加法族に基づく条件付期待値の定義を与えておいた方が見通しがよくなる．

定義 4.19 確率空間 $(\Omega, \mathcal{F}, P)$ において，Y を $\mathrm{E}(|Y|) < \infty$ を満たす確率変数，$\mathcal{F}'$ を $\mathcal{F}$ の任意の部分 σ-加法族とする．確率変数 Z が条件

(1) Z は $\mathcal{F}'$-可測
(2) 任意の $A \in \mathcal{F}'$ に対し $\displaystyle\int_A Z \mathrm{d}P = \int_A Y \mathrm{d}P$

を満たすとき，Z は $\mathcal{F}'$ のもとでの Y の**条件付期待値**であるという．特に，ある確率変数 X に対して $\mathcal{F}' = \sigma(X)$ である場合は，X を与えたもとでの条件付期待値という．また，Y があある $C \in \mathcal{F}$ の定義関数 $\mathbf{1}_C(\omega)$ のとき，Z は $\mathcal{F}'$ のもとでの C の**条件付確率**であるという．

次の定理により，条件付期待値は常に存在し，測度 0 の集合での違いを除いて一意に決まることが保証される．そこで，$\mathcal{F}'$ のもとでの Y の条件付期待値を $\mathrm{E}(Y|\mathcal{F}')$ と表す．また，$\mathcal{F}' = \sigma(X_\lambda : \lambda \in \Lambda)$ のときは，$\mathrm{E}(Y|\mathcal{F}') = \mathrm{E}(Y|\sigma(X_\lambda : \lambda \in \Lambda))$ を単に $\mathrm{E}(Y|X_\lambda : \lambda \in \Lambda)$ と表す．

定理 4.26 Y が $\mathrm{E}(|Y|) < \infty$ を満たす確率変数, $\mathcal{F}'$ が $\mathcal{F}$ の部分 σ-加法族のとき, 条件 (1), (2) を満たす確率変数 Z が存在する. また, (1), (2) の条件を満たす任意の 2 つの確率変数 Z_1, Z_2 に対し,

$$Z_1 = Z_2 \quad \mathrm{a.s.}$$

が成立する. この意味で条件付期待値は一意的である.

(証明) 仮定より, $\mathrm{E}(|Y|) < \infty$ である. まず, $Y \geq 0$ の場合について考える. 集合関数

$$m(A) = \int_A Y(\omega)\mathrm{d}P \quad (A \in \mathcal{F}) \tag{4.27}$$

は, σ-加法族 $\mathcal{F}$ 上の測度を定義する. m を部分 σ-加法族 $\mathcal{F}'$ 上に制限したものは, $\mathcal{F}'$ 上の測度になる. この測度を同じ記号 m で表す. また, P を部分 σ-加法族 $\mathcal{F}'$ 上に制限したものは, $\mathcal{F}'$ 上の測度になる. この測度を同じ記号 P で表す. 定義式 (4.27) より, $\mathcal{F}'$ 上の測度 m は P に対し絶対連続であるから, Radon–Nikodym の定理 (定理 4.9) により,

$$m(A) = \int_A Z(\omega)\mathrm{d}P \quad (A \in \mathcal{F}')$$

をみたす $\mathcal{F}'$-可測な密度関数 $Z(\omega)$ が存在する. $Z(\omega)$ は条件付期待値の定義の (1), (2) を満たすので, 条件付期待値である.

$Y \geq 0$ が成立しない場合について考える. このとき, 適当な確率変数 $Y^+ \geq 0$, $Y^- \geq 0$ をとり, $Y = Y^+ - Y^-$ と表すことができるので, Y^+, Y^- それぞれについて, 前と同様に測度 m^+, m^- を定義すれば, Radon–Nikodym の定理により, m^+, m^- それぞれに対応する $\mathcal{F}'$-可測な密度関数 $Z^+(\omega)$, $Z^-(\omega)$ が存在する. $Z := Z^+ - Z^-$ とおけば, $Z(\omega)$ は条件付期待値の定義の (1), (2) を満たすので, 条件付期待値である.

次に条件付期待値が測度 0 の集合上での違いを除き一意に決まることを示す. Z_1, Z_2 がともに条件付期待値であるとき, $A := \{\omega : Z_1(\omega) > Z_2(\omega)\}$ とすると, A は $\mathcal{F}'$ に属する. 条件付期待値の定義より,

$$\int_A Z_1(\omega)\mathrm{d}P = \int_A Y(\omega)\mathrm{d}P = \int_A Z_2(\omega)\mathrm{d}P$$

だから，

$$\int_A (Z_1 - Z_2)\mathrm{d}P = 0$$

である．A 上では $Z_1(\omega) - Z_2(\omega) > 0$ だから，$P(A) = 0$ でなければならない．同様に，$P(\{\omega : Z_1(\omega) < Z_2(\omega)\}) = 0$ だから，$P(\{\omega : Z_1(\omega) \neq Z_2(\omega)\}) = 0$ である． ∎

次の定理は，条件付期待値の性質をまとめたものである．どの性質もよく使われる．特に (3), (4) に十分慣れておく必要がある．

定理 4.27 Y を $\mathrm{E}(|Y|) < \infty$ を満たす確率変数，$\mathcal{F}'$ を $\mathcal{F}$ の部分 σ-加法族とする．このとき，以下が成立する．

(1) 条件付期待値 $\mathrm{E}(Y|\mathcal{F}')$ は Y について線形．

(2) $Y \geq 0$ (a.s.) のとき，$\mathrm{E}(Y|\mathcal{F}') \geq 0$ a.s. である．また，

$$|\mathrm{E}(Y|\mathcal{F}')| \leq \mathrm{E}(|Y| \,|\mathcal{F}') \quad \mathrm{a.s.}$$

(3) Z が $\mathcal{F}'$-可測で，$\mathrm{E}(|YZ|) < \infty$ のとき，

$$\mathrm{E}(YZ|\mathcal{F}') = Z\mathrm{E}(Y|\mathcal{F}') \quad \mathrm{a.s.}$$

特に，Y 自体が $\mathcal{F}'$-可測のとき，

$$\mathrm{E}(Y|\mathcal{F}') = Y \quad \mathrm{a.s.}$$

(4) $\mathcal{F}''$ が $\mathcal{F}'$ の部分 σ-加法族のとき，

$$\mathrm{E}\{\mathrm{E}(Y|\mathcal{F}')|\mathcal{F}''\} = \mathrm{E}(Y|\mathcal{F}'') \quad \mathrm{a.s.}$$

(5) $\sigma(X)$ と $\mathcal{F}$ が独立ならば $\mathrm{E}(X|\mathcal{F}) = \mathrm{E}(X)$ (a.s.) である．ただし，σ-加法族の独立性については定義 4.11 を参照せよ．

（証明） (3) と (4) の証明のみ与える．

先に (4) を示す．条件付期待値の定義より，$\mathrm{E}\{\mathrm{E}(Y|\mathcal{F}')|\mathcal{F}''\}$ は $\mathcal{F}''$-可測であるから，任意の $A \in \mathcal{F}''$ に対し，

$$\int_A \mathrm{E}\{\mathrm{E}(Y|\mathcal{F}')|\mathcal{F}''\}\mathrm{d}P = \int_A Y\mathrm{d}P \tag{4.28}$$

を示せば，$\mathrm{E}\{\mathrm{E}(Y|\mathcal{F}')|\mathcal{F}''\}$ が $\mathrm{E}(Y|\mathcal{F}'')$ と一致することが証明できる．まず，$A \in \mathcal{F}''$ であるから，

$$\int_A \mathrm{E}\{\mathrm{E}(Y|\mathcal{F}')|\mathcal{F}''\}\mathrm{d}P = \int_A \mathrm{E}(Y|\mathcal{F}')\mathrm{d}P \tag{4.29}$$

である．さらに，$\mathcal{F}'' \subset \mathcal{F}'$ であることより，$A \in \mathcal{F}'$ だから，

$$\int_A \mathrm{E}(Y|\mathcal{F}')\mathrm{d}P = \int_A Y\mathrm{d}P \tag{4.30}$$

である．したがって，式 (4.29), (4.30) より，式 (4.28) が示せた．

次に (3) を示す．Z が $\mathcal{F}'$-可測ならば $Z\mathrm{E}(Y|\mathcal{F}')$ が $\mathcal{F}'$-可測であることは明らかである．あとは任意の $A \in \mathcal{F}'$ に対して

$$\mathrm{E}(\mathbf{1}_A Z\mathrm{E}(Y|\mathcal{F}')) = \mathrm{E}(\mathbf{1}_A ZY) \tag{4.31}$$

となることを示せばよい．そのために Z が定義関数の場合の証明から始める常套手段を用いる．すなわち，まず定義関数 $Z = \mathbf{1}_B(\omega)$ $(B \in \mathcal{F}')$ の場合を考えると，

$$\mathrm{E}(\mathbf{1}_A Z\mathrm{E}(Y|\mathcal{F}')) = \mathrm{E}(\mathbf{1}_{A \cap B}\mathrm{E}(Y|\mathcal{F}')) = \mathrm{E}(\mathbf{1}_{A \cap B}Y) = \mathrm{E}(\mathbf{1}_A ZY)$$

となる．ここで 2 つめの等号は条件付期待値の定義による．すると，Z が単関数の場合も式 (4.31) が成り立つ．Z が非負の $\mathcal{F}'$-可測関数の場合は，まず Y が非負の場合を考え，Z を単関数で近似した上で，単調収束定理を用いればよい．一般の場合は正負に分け，(1) の線形性を用いればよい．以上で示された．∎

注意 4.15 [正則な条件付確率] 条件付確率 $P(C|\mathcal{F}')$ は事象 C と σ-加法族 $\mathcal{F}'$ に対して定義され，互いに排反な $C_i \in \mathcal{F}$ に対する可算加法性

$$P\left(\bigcup_{i=1}^{\infty} C_i \,\middle|\, \mathcal{F}'\right)(\omega) = \sum_{i=1}^{\infty} P(C_i|\mathcal{F}')(\omega) \tag{4.32}$$

も a.s. で成り立つ．しかし，式 (4.32) をすべての集合列 $\{C_i\}_{i=1}^{\infty}$ に対して同時に成り立たせようとすると，a.s. の部分に不都合が生ずる．すなわち，式 (4.32) が成り立たない事象を $N = N(\{C_i\})$ とおくとき，$P(N(\{C_i\})) = 0$ は成り立つが，$\{C_i\}$ の選び方は一般に非可算個存在するので，$P(\cup_{\{C_i\}} N(\{C_i\})) = 0$ が成り立つかどうかは自明ではなくなる．実は，Ω が Poland 空間 (可分かつ完備な距離空間) で，かつ $\mathcal{F}$ がその Borel 集合族ならば，式 (4.32) が $\{C_i\}$ の選び方によらず

同時に成り立つような条件付確率 $P(C|\mathcal{F}')$ を構成できることが知られている．これを**正則な条件付確率**という．このとき，写像 $(A,\omega) \mapsto P(A|\mathcal{F}')(\omega)$ は，ω を固定したとき A については確率測度，A を固定したとき ω については可測となる．確率密度から構成される条件付確率は自動的に正則となることが示される． ◁

4.5.2 密度関数を用いた定義との整合性

初等的な確率のテキストで与えられている，確率密度関数を用いた条件付期待値の定義が問題なく適用できる場合には，初等的な定義による条件付期待値と測度論的な定義による条件付期待値が一致することを確認しよう．

確率変数 X と Y の同時確率分布が密度関数 $f(x,y)$ をもち，f は $\mathbb{R}^2$ 上の正値連続関数とする．また，X に関する周辺密度関数と，X を与えたもとでの Y の条件付密度関数を

$$f(x) = \int f(x,y)\mathrm{d}y, \quad f(y|x) = \frac{f(x,y)}{f(x)}$$

と定義する[*14]．このとき，$X = x$ という条件を与えたもとでの Y の条件付期待値の初等的な定義は，

$$g(x) = \mathrm{E}(Y|X=x) = \int y f(y|x)\mathrm{d}y$$

である．

定理 4.28 確率変数 $g(X(\omega))$ は，X を与えたもとでの Y の (測度論的な定義による) 条件付期待値である．

(証明) $g(X)$ は，$\sigma(X)$ に対し可測であるから，任意の $A \in \sigma(X)$ に対し，

$$\int_A g(X)\mathrm{d}P = \int_A Y \mathrm{d}P \tag{4.33}$$

が成立することを示せばよい．

$(X(\omega), Y(\omega))$ は Ω の点を $\mathbb{R}^2$ の点に移すので，定理 4.1 により，式 (4.33) の両辺の積分はもともと Ω 上の積分だが，$\mathbb{R}^2$ 上の積分に移して考えることができる．$A \in \sigma(X)$ より，ある Borel 可測集合 C をとり，$A = X^{-1}(C)$ とできる．

[*14] $f_X(x)$ や $f_{Y|X}(y|x)$ などと書くべきかもしれないが，煩雑なので添字を省略する．

式 (4.33) の右辺は,

$$\int_A Y \mathrm{d}P = \int_\Omega Y \mathbf{1}_A \mathrm{d}P = \int_\Omega Y(\omega) \mathbf{1}_C(X(\omega)) \mathrm{d}P = \int_{\mathbb{R}^2} y \mathbf{1}_C(x) f(x,y) \mathrm{d}x \mathrm{d}y,$$

左辺は,

$$\int_A g(X) \mathrm{d}P = \int_\Omega g(X) \mathbf{1}_A \mathrm{d}P = \int_{\mathbb{R}^2} g(x) \mathbf{1}_C(x) f(x,y) \mathrm{d}x \mathrm{d}y$$

$$= \int_{\mathbb{R}} g(x) \mathbf{1}_C(x) f(x) \mathrm{d}x$$

$$= \int_{\mathbb{R}} \left(\int_{\mathbb{R}} y f(y|x) \mathrm{d}y \right) \mathbf{1}_C(x) f(x) \mathrm{d}x$$

$$= \int_{\mathbb{R}} \left(\int_{\mathbb{R}} y f(x,y) \mathrm{d}y \right) \mathbf{1}_C(x) \mathrm{d}x$$

となり, 両辺は一致する. ∎

上の定理の証明とまったく同様にして, 次の命題も示される.

命題 4.8 (X, Y) が同時密度関数 $f(x,y)$ をもち, かつ h を可測な実数値関数とするとき,

$$E(h(Y)|X=x) = \int h(y) f(y|x) \mathrm{d}y$$

が成り立つ. ここで X, Y が多変数であってもよい.

最後に, 条件付独立性の概念を, 密度関数による定義と測度論的な定義の両方で与えておこう. 確率変数 X, Y, Z の同時密度関数 $f(x,y,z)$ が

$$f(x,y,z) = f(x) f(y|x) f(z|x)$$

と書けるとき, Y と Z は X を与えたもとで**条件付独立**であるという. これを測度論的に述べると以下のようになる:Y と Z が X を与えたもとで条件付独立であるとは, 任意の $A \in \sigma(Y), B \in \sigma(Z)$ に対して

$$P(A \cap B|X) = P(A|X) P(B|X)$$

が a.s. で成り立つことである.

5 Markov 連鎖

現象の変化を数理的にモデル化しようとすると，必然的に時間の関数を考えることになる．その際，不確実性をもった関数を扱えるようになると便利である．このような要求を満たすべく導入される概念が確率過程であり，確率過程の中でも最も基本的なものが，本章で扱う Markov 連鎖である．

5.1 Markov 連鎖の定義と例

5.1.1 離散時間の確率過程

確率的でないシステムは微分方程式や差分方程式で記述されることが多い．微分方程式は連続時間のシステムを，差分方程式は離散時間のシステムを扱うのに適している．これから定義する確率過程も，連続時間と離散時間のタイプがある．本節ではまず離散時間の確率過程を定義する．連続時間の確率過程は 5.4 節および 6 章以降で扱う．

以下，**状態空間**とは，いま注目している現象のとり得る値全体を表す集合のこととする．状態空間は主に 2 つに分類される．1 つは状態空間が Euclid 空間の場合であり，**連続状態**とよばれる．もう 1 つは，可算集合[*1]の場合であり，**離散状態**とよばれる．より一般の状態空間を考えることもできるが，本書の範囲ではこの 2 つだけ考えれば十分である．

以上の準備のもと，離散時間の確率過程を定義する．

定義 5.1 $(\Omega, \mathcal{F}, P)$ を任意の確率空間とし，S を状態空間とする．各時刻 $t = 0, 1, \ldots$ に対して S に値をとる確率変数 $X_t : \Omega \to S$ が定義されているとき，$X = \{X_t\} = \{X_t\}_{t=0}^{\infty}$ を，(状態空間 S に値をとる) 離散時間の**確率過程**という．また X_0 を初期状態という．

離散時間の確率過程のことを**時系列**とよぶ場合もある．なお，上の定義におい

---

*1　4 章と同様，有限集合と可算無限集合を総称して可算集合ということにする．

て，時刻は $t = 0, 1, \ldots$ ととっているが，文脈によっては $t = 1, 2, \ldots$ の場合もある．また，無限の過去まで考慮に入れ，整数全体にとる場合もある．

定義 5.2 確率過程 $\{X_t\}_{t=0}^{\infty}$ に対し，標本 $\omega \in \Omega$ を 1 つ固定すると，すべての確率変数の値 $X_t(\omega)$ が確定し，これを t の関数と見ることができる．この関数のことを**標本関数**あるいは**標本路**とよぶ．

例 5.1 独立同一分布に従う確率変数列 $\{X_i\}_{i=1}^{\infty}$ は確率過程の一例である．しかし，確率過程といったら通常は独立でない場合に興味がある．　　　　　　　▷

例 5.2 [ランダムウォーク]$\{Z_i\}_{i=1}^{\infty}$ を独立な確率変数列とし，各 Z_i は確率 p で 1，確率 $1 - p$ で -1 をとるものとする．ただし $0 < p < 1$ とする．このとき，$X_t = Z_1 + \cdots + Z_t$ で定まる確率変数列 $\{X_t\}_{t=0}^{\infty}$ を**ランダムウォーク**という．これは状態空間が $\mathbb{Z}$ の確率過程である．この例は，後に述べる Markov 連鎖の例になっている．　　　　　　　　　　　　　　　　　　　　　　　　　　　　　▷

例 5.3 [自己回帰過程] 状態空間 S が実数全体の例を示す．$\{Z_i\}_{i=1}^{\infty}$ は独立に標準正規分布 $N(0, 1)$ に従う確率変数列とする．また初期状態 X_0 は正規分布 $N(\mu_0, v_0^2)$ に従う確率変数とし，$\{Z_i\}_{i=1}^{\infty}$ とは独立とする（$\mu_0 \in \mathbb{R}, v_0 > 0$ は定数）．このとき，実数 a と正の実数 σ に対して $X_t = aX_{t-1} + \sigma Z_t$ によって定まる $\{X_t\}_{t=0}^{\infty}$ を**自己回帰過程**という．X_t は正規分布に従い，さらに，$(X_0, \ldots, X_t)$ は多変量正規分布に従うことが示される．なお，自己回帰過程という名称は，Z_i が正規分布に従わない場合にも使われる．この場合は，Z_i の独立性の代わりに無相関性，つまり $\mathrm{E}(Z_i Z_j) = 0 \ (i \neq j)$ のみを仮定することが多い．　　　　　　▷

例題 5.1 例 5.3 において，X_t の平均 μ_t と分散 v_t^2 を求めよ．　　　　▷

(解) まず，X_t の平均 μ_t は次のような漸化式を満たす：

$$\mu_t = \mathrm{E}(X_t) = \mathrm{E}(aX_{t-1} + \sigma Z_t) = a\mu_{t-1}$$

これを解くと $\mu_t = a^t \mu_0$ となる．次に分散 v_t^2 は，

$$v_t^2 = \mathrm{V}(X_t) = \mathrm{V}(aX_{t-1} + \sigma Z_t) = a^2 v_{t-1}^2 + \sigma^2$$

より，

$$v_t^2 = a^{2t} v_0^2 + \frac{1 - a^{2t}}{1 - a^2} \sigma^2$$

となる．

5.1.2　Markov 連鎖の定義

次に Markov 性の概念を導入しておこう．Markov 性とは，現在までの情報を用いて未来の状態を確率的に表現したとき，それが現在の状態だけに依存するような性質のことである．Markov 性は離散時間，連続時間の違いや状態空間の違いにかかわらず定義される概念であるが，ここでは，離散時間で状態空間 S が可算集合の場合だけを考える．連続時間の場合は 5.4 節で少し触れる．また，より一般の Markov 性 (連続時間，連続状態) については 8 章で扱う．

定義 5.3　状態空間 S は可算集合とし，$\{X_t\}_{t=0}^{\infty}$ を S に値をとる確率過程とする．任意の時刻 $t = 1, 2, \ldots$ に対して，ある関数 $p_{(t)} : S \times S \to \mathbb{R}$ が存在して，すべての状態 $x_0, \ldots, x_t$ に対して，

$$P(X_t = x_t \mid X_0 = x_0, \ldots, X_{t-1} = x_{t-1}) = p_{(t)}(x_{t-1}, x_t) \tag{5.1}$$

が成り立つとき，$\{X_t\}$ を **Markov (マルコフ) 連鎖**という．また，上の式の右辺が x_{t-1} と x_t のみに依存して t そのものには依存しないとき，$\{X_t\}$ は**同次 Markov 連鎖**という．そうでないとき非同次 Markov 連鎖という．以下，特に断らなければ同次 Markov 連鎖を考えるものとする．

注意 5.1　上の定義において，$P(X_0 = x_0, \ldots, X_{t-1} = x_{t-1}) = 0$ のときは条件付確率 $P(X_t = x_t \mid X_0 = x_0, \ldots, X_{t-1} = x_{t-1})$ が一意には定まらないが，条件付確率をうまく選ぶことで式 (5.1) が満たされれば $\{X_t\}$ を Markov 連鎖とよぶことにする．実は，$P(X_0 = x_0, \ldots, X_{t-1} = x_{t-1}) > 0$ のときだけ式 (5.1) が満たされていれば，すべての場合について式 (5.1) を満たすように条件付確率および $p_{(t)}$ を修正することができる．実際，$P(X_{t-1} = x_{t-1}) > 0$ の場合には等式 $p_{(t)}(x_{t-1}, x_t) = P(X_t = x_t \mid X_{t-1} = x_{t-1})$ が成り立つので関数 $p_{(t)}(x_{t-1}, \cdot)$ が定まり，また $P(X_{t-1} = x_{t-1}) = 0$ の場合は $p_{(t)}(x_{t-1}, \cdot)$ を任意の確率関数としてよい．それらを用いて式 (5.1) によって条件付確率を定義し直せばよい．　　◁

例 5.4 Markov 連鎖の例としては,例 5.2 で考えたランダムウォークが挙げられる.実際,$X_0,\ldots,X_{t-1}$ が与えられたとき,X_t の条件付確率は,確率 p で $X_t = X_{t-1} + 1$,確率 $1 - p$ で $X_t = X_{t-1} - 1$ となり,$X_0,\ldots,X_{t-2}$ には依存しない.この Markov 連鎖は同次 Markov 連鎖である (上の注意も参照せよ).   ◁

Markov 連鎖でない例も以下に挙げておこう.

例 5.5 [Markov 連鎖でない確率過程の例] $\{Z_t\}_{t=0}^{\infty}$ は独立で,それぞれ $1/3$ ずつの確率で $\{0, 1, 2\}$ の値をとるものとする.このとき,$X_t = Z_{t-1} + Z_t$ $(t \geq 1)$ で定義される確率過程 $\{X_t\}_{t=1}^{\infty}$ は Markov 連鎖にはならない.実際,初等的な計算により

$$P(X_3 = 3 \mid X_1 = 1, X_2 = 2) = \frac{P(X_1 = 1, X_2 = 2, X_3 = 3)}{P(X_1 = 1, X_2 = 2)} = \frac{1}{3}$$

となり,一方で

$$P(X_3 = 3 \mid X_2 = 2) = \frac{P(X_2 = 2, X_3 = 3)}{P(X_2 = 2)} = \frac{2}{9}$$

となることが確かめられる.なお,この例は**移動平均過程**とよばれる確率過程の特殊な場合である.   ◁

定義 5.4 Markov 連鎖 $\{X_t\}_{t=0}^{\infty}$ に対して,

$$p(x, y) = P(X_{t+1} = y \mid X_t = x)$$

と書き,これを**推移確率行列**という.ただし $P(X_t = x) = 0$ の場合には式 (5.1) の右辺によって $p(x, y)$ を定める.状態空間が可算無限集合の場合は無限次元の行列となる.

例題 5.2 推移確率行列が

$$(p(x,y))_{x,y=1}^{3} = \begin{pmatrix} 0 & 0.2 & 0.8 \\ 0.4 & 0.5 & 0.1 \\ 0.3 & 0.7 & 0 \end{pmatrix}$$

で与えられる Markov 連鎖を考える.条件付確率 $P(X_3 = 1 | X_1 = 2)$ を求めよ.
    ◁

（解）

$$P(X_3 = 1 \mid X_1 = 2) = \sum_{x_2=1}^{3} P(X_2 = x_2, X_3 = 1 \mid X_1 = 2)$$

$$= \sum_{x_2=1}^{3} P(X_2 = x_2 \mid X_1 = 2)P(X_3 = 1 \mid X_1 = 2, X_2 = x_2)$$

$$= \sum_{x_2=1}^{3} p(2, x_2)p(x_2, 1)$$

$$= 0.4 \times 0 + 0.5 \times 0.4 + 0.1 \times 0.3 = 0.23.$$

これは，推移確率行列の積を計算していることにほかならない．

　Markov 連鎖は，グラフで表すと視覚的に考えやすい．すなわち，各状態を頂点とみなし，$p(x, y) > 0$ となるような状態 x, y に対しては x から y に有向辺を引く．さらに，各辺に対応する推移確率をラベルづけしておけば，Markov 連鎖に関する情報はすべて書けたことになる．

　例題 5.2 に対応するグラフを図 5.1 に示す．

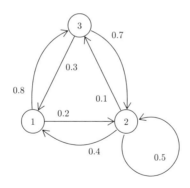

図 **5.1**　例題 5.2 の Markov 連鎖に対応するグラフ．

　状態空間が可算無限の場合の例を考える．

例 5.6 [出生死滅連鎖] 生物の個体数や，待ち行列の人数を記述するとき，**出生死滅連鎖**が用いられることがある．これは，状態空間を $S = \{0, 1, \ldots\}$ とし，推移確率行列を

$$p(x, y) = \begin{cases} u_x & (y = x + 1), \\ 1 - u_x - d_x & (y = x), \\ d_x & (y = x - 1), \\ 0 & (\text{その他}) \end{cases}$$

とする Markov 連鎖である．ここで u_x, d_x $(x = 0, 1, \ldots)$ は非負の実数であり，$1 - u_x - d_x \geq 0$, $d_0 = 0$ を満たすものとする．　　　　　　　　　　　$\triangleleft$

5.2 Markov 連鎖の性質

我々の目標は，Markov 連鎖の分布が，その初期状態によらず何らかの確率分布に収束するための条件，つまり

$$\lim_{n \to \infty} P(X_n = y | X_0 = x) = \mu(y) \quad (x, y \in S)$$

を満たす S 上の確率関数 μ が存在する条件を見出すことである．そのための準備として，本節では既約性，非周期性，再帰性の概念を導入する．

5.2.1 既約性，非周期性

以下，状態 x_0 を出発する Markov 連鎖に対応する確率測度を P_{x_0} と書くことにする．つまり，$P_{x_0}(\cdot) = P(\cdot \mid X_0 = x_0)$ ということである．このとき，X_1, X_2 の同時確率は

$$P_{x_0}(X_1 = x_1, X_2 = x_2) = p(x_0, x_1)p(x_1, x_2) \tag{5.2}$$

で与えられる．式 (5.2) は，x_0 を出発した Markov 連鎖が，x_1, x_2 の順に状態をたどる確率を表している．同様に，$X_1, \ldots, X_n$ の同時確率は

$$P_{x_0}(X_1 = x_1, \ldots, X_n = x_n) = p(x_0, x_1) \cdots p(x_{n-1}, x_n) \tag{5.3}$$

となる．

次に，時刻 0 における状態から時刻 n における状態への推移を表す行列を

$$p_n(x, y) = P(X_n = y \mid X_0 = x) = P_x(X_n = y) \quad (n \geq 0)$$

と定義する．定義から明らかに $p_0(x, y) = \delta_{xy}$ である[*2]．例えば $n = 2$ の場合，式 (5.2) より

$$p_2(x, y) = \sum_{z \in S} p(x, z) p(z, y)$$

となる．この式の右辺は，推移確率行列の掛け算になっていることに注意しよう．同様に考えれば，一般の n に対しては，式 (5.3) から

$$p_n(x_0, x_n) = \sum_{x_1, \ldots, x_{n-1} \in S} p(x_0, x_1) \cdots p(x_{n-1}, x_n)$$

となることがわかる．さらに，

$$p_{m+n}(x, y) = \sum_{z \in S} p_m(x, z) p_n(z, y) \tag{5.4}$$

が成り立つ．この式は **Chapman–Kolmogorov (チャプマン–コルモゴロフ) の方程式**とよばれる．

定義 5.5 状態 $x, y \in S$ に対し，$p_n(x, y) > 0$ となる非負整数 n が存在するとき，x から y へ**到達可能**であるといい，$x \to y$ と書く[*3]．また，$x \to y$ かつ $y \to x$ が成り立つとき，x と y は**相互到達可能**であるといい，$x \leftrightarrow y$ と書く．

相互到達可能という関係が，同値関係の 3 つの公理：(a) $x \leftrightarrow x$, (b) $x \leftrightarrow y$ ならば $y \leftrightarrow x$, (c) $x \leftrightarrow y$ かつ $y \leftrightarrow z$ ならば $x \leftrightarrow z$, を満たしていることは，定義からほぼ明らかであろう．

以上の準備のもとで，既約性，非周期性を定義できる．まず既約性は次のように述べられる．

定義 5.6 S の任意の 2 つの状態が相互到達可能なとき，この Markov 連鎖は**既約**であるという．言い換えれば，(相互到達可能性に関する) 同値類がただ 1 つのときに既約という．また，既約でない Markov 連鎖を**可約**という．

次に周期を定義する．

[*2] δ_{xy} は Kronecker のデルタ，つまり $x = y$ のとき 1, $x \neq y$ のとき 0 である．

[*3] 記号 $x \to y$ は，数の順序関係 $a < b$ のように，2 つの状態の関係を表す記号である．

定義 5.7 状態 $x \in S$ の**周期** $d(x)$ とは，$p_n(x, x) > 0$ を満たすようなすべての $n \geq 1$ の最大公約数のことである．ただし，そのような n が存在しない場合には $d(x) = 0$ と約束する．$d(x) = 1$ のとき，状態 x は**非周期的**であるという．

例 5.7 状態 x の周期が 1 であっても，$p(x, x) > 0$ とは限らない．例えば，$S = \{1, 2, 3, 4\}$，$p(1, 2) = p(1, 3) = 1/2$，$p(2, 1) = p(3, 4) = p(4, 1) = 1$ を満たす Markov 連鎖を考えると，各状態の周期は 1 であることが確認できる．しかし $p(x, x) = 0 \ (x \in S)$ である．　　　　　　　　　　　　　　　　　　　　　　　　　$\lhd$

補題 5.1 $x \leftrightarrow y$ ならば $d(x) = d(y)$ である．つまり，周期は同値類ごとに決まる性質である．

(証明) $x \leftrightarrow y$ のとき，$p_a(x, y) > 0$ および $p_b(y, x) > 0$ となる自然数 a, b が存在する．$p_n(y, y) > 0$ を満たす任意の n に対して，式 (5.4) を 2 回使うと $p_{a+n+b}(x, x) \geq p_a(x, y) p_n(y, y) p_b(y, x) > 0$ が成り立つ．同様に，$p_{a+2n+b}(x, x) \geq p_a(x, y) p_n(y, y) p_n(y, y) p_b(y, x) > 0$ もいえる．すると $d(x)$ は，$a+n+b$ と $a+2n+b$ の両方を割り切るはずであり，さらにそれらの差である n も割り切る．このことから $d(x)$ は，$p_n(y, y) > 0$ を満たす n の公約数となることがわかる．よって $d(x) \leq d(y)$ である．以上の議論は x と y を入れ替えても成り立つから，$d(x) = d(y)$ となる．　■

5.2.2　再　　帰　　性

　再帰性とは，その言葉の通り，ある状態を出発した Markov 連鎖が，再びその状態に (いつかは) 帰ってくる性質のことである．正確には次のように定義される．

定義 5.8 $P_x(\cup_{n=1}^{\infty} \{X_n = x\}) = 1$ が成り立つとき，状態 x は**再帰的**であるという．言い換えると，X_n が初めて状態 x に到達する時刻を

$$\tau_x = \inf\{n \geq 1 : X_n = x\} \quad \text{(これは確率変数である)} \tag{5.5}$$

とおいたとき，$P_x(\tau_x < \infty) = 1$ が成り立つことを再帰的という．

　再帰性は, さらに正再帰性と零再帰性に分類される (5.3 節) が, ここでは再帰性に関する性質のみ考察する. まず, n 期の推移確率 $p_n(x, y) = P_x(X_n = y)$ を使って再帰性を確認する方法を示そう.

補題 5.2 状態 x が再帰的であるための必要十分条件は $\sum\limits_{n=0}^{\infty} p_n(x, x) = \infty$ が成り立つことである.

(証明) $p_n(x, x)$ は初期状態 x のもとで n 時点後に x にいる確率である. これを, 最初に x に到達した時刻 $m \geq 1$ によって場合分けして考えると, 次の漸化式を得る:

$$p_n(x, x) = \sum_{m=1}^{n} P_x(\tau_x = m) p_{n-m}(x, x), \quad n \geq 1. \tag{5.6}$$

実際, Markov 性から,

$$
\begin{aligned}
P_x(X_n = x \mid \tau_x = m) &= P(X_n = x \mid X_0 = x, X_1 \neq x, \ldots, X_{m-1} \neq x, X_m = x) \\
&= P(X_n = x \mid X_m = x) \quad (\text{Markov 性}) \\
&= p_{n-m}(x, x)
\end{aligned}
$$

となる. また, $p_0(x, x) = 1$ にも注意しておく. いま, x を固定し, $0 \leq s \leq 1$ に対して

$$\hat{P}(s) = \sum_{n=0}^{\infty} p_n(x, x) s^n, \quad \hat{F}(s) = \sum_{n=0}^{\infty} P_x(\tau_x = n) s^n \tag{5.7}$$

とおく. これらのべき級数は $s < 1$ のとき収束する (各項の係数が非負で 1 以下なので). また, 単調収束定理 (定理 4.4) から,

$$
\begin{aligned}
\hat{P}(1) &= \lim_{s \to 1-0} \hat{P}(s) = \sum_{n=0}^{\infty} p_n(x, x), \\
\hat{F}(1) &= \lim_{s \to 1-0} \hat{F}(s) = \sum_{n=0}^{\infty} P_x(\tau_x = n) = P_x(\tau_x < \infty)
\end{aligned}
$$

が成り立つ. ただし, $\hat{P}(1)$ は ∞ となることもある. さて, 漸化式 (5.6) より, $s < 1$ に対して

$$\hat{P}(s) - 1 = \sum_{n=1}^{\infty} p_n(x, x) s^n = \sum_{n=1}^{\infty} \left(\sum_{m=1}^{n} P_x(\tau_x = m) p_{n-m}(x, x) \right) s^n$$

$$= \sum_{k=0}^{\infty} \sum_{m=1}^{\infty} P_x(\tau_x = m) p_k(x,x) s^{m+k} = \hat{F}(s)\hat{P}(s)$$

が成り立つ. これを解くと

$$\hat{P}(s) = \frac{1}{1 - \hat{F}(s)}$$

が得られる. この式で $s \to 1-0$ とすると, もし再帰的ならば $\hat{F}(1) = P_x(\tau_x < \infty) = 1$ なので $\hat{P}(1) = \infty$ となる. 逆に再帰的でなければ $\hat{F}(1) < 1$ なので $\hat{P}(1) < \infty$ となる. これで補題が示されたことになる.   ■

式 (5.7) で定義される関数 $\hat{P}(s)$ を, $p_n(x,x)$ の**母関数**という.

例 5.8 [ランダムウォークの再帰性] 例 5.2 で考えたランダムウォークは, 次の推移確率行列で表される:

$$p(x,x+1) = p, \quad p(x,x-1) = 1-p, \quad p(x,y) = 0, \quad y \neq x-1, x+1. \quad (5.8)$$

特に $p = 1/2$ のときは単純対称ランダムウォークとよばれる. 以下, 補題 5.2 を使って再帰性を調べる. まず, $p_n(x,x)$ は n が奇数のときは明らかに 0 である. n が偶数のときは二項係数を使って

$$p_n(x,x) = \binom{n}{n/2} \{p(1-p)\}^{n/2} \qquad (5.9)$$

となるので, 母関数の値は

$$\hat{P}(1) = \sum_{n=0}^{\infty} p_n(x,x) = \sum_{m=0}^{\infty} \binom{2m}{m} \{p(1-p)\}^m \qquad (5.10)$$

となる. これが発散するかどうかを調べるには, Stirling の公式を使えばよい. Stirling の公式とは

$$n! \sim a_n := \sqrt{2\pi n}\left(\frac{n}{e}\right)^n \qquad (5.11)$$

という公式である. ここで, $a_n \sim b_n$ とは $\lim_{n\to\infty} \frac{a_n}{b_n} = 1$ が成り立つことを意味する. したがって特に, ある n_0 が存在して, すべての $n \geq n_0$ に対して

$$2^{-1}a_n \leq n! \leq 2a_n \qquad (5.12)$$

が成り立つ. よって, 発散するかどうかを調べるには

$$\sum_{m=n_0}^{\infty} \frac{a_{2m}}{(a_m)^2} \{p(1-p)\}^m \tag{5.13}$$

が発散するかどうかを調べれば十分である. これを計算すると

$$\sum_{m=n_0}^{\infty} \frac{1}{\sqrt{\pi m}} \{4p(1-p)\}^m \tag{5.14}$$

となる. よって $p = 1/2$ のときは再帰的 ($\hat{P}(1) = \infty$) であり, $p \neq 1/2$ のときは非再帰的 ($\hat{P}(1) < \infty$) である. なお, この場合の母関数は陽に求められる:

$$\hat{P}(s) = \sum_{m=0}^{\infty} \binom{2m}{m} \left(p(1-p)s^2\right)^m = \frac{1}{\sqrt{1 - 4p(1-p)s^2}}.$$

実際, 右辺を展開すると左辺に一致することが確かめられる. ◁

補題 5.3 $x \leftrightarrow y$, かつ x が再帰的と仮定する. このとき

(1) y も再帰的である (したがって再帰性は同値類ごとに定まる).
(2) $P_y(\tau_x < \infty) = 1$ が成り立つ.

(証明) (1) x が再帰的であるから, 補題 5.2 より, $\sum_{n=0}^{\infty} p_n(x,x) = \infty$ である. また, $x \leftrightarrow y$ より, ある k, l が存在して $p_k(y,x) > 0$, $p_l(x,y) > 0$ となる. よって $\sum_{n=0}^{\infty} p_n(y,y) \geq \sum_{n=0}^{\infty} p_k(y,x)p_n(x,x)p_l(x,y) = \infty$ となり, 再び補題 5.2 より y は再帰的であることがわかる.

(2) Markov 連鎖が状態 x に訪れる回数を $N_x = \sum_{n=1}^{\infty} 1_{\{x\}}(X_n)$ とおく. このとき,

$$P_y(\tau_x < \infty) = P_y(N_x \geq 1) \geq P_y(N_x = \infty)$$

なので, $P_y(N_x = \infty) = 1$ を示せば十分である. まず $P_x(N_x = \infty) = 1$ を示す. 実際, Markov 性と x の再帰性から, 任意の $m \geq 1$ に対して

$$P_x(N_x \geq m) = \{P_x(\tau_x < \infty)\}^m = 1$$

を示すことができる^{*4}．よって $m \to \infty$ とすれば $P_x(N_x = \infty) = 1$ を得る．次に $P_y(N_x = \infty) = 1$ を示す．任意の n に対して

$$1 = P_x(N_x = \infty) = \sum_z p_n(x, z) P_z(N_x = \infty)$$

が成り立つ．ところが $1 = \sum_z p_n(x, z)$ であるから，$p_n(x, z) > 0$ である限り $P_z(N_x = \infty) = 1$ でなければならないことがわかる．いま $x \to y$ より，ある n に対して $p_n(x, y) > 0$ となるから，$P_y(N_x = \infty) = 1$ である． ∎

この補題から次のこともいえる．

補題 5.4 既約な Markov 連鎖に対して以下の条件は同値である．

(1) 再帰的である．
(2) 任意の $x, y \in S$ に対して $\sum\limits_{n=1}^{\infty} p_n(x, y) = \infty$ である．
(3) ある $x, y \in S$ に対して $\sum\limits_{n=1}^{\infty} p_n(x, y) = \infty$ である．

(証明) (1) $\Rightarrow$ (2)：既約性から，ある m が存在して $p_m(x, y) > 0$ である．よって再帰性から

$$\sum_{n=1}^{\infty} p_n(x, y) \geq \sum_{n=1}^{\infty} p_{n+m}(x, y) \geq \sum_{n=1}^{\infty} p_n(x, x) p_m(x, y) = \infty$$

となる．
(2) $\Rightarrow$ (3)：明らか．
(3) $\Rightarrow$ (1)：ある m が存在して $p_m(y, x) > 0$ となるから，

$$\sum_{n=1}^{\infty} p_n(x, x) \geq \sum_{n=1}^{\infty} p_{n+m}(x, x) \geq \sum_{n=1}^{\infty} p_n(x, y) p_m(y, x) = \infty$$

となるので再帰的である． ∎

有限状態空間の場合は次の補題が成り立つ．

補題 5.5 状態空間 S は有限とする．このとき，既約な Markov 連鎖は必ず再帰的である．

---

*4 帰納法による．その際，X_t が m 回目に状態 x に訪れた時刻について場合分けしてから Markov 性を適用する．このような手順はきちんと書くと煩雑なので以下ではしばしば省略する．

(証明) 任意の $x \in S$ に対して,

$$\sum_{y \in S} \left(\sum_{n=0}^{\infty} p_n(x,y) \right) = \sum_{n=0}^{\infty} \left(\sum_{y \in S} p_n(x,y) \right) = \sum_{n=0}^{\infty} 1 = \infty$$

より, ある y が存在して $\sum_{n=0}^{\infty} p_n(x,y) = \infty$ となる. よって補題 5.4 より x は再帰的である. ∎

5.3　定常分布と極限分布

5.3.1　存　在　定　理

Markov 連鎖に関して最も重要な定理は, 定常分布ならびに極限分布の存在性に関するものである.

定義 5.9 $\{p(x,y)\}_{x,y \in S}$ を状態空間 S 上の Markov 連鎖とする. S 上の確率分布 π が

$$\sum_{x \in S} \pi(x) p(x,y) = \pi(y) \quad (y \in S) \tag{5.15}$$

を満たすとき, π を**定常分布**という. また, 確率分布 π が**極限分布**であるとは, 任意の初期分布 μ_0 に対して, その n 期後の分布 $\mu_n(y) = \sum_{x \in S} \mu_0(x) p_n(x,y)$ が $\pi(y)$ に次の意味で収束することとする.

$$\lim_{n \to \infty} \sum_{x \in S} |\mu_n(x) - \pi(x)| = 0. \tag{5.16}$$

注意 5.2 定常性の条件 (5.15) を繰り返し用いれば, 任意の $n \geq 0$ に対して

$$\sum_{x \in S} \pi(x) p_n(x,y) = \pi(y) \quad (y \in S)$$

が成り立つ. ◁

注意 5.3 式 (5.16) は, 実は各 $x \in S$ で $\mu_n(x) \to \pi(x)$ が成り立つことと同値である (Scheffé の定理 [12, Theorem 16.12]). ◁

まず, 極限分布は定常分布になることを確認しておこう.

補題 5.6 極限分布 π が存在すれば，それは一意的な定常分布である．

(証明) 極限分布の定義から，任意の初期分布 μ_0 に対して式 (5.16) が成り立つ．定常性の式 (5.15) を示すために，次の関係に注目する：

$$\mu_{n+1}(y) = \sum_{x \in S} \mu_n(x)p(x,y).$$

ここで両辺を $n \to \infty$ としたとき，左辺は $\pi(y)$ に，右辺は $\sum_{x \in S} \pi(x)p(x,y)$ に収束する．実際，左辺については式 (5.16) から明らかであり，右辺についても

$$\left| \sum_{x \in S} \mu_n(x)p(x,y) - \sum_{x \in S} \pi(x)p(x,y) \right| \leq \sum_{x \in S} |\mu_n(x) - \pi(x)|p(x,y)$$

$$\leq \sum_{x \in S} |\mu_n(x) - \pi(x)| \to 0 \quad (n \to \infty)$$

となる．よって π が定常分布であることが示された．また，任意の定常分布 ν を初期分布 μ_0 とすれば，$\mu_n = \nu$ であり，また仮定から μ_n は π に収束するから，$\nu = \pi$ である．つまり定常分布は一意的に定まる．　　　　　∎

逆に，定常分布は必ずしも極限分布とは限らない．次の例を見てみよう．

例 5.9 $S = \{1, 2\}$ とし，次の推移確率行列をもつ Markov 連鎖を考える：

$$P^{(1)} = \{p(x,y)\}_{x,y \in S} = \begin{pmatrix} 1-f & f \\ f & 1-f \end{pmatrix}, \quad 0 \leq f \leq 1.$$

このとき，$\pi = (1/2, 1/2)$ は (1 つの) 定常分布であることが容易にわかる．以下，f について場合分けして考える．

$f = 0$ の場合，極限分布が存在せず，任意の初期分布は定常分布となる．なぜならば，$x = 1$ を初期状態とすればいつまでも状態 1 にとどまり，また $x = 2$ を初期状態とすればいつまでも状態 2 にとどまるからである．この場合は連鎖が既約でない．

$f = 1$ の場合，状態 1 と 2 を往復することになり，やはり極限分布が存在しない．ただし定常分布は一意的である．この場合は既約だが周期的となっている．

$0 < f < 1$ のときは，$\pi = (1/2, 1/2)$ が極限分布となる．なぜならば，行列 $P^{(1)}$ の 2 つの固有値が 1 と $1 - 2f$ であり，$|1 - 2f| < 1$ となるため，任意の初期分布 μ_0 に対して $\mu_n = \mu_0(P^{(1)})^n$ が固有ベクトル $(1/2, 1/2)$ に収束するからである．◁

さて，極限分布が存在するための条件として，正再帰性という概念が必要となる.

定義 5.10 式 (5.5) で定義される確率変数 τ_x に対して，$\mathrm{E}_x(\tau_x) < \infty$ となるとき，x は**正再帰的**という．ここで $\mathrm{E}_x(\cdot)$ は $\mathrm{E}(\cdot|X_0 = x)$ の略記である．また，再帰的だが $\mathrm{E}_x(\tau_x) = \infty$ となるとき，x は**零再帰的**という.

正再帰的という性質は，同値類ごとに定まる (後に示す補題 5.11 と補題 5.12 より従う).

次の定理がこの章の主定理である.

定理 5.1 既約で非周期的な Markov 連鎖に対して，次の 3 つの条件は同値である.

(1) 極限分布が存在する.
(2) 定常分布が存在する.
(3) 正再帰的である.

また，これらの条件が成り立つとき，極限分布は $\pi(x) = 1/E_x[\tau_x]$ で与えられる.

この定理の証明は 5.3.2 節で与える．(1) から (2) が導かれることはすでに補題 5.6 で示した．また，極限分布 $\pi(x)$ とは直観的には「長期的に見たとき Markov 連鎖が x に訪れた回数の割合」を表しているから，これが再帰に必要な平均時間 $E_x[\tau_x]$ の逆数に一致するのは自然である.

例 5.10 例 5.6 の出生死滅連鎖で，特に

$$p(x,y) = \begin{cases} \lambda/(x + \lambda + 1) & (y = x + 1), \\ \lambda/\{(x + \lambda)(x + \lambda + 1)\} & (y = x), \\ x/(x + \lambda) & (y = x - 1), \\ 0 & (その他) \end{cases}$$

の場合を考える．ただし状態空間は $S = \{0, 1, \ldots\}$ であり，$\lambda > 0$ とする．この Markov 連鎖は既約であり，非周期的である．また，次の Poisson 分布が定常分布であることが直接確かめられる：

$$\pi(x) = \frac{\lambda^x \mathrm{e}^{-\lambda}}{x!}, \quad x = 0, 1, \ldots.$$

したがって定理 5.1 より，この分布は極限分布であることがわかる. ◁

注意 5.4 既約で周期的な Markov 連鎖に対しては，定理 5.1 の条件 (2) と (3) が同値となる．これは補題 5.11 と補題 5.12 で示される．より詳しい結果については例えば文献 [19, 定理 11.24] を参照せよ．　　　　　　　　　　　　　　◁

例 5.11 例 5.8 で見たように単純対称ランダムウォークは再帰的であった．しかし定常分布をもたない．実際，定常分布 ν が存在するとすれば

$$\nu(x) = \frac{\nu(x-1) + \nu(x+1)}{2} \quad (x \in \mathbb{Z})$$

が成り立つはずであるが，この漸化式の一般解は $\nu(x) = a + bx$ $(a, b \in \mathbb{R})$ であり，どのように a, b を選んでも確率分布にはならない．よって定常分布は存在しない．また上の注意より正再帰的でないこともわかる．　　　　　　　　◁

状態が有限集合の場合は次の系が成り立つ．この系も 5.3.2 項で証明する．

系 5.1 状態空間 S が有限の場合，既約かつ非周期的な Markov 連鎖には定常分布が存在する．したがって正再帰的であり，極限分布が存在する．

これは **Perron–Frobenius** (ペロン–フロベニウス) **の定理**の一部である．Perron–Frobenius の定理とは，非負行列の固有値・固有ベクトルの性質を述べた定理であり，特に非負行列として推移確率行列を考えれば上の系が得られる[*5]．

命題 5.1 推移確率行列 $\{p(x, y)\}_{x, y \in S}$ に対し，次を満たす確率分布 π が存在すれば，π は定常分布である：

$$\pi(x)p(x, y) = \pi(y)p(y, x) \quad (x, y \in S) \tag{5.17}$$

(証明) 式 (5.17) の両辺を y について和をとれば $\pi(x) = \sum_{y \in S} \pi(y)p(y, x)$ となる．よって π は定常分布である．　　　　　　　　　　　　　　　　　■

式 (5.17) は**詳細つり合いの式**とよばれ，条件の確認がしやすい．また，式 (5.17) を満たす Markov 連鎖は**可逆**であるという．可逆とよばれるのは，初期分布が π のとき，任意の n に対して $(X_0, \ldots, X_n)$ の同時分布と $(X_n, \ldots, X_0)$ の同時分布が同じになることによる．

[*5]　詳しくは工学教程『線形代数 II』を参照せよ．

例えば, 状態空間 S が有限で, 推移確率行列 $p(x,y)$ が対称行列ならば, 一様分布 $\pi(x) = 1/|S|$ が定常分布となり, 詳細つり合いの式も満たしている. つまり可逆な Markov 連鎖になっている. また, 例 5.10 の Markov 連鎖も, 可逆であることが確かめられる.

一方, 次の例のように, 可逆でない Markov 連鎖も存在する.

例 5.12 $0 < f < 1$ とするとき, 推移確率行列

$$(p(x,y))_{x,y=1}^3 = \begin{pmatrix} 1-f & f & 0 \\ 0 & 1-f & f \\ f & 0 & 1-f \end{pmatrix}$$

をもつ Markov 連鎖は既約かつ非周期的であり, 定常分布 $(1/3, 1/3, 1/3)$ をもつ. しかし,

$$\pi(1)p(1,2) = \frac{f}{3} \neq 0 = \pi(2)p(2,1)$$

より, 詳細つり合いの式は満たさない.　　　　　　　　　　　　　　　　　　　　　◁

例題 5.3 状態空間が $S = \{1,2\}$ のとき, 任意の Markov 連鎖は可逆であることを示せ.　　　　　　　　　　　　　　　　　　　　　　　　　　　　　　　　　　◁

(解) 推移確率行列を

$$(p(x,y))_{x,y=1}^2 = \begin{pmatrix} 1-f & f \\ g & 1-g \end{pmatrix}$$

とおく. 定常分布 (の 1 つ) を $\pi = (\pi_1, \pi_2)$ とおけば,

$$\pi_1(1-f) + \pi_2 g = \pi_1, \quad \pi_1 f + \pi_2(1-g) = \pi_2$$

となり, $\pi_1 f = \pi_2 g$ が得られる. これは詳細つり合いの式にほかならない.

5.3.2 存在定理の証明

以下の順序で定理 5.1 を証明する：既約な Markov 連鎖に対して,

- 極限分布が存在 $\Longrightarrow$ 定常分布が存在 (補題 5.6 ですでに示した).
- 非周期的で定常分布が存在 $\Longrightarrow$ 極限分布が存在 (補題 5.10).

- 定常分布が存在 $\Longrightarrow$ 正再帰的 (補題 5.11).
- 正再帰的 $\Longrightarrow$ 定常分布が存在 (補題 5.12).

これらを示すためにさらにいくつか補題を用意する.

補題 5.7 既約な Markov 連鎖が定常分布 ν をもつならば, すべての $x \in S$ に対して $\nu(x) > 0$ である.

(証明) 定常分布は $\sum_{x \in S} \nu(x) = 1$ を満たすので, 少なくとも 1 つの $x_0 \in S$ に対しては $\nu(x_0) > 0$ である. しかし, 既約性より, 任意の $y \in S$ に対して, ある $m = m(x_0, y)$ が存在して $p_m(x_0, y) > 0$ となる. このとき,

$$\nu(y) = \sum_{x \in S} \nu(x) p_m(x, y) \geq \nu(x_0) p_m(x_0, y) > 0$$

である. ∎

補題 5.8 既約な Markov 連鎖が定常分布をもつならば, それは再帰的である.

なお, 例 5.11 で見たように, この補題の逆は成り立たない.

(証明) 定常分布を ν とおく. このとき再帰的であることを, 背理法で示す. もし再帰的でないとすれば, すべての x, y に対して $\sum_{n=1}^{\infty} p_n(x, y) < \infty$ である (補題 5.4). よって特に $\lim_{n \to \infty} p_n(x, y) = 0$ である. しかし, 定常性の等式

$$\nu(y) = \sum_{x \in S} \nu(x) p_n(x, y)$$

で $n \to \infty$ とすれば, 有界収束定理より $\nu(y) = 0$ を得る. これは $\sum_{y \in S} \nu(y) = 1$ に矛盾する. ∎

補題 5.9 x が非周期的ならば, ある n_0 が存在して, $n \geq n_0$ となるすべての n に対して $p_n(x, x) > 0$ となる.

(証明) $p_n(x, x) > 0$ となる $n \geq 1$ の集合を A とおく. A は次の性質をもつ:

$$n \in A, \ m \in A \ \Longrightarrow \ n + m \in A.$$

また, 非周期性を仮定しているので, A の最大公約数は 1 である. つまり, ある

$m_1, \ldots, m_k \in A$ と整数 $\alpha_1, \ldots, \alpha_k$ が存在して

$$\alpha_1 m_1 + \cdots + \alpha_k m_k = 1$$

となる (Euclid の互除法). ここで α_i は負の数でもよいことに注意する. さて, $m = \sum_{i=1}^{k} m_i$ とおき, 任意の正の整数 n を m で割った商と剰余をそれぞれ q, r とおくと ($0 \leq r \leq m-1$ とする),

$$n = qm + r = qm + r(\alpha_1 m_1 + \cdots + \alpha_k m_k)$$
$$= (q + \alpha_1 r)m_1 + \cdots + (q + \alpha_k r)m_k$$

と書ける. もしこのとき右辺の各係数が非負となれば, $n \in A$ となることがいえる. そのためには, $q \geq \alpha m$, $\alpha = \max_{1 \leq i \leq k} |\alpha_i|$ であれば十分である. そこで, $n_0 = \alpha m^2$ とおけば, 任意の $n \geq n_0$ に対して $q \geq \alpha m$ となり, $n \in A$ となる. これで補題が示された. ■

　以上の準備のもと, 各主張を示していこう.

補題 5.10 既約, 非周期的で, 定常分布が存在するならば, 極限分布が存在する.

(証明) X_t, Y_t は同じ推移確率 $\{p(x, y)\}_{x,y \in S}$ をもつ独立な Markov 連鎖とし, X_0 の分布は μ (任意), Y_0 の分布は定常分布 π とする. また, (X_0, Y_0) の同時分布を $\mu \times \pi$ と表すことにする. そして, 状態空間 S^2 上の Markov 連鎖 (X_t, Y_t) を考え, 対応する確率測度を $P_{\mu \times \pi}$ と書く. このように, 2 つの Markov 連鎖の同時確率を考えることを一般に**カップリング**という. ここでのポイントは, Markov 性から, ある時点 t_0 において $X_{t_0} = Y_{t_0}$ であるとき, $t > t_0$ における X_t の条件付分布は Y_t のそれと一致するということである (図 5.2).

　カップリングされた Markov 連鎖 (X_t, Y_t) の推移確率行列は $\bar{p}((x, y), (x', y')) = p(x, x')p(y, y')$ と表される. この Markov 連鎖は以下に示すように既約である. 任意の $(x, y), (x', y') \in S^2$ に対し, もとの Markov 連鎖の既約性から, ある k, l が存在して $p_k(x, x') > 0$, $p_l(y, y') > 0$ となる. さらに, いま非周期性を仮定しているので補題 5.9 より, ある $n_0 = n_0(x, y)$ が存在して, $n \geq n_0$ ならば $p_n(x, x) > 0$, $p_n(y, y) > 0$ となる. したがって,

$$\bar{p}_{k+l+n_0}((x, y), (x', y')) = p_{k+l+n_0}(x, x')p_{k+l+n_0}(y, y')$$

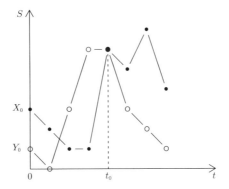

図 5.2　Markov 連鎖のカップリング. 初期分布が異なっても, 一度衝突するとそのあとの分布は区別がつかない.

$$\geq p_{l+n_0}(x,x)p_k(x,x')p_{k+n_0}(y,y)p_l(y,y') > 0$$

となる. これで既約性が示された. また, 定常分布 $\pi \times \pi$ をもつので再帰的である (補題 5.8).

さて, X_t と Y_t が $t \geq 1$ において初めて衝突する時刻を

$$\tau = \inf\{t \geq 1 : X_t = Y_t\}$$

とおく. このとき, $P_{\mu\times\pi}(\tau < \infty) = 1$ が成り立つ. なぜならば, (X_t, Y_t) は再帰的なので, 任意に固定された $x, y, z \in S$ に対して $P_{(x,y)}(\tau_{(z,z)} < \infty) = 1$ となるからである. また, (X_t, Y_t) の Markov 性から

$$P_{\mu\times\pi}(\tau \leq n, X_n = x) = P_{\mu\times\pi}(\tau \leq n, Y_n = x)$$

が成り立つ. この式は, 先に述べた通り, τ で衝突したあとの X_n と Y_n の分布は一致することを意味している. 以上から, $\mu_n(x) = P_\mu(X_n = x)$ に対して

$$\sum_{x\in S} |\mu_n(x) - \pi(x)| = \sum_{x\in S} |P_{\mu\times\pi}(X_n = x) - P_{\mu\times\pi}(Y_n = x)|$$

$$= \sum_{x\in S} |P_{\mu\times\pi}(\tau > n, X_n = x) - P_{\mu\times\pi}(\tau > n, Y_n = x)|$$

$$\leq 2P_{\mu\times\pi}(\tau > n) \to 0 \quad (n \to \infty)$$

を得る. 以上で補題が証明された. ∎

補題 5.11 既約な Markov 連鎖が定常分布をもつならば，すべての $x \in S$ で正再帰的である．また，その定常分布は $\nu(x) = 1/E_x[\tau_x]$ と書ける．

(証明)　補題 5.8 より再帰性は成り立つことに注意しよう．以下の証明ではまず Markov 連鎖の開始時刻を $t = 0$ でなく $t = -n$ とし，$\{X_t\}_{t=-n}^{\infty}$ を考える $(n \geq 1)$．このとき X_{-n} が定常分布 ν に従うとすれば，X_0 も定常分布 ν に従う[*6]．

$x, y \in S$ を固定し，$0 \leq m \leq n$ に対して事象 A_m を

$$A_m = \{X_{-m} = x,\ X_t \neq x\ (-m < t \leq 0),\ X_0 = y\}$$

と定義する (図 5.3)．特に $x \neq y$ のとき $A_0 = \emptyset$ であり，$x = y$ のとき $A_0 = \{X_0 = x\}$ かつ $A_m = \emptyset\ (m \geq 1)$ である．すると，

$$\nu(y) = P(X_0 = y) = \sum_{m=0}^{n} P(A_m) + P(X_t \neq x\ (-n \leq t \leq 0),\ X_0 = y)$$

$$= \sum_{m=0}^{n} \nu(x) P_x(\tau_x > m,\ X_m = y) + \sum_{z \neq x} \nu(z) P_z(\tau_x > n,\ X_n = y)$$

が得られる．最後の等号は，時刻を m ずらしても分布が同じであることを用いている．この式で，$n \to \infty$ とすると，最後の項は 0 に収束することが，有界収束定

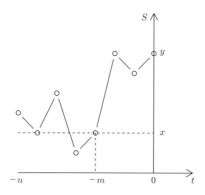

図 5.3　標本 $\omega \in A_m$ に対応する標本関数 $\{X_t(\omega)\}_{t=-n}^{0}$ の例．

[*6]　このように，定常分布を過去の Markov 連鎖の産物とみなすというアイデアは，過去からのカップリング (coupling from the past) という乱数生成法にも用いられている．

理と再帰性から示される. よって,

$$\nu(y) = \sum_{m=0}^{\infty} \nu(x) P_x(\tau_x > m, \ X_m = y) \tag{5.18}$$

が得られる.

式 (5.18) の両辺を $y \in S$ について足し合わせると,

$$1 = \nu(x) \sum_{m=0}^{\infty} P_x(\tau_x > m)$$

となる. ここで, 非負整数値の確率変数 Z に対して一般に成り立つ公式

$$E(Z) = E\left(\sum_{m=0}^{\infty} 1_{\{Z > m\}}\right) = \sum_{m=0}^{\infty} P(Z > m)$$

を用いれば, $\nu(x) = 1/E_x(\tau_x)$ が得られる. 特に正再帰性も成り立つ. ∎

補題 5.12 既約な Markov 連鎖が, ある $x \in S$ で正再帰的ならば, 定常分布をもつ.

(証明) $x \in S$ で $E_x(\tau_x) < \infty$ とする. 式 (5.18) にならい,

$$\nu(y) = \frac{1}{E_x(\tau_x)} \sum_{m=0}^{\infty} P_x(\tau_x > m, \ X_m = y)$$

とおく. 特に $\nu(x) = 1/E_x(\tau_x)$ である. すると $\sum_{y \in S} \nu(y) = 1$ が成り立つ. この ν が定常分布であることを示す. 実際, 任意の $y \in S$ に対して

$$
\begin{aligned}
\sum_{z \in S} \nu(z) p(z, y) &= \frac{1}{E_x(\tau_x)} \sum_{z \in S} \sum_{m=0}^{\infty} P_x(\tau_x > m, \ X_m = z) p(z, y) \\
&= \frac{1}{E_x(\tau_x)} \sum_{z \in S} \sum_{m=0}^{\infty} P_x(\tau_x > m, \ X_m = z, \ X_{m+1} = y) \\
&= \frac{1}{E_x(\tau_x)} \sum_{m=0}^{\infty} P_x(\tau_x > m, \ X_{m+1} = y) \\
&= \nu(y)
\end{aligned}
$$

となる. ただし最後の等号は場合分けで示される:$x \neq y$ のとき

$$\sum_{m=0}^{\infty} P_x(\tau_x > m, \ X_{m+1} = y) = \sum_{m=0}^{\infty} P_x(\tau_x > m+1, \ X_{m+1} = y)$$

$$= \sum_{m=0}^{\infty} P_x(\tau_x > m,\ X_m = y)$$

であり, $x = y$ のとき

$$\sum_{m=0}^{\infty} P_x(\tau_x > m,\ X_{m+1} = x) = \sum_{m=0}^{\infty} P_x(\tau_x = m + 1)$$

$$= P_x(\tau_x < \infty) = 1$$

である. ∎

　以上で定理 5.1 の証明が完結した.

　最後に系 5.1 を証明する.

(証明) [系 5.1 の証明] 状態空間 S が有限とし, また Markov 連鎖が既約とする. このとき補題 5.5 より再帰的である. 補題 5.12 にならい, $x \in S$ を固定し

$$\mu(y) = \sum_{m=0}^{\infty} P_x(\tau_x > m,\ X_m = y) \quad (y \in S)$$

とおく. この時点では $\mu(y) = \infty$ の可能性もあることに注意する. $y = x$ のときは $\mu(x) = P_x(\tau_x > 0) = 1$ となる. すると, 補題 5.12 の証明と同様にして,

$$\sum_{y \in S} \mu(y) p_n(y, x) = \mu(x)\ (= 1) \quad (n \geq 1)$$

が示される. よって $p_n(y, x) > 0$ ならば $\mu(y) < \infty$ であり, 既約性よりすべての y に対して $\mu(y) < \infty$ である. 最後に, 状態空間が有限であることから, $\pi(y) = \mu(y) / \sum_z \mu(z)$ とおけば, これが定常分布となる. ∎

注意 5.5　系 5.1 の証明と同様にして, 次のことが示される：既約かつ再帰的な Markov 連鎖に対し, $\mu(y) = \sum_{x \in S} \mu(x) p(x, y)$ を満たす正の関数 $\mu(x)$ が存在する. 例 5.11 の単純対称ランダムウォークの場合, $\mu(x) \equiv 1$ がこれを満たす. ◁

5.4　Poisson 過 程

　Markov 連鎖は離散時間の確率過程であったが, 連続時間の Markov 連鎖を考えることもできる. ここでは簡単のため Poisson 過程とよばれる確率過程のみ考える.

まず，連続時間の確率過程とは何かをはっきり定義しておいた方がよいだろう．

定義 5.11 (連続時間の確率過程) $(\Omega, \mathcal{F}, P)$ を確率空間とし，S を状態空間とする．各実数 $t \geq 0$ に対して $X_t : \Omega \to S$ が定義されているとき，これらの集合 $X = \{X_t\} = \{X_t\}_{t \geq 0}$ を (連続時間の) **確率過程**という．また各 $\omega \in \Omega$ に対して $\{X_t(\omega)\}_{t \geq 0}$ を標本関数という．

例 5.13 $f > 0$ を定数とし，U を区間 $[0,1]$ 上の一様分布に従う確率変数とする．このとき，$X_t = \sin(2\pi(ft + U))$ は連続時間の確率過程となる．これは，周波数 f の正弦波をランダムにずらしたものである． ◁

注意 5.6 連続時間の確率過程を定義するとき，(標本関数の連続性などを議論しない限りは) その有限次元分布を矛盾なく定めればよいことが知られている (**Kolmogorov の拡張定理**)．ここで，有限次元分布とは，任意の自然数 n および任意の時刻 $t_1, \ldots, t_n$ に対する $(X_{t_1}, \ldots, X_{t_n})$ の同時分布のことを指す．しかし，例 5.13 のように，有限次元分布を経由せず直接的に確率過程を定義することも多い． ◁

Poisson 過程は次のように定義される．その存在性はあとで証明する．

定義 5.12 状態空間を $S = \{0, 1, \ldots\}$ とする．実数 $\lambda > 0$ に対し，確率過程 $\{X_t\}_{t \geq 0}$ が以下の 4 つの条件を満たすとき，これを強度 λ の **Poisson (ポアソン) 過程**という．

(1) $X_0 = 0$ (a.s.).
(2) X_t は独立増分．すなわち，$0 \leq t_0 < t_1 < \cdots < t_n$ のとき，確率変数 $X_{t_1} - X_{t_0}, \ldots, X_{t_n} - X_{t_{n-1}}$ は独立．
(3) 任意の $s, t \geq 0$ に対し，確率変数 $X_{t+s} - X_t$ は強度 λs の Poisson 分布に従う：

$$P(X_{t+s} - X_t = x) = \frac{(\lambda s)^x}{x!} e^{-\lambda s}, \quad x \in S.$$

(4) ほとんどすべての $\omega \in \Omega$ に対し，$X_t = X_t(\omega)$ は右連続かつ単調増加[*7]．

[*7] 広義単調増加の意味とする．なお単調増加性は他の条件から導かれることを補題 5.13 で示す．

Poisson 過程は，ランダムな時刻に生起する現象，例えば放射線の検出個数，電子メールの受信数などを表現したいときに利用される．

また，Poisson 過程は次の意味で Markov 過程である：任意の時刻 $0 \leq t_1 < \cdots < t_n$ および状態 $x_{t_1}, \ldots, x_{t_n} \in S$ に対して

$$P(X_{t_n} = x_{t_n} \mid X_{t_1} = x_{t_1}, \ldots, X_{t_{n-1}} = x_{t_{n-1}}) = P(X_{t_n} = x_{t_n} \mid X_{t_{n-1}} = x_{t_{n-1}}).$$

これは，条件 (2) の独立増分性から従う．なお，連続時間における Markov 性の一般的な定義は 8 章で与える．

さて，Poisson 過程を具体的に構成することで，その存在性を証明しよう．

定理 5.2 Poisson 過程は存在する．つまり，適当な確率空間 $(\Omega, \mathcal{F}, P)$ 上に構成できる．

(証明) 具体的に構成する．ここでは時間の区間を $[0,1]$ に限定した Poisson 過程のみ構成する．$[0, \infty)$ の場合は，それらを独立に用意してつなぎ合わせればよい．まず，強度 λ の Poisson 分布に従う確率変数を N とする．また，N とは独立に $[0,1]$ 上の一様分布に従う確率変数 $U_1, U_2, \ldots$ を用意する．そして，任意の区間 $I \subset [0,1]$ に対して，I に属する $U_1, \ldots, U_N$ の個数を $Y(I)$ とする．すなわち，

$$Y(I) = |\{i = 1, \ldots, N : U_i \in I\}|$$

とおく．$Y(I)$ も確率変数である．このとき，$X_t = Y([0,t])$ とおけば，$\{X_t\}_{t \in [0,1]}$ が Poisson 過程になることを示そう．まず $X_0 = Y([0,0]) = 0$ (a.s.) となることは明らかである．また，任意の $s < t$ に対して $X_t - X_s = Y((s,t])$ と書けることに注意する．さて，$0 = t_0 < t_1 < \cdots < t_{k-1} < t_k = 1$ に対して，$I_i = (t_{i-1}, t_i]$ とおけば，$Y(I_1), \ldots, Y(I_k)$ は ($N = n$ を固定したもとで) 多項分布に従う：

$$P(Y(I_1) = y_1, \ldots, Y(I_k) = y_k | N = n) = \frac{n!}{y_1! \cdots y_k!} \prod_{i=1}^{k} (t_i - t_{i-1})^{y_i}, \quad \sum_{i=1}^{k} y_i = n.$$

なぜならば，$N = n$ を固定しても $U_1, \ldots, U_n$ が独立であることには変わりなく，各 U_i が区間 $I_1, \ldots, I_k$ へ入る事象も独立となるからである．したがって，

$$P(Y(I_1) = y_1, \ldots, Y(I_k) = y_k) = P(N = n)P(Y(I_1) = y_1, \ldots, Y(I_k) = y_k \mid N = n)$$

$$= \frac{\lambda^n \mathrm{e}^{-\lambda}}{n!} \frac{n!}{y_1! \cdots y_k!} \prod_{i=1}^{k} (t_i - t_{i-1})^{y_i}$$

$$= \prod_{i=1}^{k} \frac{(\lambda(t_i - t_{i-1}))^{y_i}}{y_i!} \mathrm{e}^{-\lambda(t_i - t_{i-1})}$$

となり，$Y(I_i) = X_{t_i} - X_{t_{i-1}}$ が独立に強度 $\lambda(t_i - t_{i-1})$ の Poisson 分布に従うことが示された．最後に X_t が右連続であることは

$$\lim_{s \to t+0} X_s = \lim_{s \to t+0} Y([0, s]) = Y([0, t])$$

よりわかる．単調増加性についても同様である． ■

注意 5.7 定理 5.2 の証明で使った「確率過程」$\{Y(I)\}_{I \subset [0,1]}$ は，$[0, 1]$ だけでなく，d 次元 Euclid 空間にも拡張される．測度空間 $(\mathbb{R}^d, \mathcal{B}(\mathbb{R}^d), \mu)$ を考える．定理 5.2 の証明は，$d = 1$ で μ が Lebesgue 測度の場合に対応する．このとき，確率変数の集合 $\{Y(A)\}_{A \in \mathcal{B}(\mathbb{R}^d)}$ で，以下の性質を満たすものを **Poisson 点過程**という：

(1) $A_1, \cdots, A_n$ が互いに排反のとき，$Y(A_1), \cdots, Y(A_n)$ は独立であり，また $Y\left(\bigcup_{i=1}^{n} A_i\right) = \sum_{i=1}^{n} Y(A_i)$ である．
(2) $Y(A)$ は強度 $\mu(A)$ の Poisson 分布に従う[*8]．

Poisson 点過程の具体的な構成法は定理 5.2 の証明と同様である．Poisson 点過程は，例えば，ある地域におけるインフルエンザの疾患者の所在地など，ランダムな点配置をモデリングするときに基本的となる．また，$d = 1$，$\mu([0, t]) = \int_0^t \lambda_s \mathrm{d}s$ の場合 (λ_t は連続関数)，$X_t = Y([0, t])$ で定義される確率過程を**非同次 Poisson 過程**という．これは，区間 $[t, t + \mathrm{d}t]$ における生起確率が $\lambda_t \mathrm{d}t$ であることを意味している． ◁

Poisson 過程の重要な性質の一つは，ジャンプの起きる間隔が独立な指数分布に従うことである．

定理 5.3 X_t を強度 λ の Poisson 過程とし，$\tau_i = \inf\{t \geq 0 : X_t \geq i\}$ $(i \geq 1)$ とおく[*9]．このとき $\tau_1, \tau_2 - \tau_1, \tau_3 - \tau_2, \ldots$ は独立に強度 λ の指数分布に従う．

[*8]　$\mu(A) = \infty$ の場合は除外して考えるか，$Y(A) = \infty$ と考える．
[*9]　標本関数の右連続性から，確率 1 で inf は min となる．また τ_i は可測である．

(証明) まず,
$$P(\tau_1 > t) = P(X_t = 0) = \frac{(\lambda t)^0 e^{-\lambda t}}{0!} = e^{-\lambda t}$$
より, τ_1 はパラメータ λ の指数分布に従う. 次に, $d_1, d_2 > 0$ に対して
$$P(\tau_2 - \tau_1 > d_2 \mid \tau_1 = d_1) = e^{-\lambda d_2}$$

を示す. 左辺は初等的な確率論における条件付確率の記法で書いたが, 定理 4.28 で示したように, 測度論的に考えることも可能である. 上の式は 8 章で導入する 強 Markov 性を示せば系として得られるが, 以下では初等的に証明する.

まず,
$$\begin{aligned}
P(\tau_2 - \tau_1 > d_2 \mid \tau_1 = d_1) &= \lim_{\delta \to 0} P(\tau_2 - \tau_1 > d_2 \mid d_1 < \tau_1 \leq d_1 + \delta) \\
&= \lim_{\delta \to 0} \frac{P(d_1 < \tau_1 \leq d_1 + \delta, \tau_2 > \tau_1 + d_2)}{P(d_1 < \tau_1 \leq d_1 + \delta)} \\
&= \lim_{\delta \to 0} \frac{P(d_1 < \tau_1 \leq d_1 + \delta, \tau_2 > d_1 + d_2)}{P(d_1 < \tau_1 \leq d_1 + \delta)}
\end{aligned}$$

となる[*10]. ここで分母は
$$P(d_1 < \tau_1 \leq d_1 + \delta) = P(X_{d_1} = 0, X_{d_1+\delta} \geq 1) = e^{-\lambda d_1}(1 - e^{-\lambda \delta})$$

となる. ただし最後の等号は Poisson 過程の定義による. 同様に, 分子は ($\delta < d_2$ としてよいことに注意して)
$$\begin{aligned}
P(d_1 < \tau_1 \leq d_1 + \delta, \tau_2 > d_1 + d_2) &= P(X_{d_1} = 0, X_{d_1+\delta} = 1, X_{d_1+d_2} = 1) \\
&= e^{-\lambda d_1} \lambda \delta e^{-\lambda \delta} e^{-\lambda(d_2 - \delta)} \\
&= \lambda \delta e^{-\lambda(d_1 + d_2)}
\end{aligned}$$

となる. よって
$$P(\tau_2 - \tau_1 > d_2 \mid \tau_1 = d_1) = \lim_{\delta \to 0} \frac{\lambda \delta e^{-\lambda(d_1+d_2)}}{e^{-\lambda d_1}(1 - e^{-\lambda \delta})} = e^{-\lambda d_2}$$

となり, $\tau_2 - \tau_1$ は τ_1 とは独立に指数分布に従うことが示された. 以下同様にして $\tau_n - \tau_{n-1}$ がそれまでの $\tau_i - \tau_{i-1}$ とは独立な指数分布に従うことを証明できる. ∎

[*10]　最後の等号は, 厳密には包含関係 $\{\tau_2 > d_1 + \delta + d_2\} \subset \{\tau_2 > \tau_1 + d_2\} \subset \{\tau_2 > d_1 + d_2\}$ によって確率を上下から評価し, $\delta \to 0$ のときに両者が一致することを確かめる必要がある.

定理 5.3 は，Poisson 過程を具体的に構成する別の方法を与えている．すなわち，独立に指数分布に従う確率変数列 $D_1, D_2, \ldots$ を先に用意する．すると，時刻 t までに起こったジャンプの回数を

$$Y_t = \sup\{i : D_1 + \cdots + D_i \le t\} \tag{5.19}$$

によって定めれば，Y_t は Poisson 過程となる．

最後に，標本関数に関する次の事実を証明しておこう．連続時間の確率過程では，標本関数を扱うとき，その連続性や右連続性が鍵となることを垣間みることができる．

補題 5.13 Poisson 過程の定義において，(4) の単調増加性は他の条件から導かれる．

(証明) 背理法による．すなわち，

$$P(ある\ s,t \in [0,\infty)\ が存在して，\ s < t\ かつ\ X_s > X_t) > 0$$

と仮定する．このとき，$\{X_t\}$ が確率 1 で右連続性をもつことから

$$P(ある\ s,t \in \mathbb{Q}_+\ が存在して，\ s < t\ かつ\ X_s > X_t) > 0$$

も成り立つ．ただし $\mathbb{Q}_+$ は非負の有理数全体とする．ところが $\mathbb{Q}_+$ は可算集合だから，少なくとも 1 組の $s < t, s,t \in \mathbb{Q}_+$ に対して $P(X_s > X_t) > 0$ とならなければならない．これは $X_t - X_s$ が Poisson 分布に従うことに矛盾する． ∎

6 Brown 運動と確率積分

物理現象に起源をもつ Brown 運動は基本的な確率過程である．この章では，Brown 運動とそれに基づく確率積分について解説する．普通の微積分の場合と同じように，具体的な問題についての計算ができるように，最初は直観的な理解を目標とする．

6.1 Brown 運動

この節ではまず Brown 運動の定義を与え，その性質について議論する．また，Brown 運動から作られる増大情報系の概念を導入する．

6.1.1 定義と性質

5.4 節で定義したように，確率空間 $(\Omega, \mathcal{F}, P)$ 上の確率変数の族 $\{X_t\} = \{X_t\}_{t \geq 0}$ を確率過程という．

定義 6.1 確率空間 $(\Omega, \mathcal{F}, P)$ 上の確率過程 $\{B_t\}_{t \geq 0}$ が，以下の 4 つの性質を満たすとき，これを**標準 Brown (ブラウン) 運動**あるいは単に **Brown 運動**とよぶ．**Wiener (ウィーナー) 過程**とよぶこともある．

(1) $B_0 = 0$ (a.s.).

(2) $0 \leq t_0 < t_1 < t_2 < \cdots < t_n$ のとき，確率変数 $B_{t_1} - B_{t_0}$, $B_{t_2} - B_{t_1}$, ..., $B_{t_n} - B_{t_{n-1}}$ は独立．

(3) 任意の $s, t \geq 0$ に対し，確率変数 $B_{t+s} - B_t$ は平均 0，分散 s の正規分布に従う．

(4) ほとんどすべての $\omega \in \Omega$ に対し，$B_t = B_t(\omega)$ は t の連続関数．

なお，(2) の性質をもつ確率過程は**独立増分過程**とよばれる．また，(4) の性質をもつ確率過程を**連続確率過程**とよぶことにする．

Brown 運動が実際に存在する (適当な確率空間上に構成できる) ことの証明は 6.4 節に与える. 構成する際には, 上の (4) の条件について若干のテクニカルな注意が必要になる. ここでは, 公平なコイン投げに伴うランダムウォークの極限を考え, (1) から (3) の条件が満たされることを示そう. いま $X_1, X_2, \ldots$ は互いに独立で $P(X_i = 1) = P(X_i = -1) = 1/2$ とする. また, $S_0 = 0, S_i = X_1 + \cdots + X_i$ とおく. 座標平面において $n + 1$ 個の点 $(i/n, S_i/\sqrt{n})$ $(0 \le i \le n)$ をプロットし, 折れ線で結ぶと, 勾配が $\pm\sqrt{n}$ の線分からなるパスが得られる. このパスを $\{B_t^{(n)}\}_{0 \le t \le 1}$ とおこう. 式で書くと

$$B_t^{(n)} = \frac{1}{\sqrt{n}} \left(\sum_{k=1}^{\lfloor nt \rfloor} X_k + (t - \lfloor nt \rfloor/n) X_{\lfloor nt \rfloor + 1} \right)$$

である. これが Brown 運動の近似となることを大雑把に確かめよう. まず, 性質 (1) は明らかに成り立つ. 性質 (2) の独立増分性は, $B_{t_1}^{(n)} - B_{t_0}^{(n)}$ が $X_{\lfloor nt_0 \rfloor}, \ldots, X_{\lfloor nt_1 \rfloor + 1}$ にしか依存しないことから納得できる. そして, 性質 (3) は中心極限定理により

$$B_{t+s}^{(n)} - B_t^{(n)} = \frac{1}{\sqrt{n}} \left(\sum_{k=\lfloor nt \rfloor + 1}^{\lfloor n(t+s) \rfloor} X_k + \mathrm{O}(1) \right) \sim \mathrm{N}(0, s)$$

と確認される. ここで, $\mathrm{O}(1)$ と書いた項は, 具体的には絶対値がたかだか 2 の確率変数である. また, X_i の平均が 0, 分散が 1 であることを用いた.

この近似に基づいて, B_t の標本関数の一例を描いたものを図 6.1 に示す.

折れ線 $B_t^{(n)}$ は非常にギザギザしており, 特に縦軸方向の変動の絶対値の和は

$$n \times \frac{1}{\sqrt{n}} = \sqrt{n} \to \infty \qquad (n \to \infty)$$

となる. このことから, Brown 運動のパスが微分不可能であり, また有界変動でないことなどが納得される. 実際, $B_t(\omega)$ は ω を固定すれば確率 1 で t の連続関数となるが, いたるところ t に関し微分不可能であることが知られている [19, 命題 12.3].

さて, Brown 運動の性質をいくつか見ていく. まず, 共分散の計算をしておこう.

例題 6.1　任意の $s, t \ge 0$ に対し $\mathrm{E}(B_s B_t) = \min(s, t)$ となることを示せ. 　◁

(解)　$s \le t$ とし, $\mathrm{E}(B_s B_t) = s$ を示せばよい. $s = t$ の場合は条件 (3) から明らかなので, $s < t$ とする. B_s と $B_t - B_s$ は独立, 特に共分散はゼロだから, $\mathrm{E}(B_s B_t) = \mathrm{E}\{B_s(B_s + (B_t - B_s))\} = \mathrm{E}(B_s^2) = s$ となる.

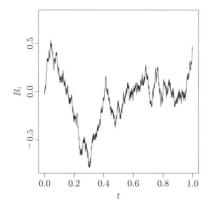

図 6.1 Brown 運動の標本関数 (実際には $n = 2^{10}$ の場合の $B_t^{(n)}$).

　次の命題は，例題 6.1 の逆を述べたものであり，Brown 運動であることを確認するときにしばしば有用である．ここで，任意の有限次元分布が多変量正規分布となる確率過程のことを **Gauss (ガウス) 過程**という．

命題 6.1 確率過程 $\{X_t\}_{t \geq 0}$ が平均 $E(X_t) = 0$，共分散 $E(X_s X_t) = \min(s, t)$ をもつ Gauss 過程で，かつ確率 1 で連続な標本関数をもつならば，$\{X_t\}_{t \geq 0}$ は Brown 運動である．

(証明) 仮定より，$\{X_t\}_{t \geq 0}$ は Brown 運動の性質 (4) を満たす．また，$E(X_0) = 0$ かつ $V(X_0) = \min(0, 0) = 0$ より性質 (1) が成り立つ．性質 (2) の独立増分性を確認するには，(正規分布だから) 共分散を計算すればよい．$0 \leq a < b \leq c < d$ のとき

$$\mathrm{Cov}(X_b - X_a, X_d - X_c) = E(X_b X_d) - E(X_b X_c) - E(X_a X_d) + E(X_a X_c)$$
$$= b - b - a + a = 0$$

となり，独立増分性が確認された．最後に，$t, s \geq 0$ に対して $X_{t+s} - X_t$ の平均は 0，分散は

$$V(X_{t+s} - X_t) = E(X_{t+s}^2 - 2X_{t+s}X_t + X_t^2) = (t + s) - 2t + t = s$$

となり，性質 (3) が成り立つことがわかる． ■

例題 6.2 $\{B_t\}$ は Brown 運動とする. このとき, 以下で定義される確率過程 $\{X_t\}$ はいずれも ($\{B_t\}$ とは別の) Brown 運動であることを示せ.

(1) $X_t = -B_t$.

(2) $X_t = B_{t+c} - B_c$, ただし $c \geq 0$ は定数.

(3) $X_t = \sqrt{c}B_{t/c}$, ただし $c > 0$ は定数.

◁

(解) いずれの場合も, X_t が連続な標本関数をもつ Gauss 過程であることは (B_t がそうであることから) 明らかである. また平均が $\mathrm{E}(X_t) = 0$ となることも容易にわかる. よって命題 6.1 より共分散 $\mathrm{E}(X_s X_t)$ を計算すればよい. (1) は明らかに B_t と同じ共分散をもつ. (2) は

$$\mathrm{E}(X_s X_t) = \mathrm{E}\{(B_{s+c} - B_c)(B_{t+c} - B_c)\} = \min(s+c, t+c) - c = \min(s,t)$$

となる. また (3) は

$$\mathrm{E}(X_s X_t) = \mathrm{E}(\sqrt{c}B_{s/c}\sqrt{c}B_{t/c}) = c\min(s/c, t/c) = \min(s,t)$$

となる.

注意 6.1 上の例題のうち, 特に (3) の性質はスケール変換に関する自己相似性を表している. この性質を拡張したものとして, **分数 Brown 運動**がある. これは, 平均が 0 で共分散が

$$\mathrm{E}(X_s X_t) = (s^{2H} + t^{2H} - |t-s|^{2H})/2, \quad s, t \geq 0,$$

となる Gauss 過程 X_t として定義される. ここで, 定数 $0 < H < 1$ はハースト係数とよばれる. このとき, 例題と同様にして, $c^H X_{t/c}$ が X_t と同じ共分散をもつことを確認できる. 特に $H = 1/2$ の場合が通常の Brown 運動である. 実際, $(t + s - |t-s|)/2 = \min(s,t)$ が成り立つ. なお, 分数 Brown 運動は定常な増分をもつ (すなわち, 任意の $c > 0$ に対して確率過程 $X_{t+c} - X_c$ と X_t は同じ分布をもつ). しかし $H = 1/2$ の場合を除いて独立増分過程ではない.

◁

次に, 一見あまり自明ではない性質を見てみよう.

例題 6.3 [時間反転] $X_t = tB_{1/t}$ $(t > 0)$, $X_0 = 0$ は Brown 運動と同じ平均，共分散をもつことを示せ． ◁

(解) $s, t > 0$ のとき，平均は $\mathrm{E}(X_t) = \mathrm{E}(tB_{1/t}) = 0$，共分散は

$$\mathrm{E}(X_t X_s) = \mathrm{E}(tB_{1/t} sB_{1/s}) = ts \min(1/t, 1/s) = \min(s, t)$$

となる．$s = 0$ あるいは $t = 0$ の場合も同様に成り立つ．なお，X_t が $t > 0$ において (確率 1 で) 連続関数であることは，B_t がそうであることからわかる．実は，$t \to 0$ のとき $tB_{1/t} \to 0$ (a.s.) となることも後に示される (例 6.9) ので，X_t は Brown 運動になっている．

多次元の正規分布があったように，多次元の Brown 運動もある．

定義 6.2 (多次元の Brown 運動) 独立な d 個の Brown 運動の組 $\{B_i(t) : t \geq 0, \ i = 1, \ldots, d\}$ を d 次元の Brown 運動という．

例題 6.4 $\{B_i(t) : t \geq 0, \ i = 1, \ldots, d\}$ を d 次元 Brown 運動とし，$a = (a_1, \ldots, a_d)^\top \in \mathbb{R}^d$ を単位ベクトルとするとき，$X_t = \sum_{i=1}^{d} a_i B_i(t)$ は 1 次元の Brown 運動となることを示せ． ◁

(解) X_t は Gauss 過程であるから，共分散が $\mathrm{E}(X_t X_s) = \min(t, s)$ となることを示せばよい (命題 6.1 参照)．$i \neq j$ のとき $\{B_i(t) : t \geq 0\}$ と $\{B_j(t) : t \geq 0\}$ が独立であることに注意すると，

$$\mathrm{E}(X_t X_s) = \mathrm{E}\left(\sum_{i=1}^{d} \sum_{j=1}^{d} a_i a_j B_i(t) B_j(s)\right) = \sum_{i=1}^{d} a_i^2 \min(t, s) = \min(t, s)$$

となる．よって示された．

6.1.2 増 大 情 報 系

定義 6.3 確率空間 $(\Omega, \mathcal{F}, P)$ の部分 σ-加法族の集合 $\{\mathcal{M}_t\}_{t \geq 0}$ が，任意の $0 \leq s \leq t$ に対し $\mathcal{M}_s \subset \mathcal{M}_t$ を満たすとき，$\{\mathcal{M}_t\}_{t \geq 0}$ を**増大情報系** (フィルトレーション) とよぶ．

定義 6.4 Brown 運動 $B_t(\omega)$ に対し, $\mathcal{F}_t = \sigma(B_s : 0 \le s \le t)$ を B_t の**自然な増大情報系**とよぶ.

定義 6.5 $\{\mathcal{M}_t\}_{t \ge 0}$ を確率空間 $(\Omega, \mathcal{F}, P)$ の増大情報系, $\{g_t(\omega)\}_{t \ge 0}$ を確率過程とする. 任意の $t \ge 0$ に対し, 確率変数 $g_t(\omega)$ が $\mathcal{M}_t$-可測であるとき, $\{g_t\}_{t \ge 0}$ は $(\mathcal{M}_t)$-**適合**であるという.

$\mathcal{F}_t$ を自然な増大情報系とするとき, 次の形で表される関数 $h(\omega)$ が $\mathcal{F}_t$-可測であることは明らかである:

$$h(\omega) = g(B_{t_1}(\omega), \ldots, B_{t_k}(\omega)), \quad 0 \le t_1 < \cdots < t_k \le t. \tag{6.1}$$

ここで g は $\mathbb{R}^k$ から $\mathbb{R}$ への Borel 可測関数である.

他の例を一つ確認しておこう.

例 6.1 Brown 運動 $\{B_t\}_{t \ge 0}$ は連続な標本関数をもつから, Riemann 積分 $X_t = \int_0^t B_s(\omega)\mathrm{d}s$ が定義される. このように定義される確率過程 $\{X_t\}$ は $(\mathcal{F}_t)$-適合である. 実際, 各 $t \ge 0$ に対して

$$X_t(\omega) = \lim_{n \to \infty} \frac{t}{n} \sum_{k=1}^n B_{\frac{kt}{n}}(\omega)$$

が成り立つ. これは $\mathcal{F}_t$-可測な関数の極限であるから, $\mathcal{F}_t$-可測である.   ◁

実は, 任意の $\mathcal{F}_t$-可測関数は, 式 (6.1) の形の関数の概収束極限として表される. より具体的には次の命題が成り立つ. 証明は割愛する[*1].

命題 6.2 $t > 0$ を固定し, $h(\omega)$ は $\mathcal{F}_t$-可測でかつ $E(|h|) < \infty$ と仮定する. また, $n \ge 1$ に対して $\mathcal{F}_t^n = \sigma(B_{jt/2^n} : j = 0, 1, \ldots, 2^n)$ とおく. このとき, $E(h|\mathcal{F}_t^n)$ は $n \to \infty$ のもとで h に概収束する.

例 6.2 [数理ファイナンス] $\mathcal{F}_t = \sigma(B_s : 0 \le s \le t)$ について適合な確率変数とは, 時刻 t までの Brown 運動のパス $B_s : 0 \le s \le t$ の関数となっているような確率変数と考えればよい. 例えば, B_t がある証券の価格過程を表すとすれば, 現在までの価格のパスに応じた投資戦略 (つまり, 当然であるが未来の価格を見てはいけない) は $(\mathcal{F}_t)$-適合である.   ◁

[*1] マルチンゲール収束定理を使って示される [22, 3 章].

6.2 確 率 積 分

ω を固定すれば $B_t(\omega)$ は t の連続関数となるので，$\int f_t(\omega)\mathrm{d}B_t(\omega)$ は ω を固定して考えて Stieltjes 積分 (注意 4.6) として定義すればよさそうに思える．しかし，前節で述べたように $B_t(\omega)$ は有界変動でなく，Stieltjes 積分の前提条件を満たさないので，別の扱いが必要になる．以下では $\{\mathcal{F}_t\}_{t\geq 0}$ は自然な増大情報系とする[*2]．

まず，被積分関数である確率過程 f_t が属すべき集合を明らかにしておく．

定義 6.6 $\mathcal{L}^2(a,b)$ $(0 \leq a < b)$ を以下の条件を満たす確率過程 $f = \{f_t\}_{t\geq 0}$ の集合とする．

(1) 写像 $(t,\omega) \mapsto f_t(\omega)$ は $\mathcal{B}([a,b]) \times \mathcal{F}_b$-可測．ただし，$\mathcal{B}([a,b])$ は区間 $[a,b]$ の Borel 集合族，$\mathcal{F}' \times \mathcal{F}$ は $\mathcal{F}'$ と $\mathcal{F}$ の直積 σ-加法族である．

(2) 確率過程 f は，$(\mathcal{F}_t)$-適合．

(3) $\mathrm{E}\left(\displaystyle\int_a^b f_t^2 \mathrm{d}t\right) < \infty$.

条件 (1), (3) から，$\mathcal{L}^2(a,b)$ は $\mathrm{L}^2([a,b] \times \Omega)$ の部分空間であることがわかる．

以下，$f \in \mathcal{L}^2(a,b)$ に対し，確率積分 $\int_a^b f_t \mathrm{d}B_t$ を定義する．まず，f が階段過程とよばれる簡単な確率過程の場合に積分を定義し，その極限をとることにより一般の確率積分を定義する．

確率過程 $f = \{f_t\}_{t\geq 0}$ が

$$f_t(\omega) = \sum_{j=1}^n e_j(\omega)\mathbf{1}_{[t_{j-1},t_j)}(t)$$

の形に表されるとき f を**階段過程**とよぶ．ここで，$e_j(\omega)$ は $\mathcal{F}_{t_{j-1}}$-可測で有界な確率変数である．また，$a = t_0 \leq t_1 \leq \cdots \leq t_n = b$ は区間 $[a,b]$ の t によらない固定された分点である．階段過程に対する確率積分を

$$\int_a^b f_t \mathrm{d}B_t = \int_a^b f_t(\omega)\mathrm{d}B_t(\omega) = \sum_{j=1}^n e_j(\omega)\{B_{t_j}(\omega) - B_{t_{j-1}}(\omega)\} \tag{6.2}$$

と定義する．確率積分は確率変数である．

一般の被積分関数に対する確率積分を定義するには，以下の 2 つの補題が必要となる．

---

*2 より正確に議論するには，各 $\mathcal{F}_t$ に確率 0 の可測集合全体を含めておく必要がある．

補題 6.1 (等長性) $\{f_t\}_{t \geq 0}$ が階段過程のとき，

$$
\mathrm{E}\left\{\left(\int_a^b f_t \mathrm{d}B_t\right)^2\right\} = \mathrm{E}\left(\int_a^b \{f_t(\omega)\}^2 \mathrm{d}t\right)
$$

が成り立つ．つまり，写像 $f \mapsto \int_a^b f_t \mathrm{d}B_t$ は，$\mathcal{L}^2(a,b)$ の階段過程全体から $\mathrm{L}^2(\Omega)$ への等長写像（L^2-ノルムを保つ写像）となっている．

(証明) まず，Brown 運動の定義より，

$$
\mathrm{E}(B_{t_j} - B_{t_{j-1}}|\mathcal{F}_{t_{j-1}}) = 0, \quad E((B_{t_j} - B_{t_{j-1}})^2|\mathcal{F}_{t_{j-1}}) = t_j - t_{j-1}
$$

が成り立つ．よって，階段過程 $f_t(\omega) = \sum_{j=1}^{n} e_j(\omega) 1_{[t_{j-1}, t_j)}(t)$ に対して

$$
\begin{aligned}
\mathrm{E}\left\{\left(\int_a^b f_t \mathrm{d}B_t\right)^2\right\} &= \mathrm{E}\left\{\left(\sum_{j=1}^{n} e_j(\omega)\{B_{t_j}(\omega) - B_{t_{j-1}}(\omega)\}\right)^2\right\} \\
&= \sum_{j=1}^{n} \mathrm{E}\left(e_j(\omega)^2 \{B_{t_j}(\omega) - B_{t_{j-1}}(\omega)\}^2\right) \\
&= \sum_{j=1}^{n} \mathrm{E}\left(e_j(\omega)^2 (t_j - t_{j-1})\right) \\
&= \mathrm{E}\left(\int_a^b \{f_t(\omega)\}^2 \mathrm{d}t\right)
\end{aligned}
$$

となる．ただし定理 4.27 の諸性質を用いた． ∎

補題 6.2 (稠密性) $\mathcal{L}^2(a,b)$ の任意の要素 f に対し，適当な階段過程の列 $f^{(n)}$，$n = 1, 2, \dots$ をとり，

$$
\lim_{n \to \infty} \mathrm{E}\left(\int_a^b \{f_t(\omega) - f_t^{(n)}(\omega)\}^2 \mathrm{d}t\right) = 0
$$

とできる．すなわち，階段過程全体は $\mathcal{L}^2(a,b)$ において稠密である．

(証明) ここでは $f_t(\omega)$ が (t, ω) について有界で，t について連続な場合のみ証明する．一般の場合は [22, 3.1 節] あるいは [24, 補題 4.4] を参照せよ．この場合，

$$f_t^{(n)}(\omega) = \sum_{j=1}^{n} f_{t_{j-1}}(\omega) \mathbf{1}_{[t_{j-1}, t_j)}(t)$$

とおけば，$f_t^{(n)}$ は階段過程であり，有界収束定理より $\mathrm{E}(\int_a^b (f_t - f_t^{(n)})^2 \mathrm{d}t) \to 0$ となる．　■

定義 6.7 $f \in \mathcal{L}(a,b)$ の**確率積分** (伊藤積分) は，補題 6.2 の階段過程列 $f_t^{(n)}$ を用いて

$$\int_a^b f_t(\omega) \mathrm{d}B_t(\omega) := \lim_{n \to \infty} \int_a^b f_t^{(n)}(\omega) \mathrm{d}B_t(\omega) \quad (2 \text{ 次平均収束}) \tag{6.3}$$

で定義される．

補題 6.3 式 (6.3) の極限は存在し，また階段過程 $f_t^{(n)}$ のとり方に依存しない．

(証明) まず極限が存在することを示す．$f_t^{(n)}$ は $\mathcal{L}^2(a,b)$ において収束列であるから，特に Cauchy 列でもある．したがって補題 6.1 から $\int_a^b f_t^{(n)} \mathrm{d}B_t$ は $\mathrm{L}^2(\Omega)$ において Cauchy 列である．一般に L^2-空間は完備であるから収束先が存在する．次に収束先が一意であることを示す．$f_t^{(n)}$ と $g_t^{(n)}$ を階段過程とし，$\mathrm{E}(\int_a^b (f_t^{(n)} - f_t)^2 \mathrm{d}t) \to 0$ かつ $\mathrm{E}(\int_a^b (g_t^{(n)} - f_t)^2 \mathrm{d}t) \to 0$ とする．このとき $\mathrm{E}(\int_a^b (f_t^{(n)} - g_t^{(n)})^2 \mathrm{d}t) \to 0$ となる．よって，補題 6.1 から

$$\mathrm{E}\left\{ \left(\int_a^b f_t^{(n)} \mathrm{d}B_t - \int_a^b g_t^{(n)} \mathrm{d}B_t \right)^2 \right\} = \mathrm{E}\left(\int_a^b (f_t^{(n)} - g_t^{(n)})^2 \mathrm{d}t \right) \to 0$$

となる．したがって $\int_a^b f_t^{(n)} \mathrm{d}B_t$ と $\int_a^b g_t^{(n)} \mathrm{d}B_t$ の収束先は等しい．　■

次の定理は，階段過程の場合の等長性 (補題 6.1) が，一般の場合にも保持されることを意味している．

定理 6.1 (等長性，一般の場合) $f \in \mathcal{L}^2(a,b)$ のとき，

$$\mathrm{E}\left\{ \left(\int_a^b f_t \mathrm{d}B_t \right)^2 \right\} = \mathrm{E}\left(\int_a^b \{f_t(\omega)\}^2 \mathrm{d}t \right)$$

が成り立つ．

(証明) 補題 6.2 から階段過程列 $f^{(n)}$ が存在して $\mathrm{E}(\int_a^b (f_t^{(n)} - f_t)^2 \mathrm{d}t) \to 0$ と

なる．すると L^2-空間の性質から $E(\int_a^b \{f_t^{(n)}\}^2 dt) \to E(\int_a^b \{f_t\}^2 dt)$ となる．一方，確率積分の定義から $\int_a^b f_t^{(n)} dB_t \to \int_a^b f_t dB_t$ (2 次平均収束) でもあるから，$E\{(\int_a^b f_t^{(n)} dB_t)^2\} \to E\{(\int_a^b f_t dB_t)^2\}$ も成り立つ．補題 6.1 より結果を得る．　■

この定理から直ちに次のことがいえる．

系 6.1 $f, f^{(n)} \in \mathcal{L}^2(a,b)$ で，$E(\int_a^b \{f_t(\omega) - f_t^{(n)}(\omega)\}^2 dt) \to 0$ ならば，

$$\int_a^b f_t(\omega) dB_t(\omega) = \lim_{n \to \infty} \int_a^b f_t^{(n)}(\omega) dB_t(\omega) \quad (2 \text{ 次平均収束})$$

である．

確率積分を具体的な例で定義通り計算してみよう．なお，このような計算は，後に述べる伊藤の公式を使えば必要がなくなる．これは，普通の微積分で定積分を定義通り計算することは少ないことと同様である．

例 6.3 確率積分

$$\int_0^T B_t dB_t$$

を考える．$\{B_t\}$ が $\mathcal{L}^2(0,T)$ に属すことの証明は略す．区間 $[0,T]$ を n 等分して，

$$t_j = \frac{jT}{n}$$

とし，

$$f_t^{(n)}(\omega) = \sum_{j=1}^n B_{t_{j-1}}(\omega) \mathbf{1}_{[t_{j-1}, t_j)}(t)$$

とおく．すると，

$$
\begin{aligned}
E\left(\int_0^T (B_t - f_t^{(n)})^2 dt\right) &= E\left(\sum_{j=1}^n \int_{t_{j-1}}^{t_j} (B_t - B_{t_{j-1}})^2 dt\right) \\
&= \sum_{j=1}^n \int_{t_{j-1}}^{t_j} (t - t_{j-1}) dt \\
&= \sum_{j=1}^n \frac{1}{2}(t_j - t_{j-1})^2 = \frac{1}{2}\frac{T^2}{n}
\end{aligned}
$$

より，$\lim_{n \to \infty} E\left(\int_0^T (B_t - f_t^{(n)})^2 dt\right) = 0$ となる．したがって，

$$\int_0^T B_t \mathrm{d}B_t = \lim_{n\to\infty} \int_0^T f_t^{(n)} \mathrm{d}B_t$$

$$= \lim_{n\to\infty} \sum_{j=1}^n B_{t_{j-1}}(B_{t_j} - B_{t_{j-1}})$$

$$= \lim_{n\to\infty} \sum_{j=1}^n \left\{ \frac{1}{2}(B_{t_j} + B_{t_{j-1}}) - \frac{1}{2}(B_{t_j} - B_{t_{j-1}}) \right\}(B_{t_j} - B_{t_{j-1}})$$

$$= \lim_{n\to\infty} \sum_{j=1}^n \left\{ \frac{1}{2}(B_{t_j}^2 - B_{t_{j-1}}^2) - \frac{1}{2}(B_{t_j} - B_{t_{j-1}})^2 \right\}$$

となる. ここで,

$$\sum_{j=1}^n (B_{t_j}^2 - B_{t_{j-1}}^2) = B_T^2$$

であり, また例題 6.5 で示すように

$$\lim_{n\to\infty} \sum_{j=1}^n (B_{t_j} - B_{t_{j-1}})^2 = T \quad (\text{2 次平均収束}) \tag{6.4}$$

だから,

$$\int_0^T B_t \mathrm{d}B_t = \frac{1}{2}B_T^2 - \frac{1}{2}T \tag{6.5}$$

となる. ◁

例題 6.5 式 (6.4) を示せ. ◁

(解) $X_{n,i} = (B_{t_i} - B_{t_{i-1}})^2$ とおき, $\mathrm{E}\{(\sum_{i=1}^n X_{n,i} - T)^2\} \to 0$ を示せばよい. $X_{n,i}$ は n を固定すると i について独立であること, および $\mathrm{E}(X_{n,i}) = \frac{T}{n}$ であることに注意すると,

$$\mathrm{E}\left\{ \left(\sum_{i=1}^n X_{n,i} - T \right)^2 \right\} = \mathrm{E}\left\{ \sum_{i=1}^n \left(X_{n,i} - \frac{T}{n} \right)^2 \right\}$$

$$= \sum_{i=1}^n 2\left(\frac{T}{n} \right)^2 = \frac{2T^2}{n} \to 0$$

となる. ただし 2 つ目の等号は, $X_{n,i}$ が正規分布に従うことを使っている.

次の補題は基本的である.

補題 6.4 $f, g \in \mathcal{L}^2(a, b)$, $\alpha, \beta \in \mathbb{R}$ のとき,

(1) $\mathrm{E}\left(\displaystyle\int_a^b f_t \mathrm{d}B_t\right) = 0.$

(2) $\displaystyle\int_a^b (\alpha f_t + \beta g_t)\mathrm{d}B_t = \alpha \int_a^b f_t \mathrm{d}B_t + \beta \int_a^b g_t \mathrm{d}B_t.$

が成立する.

(証明) 最初に階段過程について示し,次にその極限をとることによって一般の場合を示す.詳細は省略する. ∎

注意 6.2 確率積分は,より広い被積分関数に対して定義される.具体的には,f_t が $(\mathcal{F}_t)$-適合な確率過程で,確率 1 で $\int_a^b f_t^2 \mathrm{d}t < \infty$ を満たすとき,$\int_a^b f_t \mathrm{d}B_t$ が定義される[22]. ◁

ここまでの確率積分はいわば「定積分」であるが,今後は「不定積分」も扱う.すなわち $f \in \mathcal{L}^2(0, T)$ に対し,積分範囲を t に依存させた確率過程

$$X_t = \int_0^t f_s \mathrm{d}B_s, \quad t \in [0, T] \tag{6.6}$$

を考える.これに関する注意を 2 つ与えておく.

注意 6.3 (6.6) で表される確率過程が,t について連続な標本関数をもつかどうかは定義からはわからない.f が階段過程の場合には Brown 運動の標本関数が連続であることから X_t も連続となる.一般には,連続な**修正**をもつことが知られている.すなわち,$X_t = \int_0^t f_s \mathrm{d}B_s$ に対して,ある連続な標本関数をもつ確率過程 $\{\tilde{X}_t\}_{t \geq 0}$ が存在して,各 t ごとに $P(X_t = \tilde{X}_t) = 1$ となるようにできる [22, 定理 3.2.5].以下では,(6.6) で表される確率過程は常に連続な標本関数をもつものとする. ◁

注意 6.4 $f \in \mathcal{L}^2(0, T)$ であっても,これを区間 $[0, t]$ に制限した関数が $\mathcal{L}^2(0, t)$ に属すとは限らないことが知られている.その原因は $\mathcal{L}^2(a, b)$ の定義 6.6 における可測性にある.そこで,すべての t について $f \in \mathcal{L}^2(0, t)$ となるような f のことを**発展的可測**といって,区別する.しかし,一般に $f \in \mathcal{L}^2(0, T)$ ならば,発展的可測な修正をもつことが知られているので,結局このようなことを気にする必要はない. ◁

6.3　マルチンゲール

　確率積分の性質の一つであるマルチンゲールについて説明する．最初に，少し遠回りかもしれないが，離散時間のマルチンゲールについて要点をまとめて述べる．

6.3.1　離散時間のマルチンゲール

定義 6.8 $\mathcal{M}_0 \subset \mathcal{M}_1 \subset \cdots$ を確率空間 $(\Omega, \mathcal{F}, P)$ の (離散時間の) 増大情報系とする．確率過程 $\{X_i\} = \{X_i\}_{i=0}^{\infty}$ が以下の 3 つの条件を満たすとき，$\{X_i\}$ は増大情報系 $\{\mathcal{M}_i\}$ について**マルチンゲール**であるという．

(1) 各 i に対し，$\mathrm{E}(|X_i|) < \infty$ である．

(2) $\{X_i\}$ は $(\mathcal{M}_i)$-適合である．つまり各 i に対し X_i は $\mathcal{M}_i$ 可測である．

(3) 各 $i < j$ に対し，$\mathrm{E}(X_j|\mathcal{M}_i) = X_i$ となる．

　上の条件のうち，最も本質的な条件は (3) である．(3) から，$\mathrm{E}[X_j] = \mathrm{E}[X_0]$ であることがすぐにわかる．

例 6.4 [ランダムウォーク] $\{Z_i\}_{i=1}^{\infty}$ は独立で，$1/2$ の確率で $Z_i = \pm 1$ となる確率変数とする．このとき，$X_0 = 0$, $X_i = \sum_{j=1}^{i} Z_j$ $(i \geq 1)$, $\mathcal{M}_i = \sigma(Z_1, \ldots, Z_i)$ とおけば，$\{X_i\}$ はマルチンゲールとなる．　　　　　　　　　　　　　　　　　　　　◁

例 6.5 $\{Z_i\}_{i=1}^{\infty}$ は独立同一分布に従い，また $\mathrm{E}(Z_i) = 0$ とする．このとき，

$$X_0 = 0, \quad X_i = X_{i-1} + f_i(Z_1, \ldots, Z_{i-1})Z_i \quad (i \geq 1) \tag{6.7}$$

および $\mathcal{M}_i = \sigma(Z_1, \ldots, Z_i)$ とおけば，$\{X_i\}$ はマルチンゲールとなる．ただし関数 f_i は有界な可測関数とする．例えば賭けのゲームでは，Z_i が期待値 0 のランダムな結果，f_i が賭け金を表す．マルチンゲール性とは，どのように賭けても平均的には損得がないことを意味している．なお，式 (6.7) は確率積分の離散時間版と見ることもできる．　　　　　　　　　　　　　　　　　　　　　　◁

　次の補題は，定理 6.1 の離散時間版と見ることができる．

補題 6.5 2 乗可積分なマルチンゲール，つまり $\mathrm{E}(X_i^2) < \infty$ を満たすマルチンゲール $\{X_i\}$ に対して，次の等式が成り立つ：

$$E\{(X_n - X_0)^2\} = \sum_{i=1}^{n} E\{(X_i - X_{i-1})^2\}.$$

(証明)　$X_n - X_0 = \sum_{i=1}^{n}(X_i - X_{i-1})$ だから,

$$E\{(X_n - X_0)^2\} = \sum_{i=1}^{n} E\{(X_i - X_{i-1})^2\} + 2 \sum_{1 \le i < j \le n} E\{(X_i - X_{i-1})(X_j - X_{j-1})\}$$

である. しかし, マルチンゲール性から, $i < j$ のとき

$$E\{(X_i - X_{i-1})(X_j - X_{j-1})\} = E\{(X_i - X_{i-1})E(X_j - X_{j-1}|\mathcal{M}_{j-1})\} = 0$$

となる. よって結果を得る. ∎

$E(|X|) < \infty$ を満たす確率変数 X と増大情報系 $\mathcal{M}_0 \subset \mathcal{M}_1 \subset \cdots$ があるとき, 次の式によってマルチンゲールを作ることができる:

$$X_i = E(X|\mathcal{M}_i). \tag{6.8}$$

実際, $i < j$ のとき $E(X_j|\mathcal{M}_i) = E\{E(X|\mathcal{M}_j)|\mathcal{M}_i\} = E(X|\mathcal{M}_i) = X_i$ となる.

式 (6.8) を使って, 一見すると確率過程とは関係ない応用例を見てみよう.

例 6.6 [ビン・パッキング問題] 荷重制限 1 トンのトラックを何台か使い, 重さ $z_1, \ldots, z_n$ トン ($z_i \in [0,1]$) の荷物を割り振って同時に運ぶことを考える. このとき必要な最小のトラック台数を $f(z_1, \ldots, z_n)$ とおく. このような $f(z_1, \ldots, z_n)$ を求める問題はビン・パッキング問題とよばれている. さて, $Z = (Z_1, \ldots, Z_n)$ を, 区間 $[0,1]$ に値をとる独立な (必ずしも同じ分布に従わなくてもよい) 確率変数列とする. このとき $X := f(Z_1, \ldots, Z_n)$ の分散 $V(X) = E\{(X - E(X))^2\}$ が n 以下であることを示そう[*3]. そのために, 増大情報系を $\mathcal{M}_i = \sigma(Z_1, \ldots, Z_i)$ $(0 \le i \le n)$ と定義し, $X_i = E(X|\mathcal{M}_i)$ とおけば, 上で述べたように $\{X_i\}$ はマルチンゲールとなる. 特に, $X_n = X$, $X_0 = E(X)$ である. よって, 補題 6.5 から, 分散は

$$V(X) = E\{(X - E(X))^2\} = E\{(X_n - X_0)^2\} = \sum_{i=1}^{n} E\{(X_i - X_{i-1})^2\}$$

と評価できる. すると, $|X_i - X_{i-1}| \le 1$ が成り立つことを示せば, $V(X) \le n$ が

---

*3　分散が $O(n^2)$ でなく $O(n)$ となるところが要点である.

従うので，これを証明しよう．Z_i と同じ確率分布に従う確率変数で，$Z_1, \ldots, Z_n$ とは独立なものを Z_i' とおく．そして，i 番目の荷物の重さが Z_i でなく Z_i' の場合に必要なトラックの最小台数を $X' = f(Z_1, \ldots, Z_i', \ldots, Z_n)$ とおく．荷物を一つ変更したとき，たかだか 1 台のトラックを増やせばすべて運べるはずだから，$X \le X' + 1$，$X' \le X + 1$ が成り立つ．よって $|X - X'| \le 1$ が成り立つ．一方，$Z_1, \ldots, Z_n, Z_i'$ の独立性から，

$$X_{i-1} = \mathrm{E}(X|\mathcal{M}_{i-1}) = \mathrm{E}(X'|\mathcal{M}_{i-1}) = \mathrm{E}(X'|\mathcal{M}_i)$$

が成り立つ．以上から，

$$|X_i - X_{i-1}| = |\mathrm{E}(X|\mathcal{M}_i) - \mathrm{E}(X'|\mathcal{M}_i)| \le \mathrm{E}(|X - X'||\mathcal{M}_i) \le 1$$

となる．よって $\mathrm{V}(X) \le n$ が証明された． ◁

　以下，マルチンゲールに関する性質として，停止時刻に関する等式と，最大値に関する不等式を示す．その他，マルチンゲール収束定理など重要な定理もあるが，割愛する[*4].

定義 6.9　$\{\mathcal{M}_i\}_{i=0}^{\infty}$ を増大情報系とする．非負整数値 ($+\infty$ も含める) をとる確率変数 τ で，$\{\tau = i\} \in \mathcal{M}_i$ をすべての $i = 0, 1, \cdots$ に対して満たすものを**停止時刻**という．

　例えば Markov 連鎖の再帰性 (定義 5.8) に用いた τ_x は停止時刻の例である．

定理 6.2 (任意抽出定理)　$\{X_i\}_{i=0}^{\infty}$ をマルチンゲールとし，τ を有界な停止時刻とする．すなわち，ある定数 $n > 0$ が存在して $\tau \le n$ (a.s.) であるとする．このとき $\mathrm{E}(X_\tau) = \mathrm{E}(X_0)$ が成り立つ．

(証明)　τ のとる値によって事象を分割すると，

$$\mathrm{E}(X_\tau) = \mathrm{E}\left(\sum_{i=0}^{n} \mathbf{1}_{\{\tau=i\}} X_i\right) = \sum_{i=0}^{n} \mathrm{E}\left(\mathbf{1}_{\{\tau=i\}} X_i\right)$$

となる．ここで，マルチンゲール性 $X_i = \mathrm{E}[X_n|\mathcal{M}_i]$，および $\{\tau = i\} \in \mathcal{M}_i$ より，

[*4] 例えば[25]を参照せよ．

$$\mathrm{E}[X_\tau] = \sum_{i=0}^n \mathrm{E}\left(\mathbf{1}_{\{\tau=i\}}\mathrm{E}[X_n|\mathcal{M}_i]\right)$$

$$= \sum_{i=0}^n \mathrm{E}\left\{\mathrm{E}(\mathbf{1}_{\{\tau=i\}}X_n|\mathcal{M}_i)\right\} = \sum_{i=0}^n \mathrm{E}\left(\mathbf{1}_{\{\tau=i\}}X_n\right) = \mathrm{E}(X_n)$$

となる. 最後に, $\mathrm{E}(X_n) = \mathrm{E}\{\mathrm{E}(X_n|\mathcal{M}_0)\} = \mathrm{E}(X_0)$ だから結論を得る. ∎

注意 6.5 上の定理において, $\tau \le n$ という条件を外すことはできない (条件を緩めることはできる). 例えば, $\{X_i\}$ を例 6.4 のランダムウォークとし, $\tau = \min\{i : X_i = 1\}$ とおく. ただし, $X_i = 1$ となる i が存在しないときは $\tau = \infty$ と定義する. このとき τ は停止時刻である. また, 5 章の例 5.8 で説明したように, ランダムウォークは既約で再帰的な Markov 連鎖であるから, $\tau < \infty$ (a.s.) となる. したがって

$$\mathrm{E}(X_\tau) = 1 > \mathrm{E}(X_0) = 0$$

となる. ◁

次の不等式は, 最大値の評価をしたいときに有用である. Chebyshev の不等式の一般化と見ることもできる.

定理 6.3 X_i を非負のマルチンゲールとする. このとき

$$P\left(\max_{0 \le i \le n} X_i \ge a\right) \le \frac{\mathrm{E}(X_n)}{a}$$

が成り立つ.

(証明) $\tau = \min\{0 \le i \le n : X_i \ge a\}$ とおく. ただし $X_i \ge a$ を満たす $0 \le i \le n$ がないときは $\tau = n$ と約束する. このとき τ は停止時刻である. したがって, 任意抽出定理より,

$$\mathrm{E}(X_n) = \mathrm{E}(X_\tau) \ge \mathrm{E}\left(X_\tau\mathbf{1}_{\{X_\tau \ge a\}}\right) \ge aP(X_\tau \ge a) = aP\left(\max_{0 \le i \le n} X_i \ge a\right)$$

となる. これで不等式が証明された. ∎

マルチンゲールの定義の 3 番目の条件 $\mathrm{E}(X_j|\mathcal{M}_i) = X_i$ $(i < j)$ を, 不等式 $\mathrm{E}(X_j|\mathcal{M}_i) \ge X_i$ に置き換えたとき, $\{X_i\}$ は**劣マルチンゲール**であるという[*5].

命題 6.3 $\{X_i\}$ がマルチンゲール, $\varphi : \mathbb{R} \to \mathbb{R}$ が凸関数のとき, $\{\varphi(X_i)\}$ は劣マ

[*5] 現在の値が, 未来の値の平均に比べて劣っている.

ルチンゲールとなる. ただし $E(|\varphi(X_i)|) < \infty$ と仮定する.

(**証明**) φ が凸関数ならば, Jensen の不等式より,

$$E(\varphi(X_j)|\mathcal{M}_i) \geq \varphi(E(X_j|\mathcal{M}_i)) = \varphi(X_i) \quad (i < j)$$

となる. ∎

注意 6.6 劣マルチンゲールに対して**優マルチンゲール**もある. これはマルチンゲールの条件を $E(X_j|\mathcal{M}_i) \leq X_i$ に置き換えたものである. 上の命題と同様に, $\{X_i\}$ がマルチンゲールで φ が凹関数ならば $\{\varphi(X_i)\}$ は優マルチンゲールとなる. ◁

さて, 劣マルチンゲールに対しても, マルチンゲールのときと類似の定理が成り立つ. 証明は同様なので省略し, 結果のみ述べておこう.

定理 6.4 $\{X_i\}$ を劣マルチンゲール, τ を $\tau \leq n$ (a.s.) を満たす停止時刻とする. このとき $E(X_n) \geq E(X_\tau)$ が成り立つ.

定理 6.5 $\{X_i\}$ を非負の劣マルチンゲールとするとき,

$$P\left(\max_{0 \leq i \leq n} X_i \geq a\right) \leq \frac{E(X_n)}{a} \quad (a > 0)$$

が成り立つ.

特に, 関数 $\varphi(x) = |x|^p \ (p \geq 1)$ が凸関数であることから次の系を得る.

系 6.2 $\{X_i\}$ を (非負とは限らない) マルチンゲールとするとき,

$$P\left(\max_{0 \leq i \leq n} |X_i| \geq a\right) \leq \frac{E(|X_n|^p)}{a^p} \quad (a > 0, \quad p \geq 1)$$

が成り立つ.

6.3.2　連続時間のマルチンゲール

定義 6.10 $\{\mathcal{M}_t\}_{t \geq 0}$ を確率空間 $(\Omega, \mathcal{F}, P)$ の増大情報系とする. 確率過程 $\{X_t\}_{t \geq 0}$ が以下の条件を満たすとき, $\{X_t\}_{t \geq 0}$ は増大情報系 $\{\mathcal{M}_t\}_{t \geq 0}$ について**マルチンゲール**であるという.

(1) 任意の $t \geq 0$ に対し $\mathrm{E}(|X_t|) < \infty$.

(2) 確率過程 $\{X_t\}_{t \geq 0}$ は $(\mathcal{M}_t)$-適合.

(3) 任意の $s \leq t$ に対し, $\mathrm{E}(X_t | \mathcal{M}_s) = X_s$ a.s.

例 6.7 Brown 運動 $\{B_t\}$ は $\mathcal{F}_t = \sigma(B_s : 0 \leq s \leq t)$ についてマルチンゲールになる. マルチンゲールの定義のうち (1) を満たすことは容易にいえる. (2) は $\mathcal{F}_t$ の定義より自明である. (3) は, $\mathrm{E}(B_t | \mathcal{F}_s) = \mathrm{E}(B_t - B_s | \mathcal{F}_s) + \mathrm{E}(B_s | \mathcal{F}_s) = B_s$ からわかる. ここで, Brown 運動が独立増分過程であることより $\mathrm{E}(B_t - B_s | \mathcal{F}_s) = 0$ がいえ (厳密には命題 6.2 を用いる), B_s が $\mathcal{F}_s$-可測であることより $\mathrm{E}(B_s | \mathcal{F}_s) = B_s$ がいえる.   ◁

例 6.8 $\mathrm{E}(|X|) < \infty$ を満たす確率変数 X と, 増大情報系 $\{\mathcal{M}_t\}$ が与えられれば, $X_t := \mathrm{E}(X | \mathcal{M}_t)$ によって定義される確率過程 $\{X_t\}$ はマルチンゲールである. これは離散時間のときと同様である. 実際, $s < t$ のとき

$$\mathrm{E}(X_t | \mathcal{M}_s) = \mathrm{E}\{\mathrm{E}(X | \mathcal{M}_t) | \mathcal{M}_s\} = \mathrm{E}(X | \mathcal{M}_s) = X_s$$

となる.   ◁

次の定理は確率積分がマルチンゲールになることを述べており, 応用上も重要である. 記号 $\mathcal{L}^2(0, T)$ および $\{\mathcal{F}_t\}_{t \geq 0}$ を再び用いる (定義 6.6).

定理 6.6 $T > 0$, $f \in \mathcal{L}^2(0, T)$ とする. このとき,

$$X_t = \int_0^t f_s \mathrm{d}B_s$$

と定義すると, 確率過程 $\{X_t\}_{t \geq 0}$ は $\{\mathcal{F}_t\}_{t \geq 0}$ についてマルチンゲールになる.

(証明) $\mathrm{E}(|X_t|) < \infty$ および $\mathcal{F}_t$-適合であることは確率積分の定義から明らかなので, $\mathrm{E}(X_t | \mathcal{F}_s) = X_s$ $(s < t)$ となることを示せばよい. まず, f_t が最も簡単な階段関数の場合, すなわち $f_t(\omega) = e_0(\omega) \mathbf{1}_{[t_0, t_1)}(t)$ $(0 \leq t_0 < t_1 \leq T$, e_0 は有界で $\mathcal{F}_{t_0}$-可測) を考える. 確率積分の定義から,

$$X_t(\omega) = \begin{cases} e(\omega)(B_{t_1} - B_{t_0}) & (t \geq t_1), \\ e(\omega)(B_t - B_{t_0}) & (t_0 \leq t < t_1), \\ 0 & (t < t_0) \end{cases}$$

$$= \mathrm{E}\{e(\omega)(B_{t_1} - B_{t_0})|\mathcal{F}_t\}$$

となる．よって，例 6.8 より X_t はマルチンゲールである．このことと条件付期待値の線形性から，一般の階段関数の場合は示されたことになる．次に任意の $f \in \mathcal{L}^2(0, T)$ を考える．このとき $f^{(n)} \to f$ (2 次平均収束) なる階段関数列 $f^{(n)}$ がとれ，$\int_0^T f^{(n)} \mathrm{d}B_t \to \int_0^T f \mathrm{d}B$ (2 次平均収束) となるのであった．したがって，一般に L^2-収束する確率変数列 $X^{(n)} \to X$ と部分 σ-集合族 $\mathcal{M}$ に対して，$\mathrm{E}(X^{(n)}|\mathcal{M}) \to \mathrm{E}(X|\mathcal{M})$ (2 次平均収束) となることを示せば証明が完結する．これは，不等式

$$\mathrm{E}\left\{\left(\mathrm{E}(X^{(n)} - X|\mathcal{M})\right)^2\right\} \le \mathrm{E}\{\mathrm{E}((X^{(n)} - X)^2|\mathcal{M})\} = \mathrm{E}\{(X^{(n)} - X)^2\}$$

で $n \to \infty$ とすれば得られる． ■

注意 6.7 逆に，$\mathcal{F}_t$ に関する任意のマルチンゲールは，確率積分として表現できることが知られている (マルチンゲール表現定理)． ◁

マルチンゲールの一つの特徴として，最大値の評価がしやすいという点がある．ここではマルチンゲールを一般化した劣マルチンゲールを導入する．**劣マルチンゲール**とは，マルチンゲールの定義の条件 (1), (2) を満たし，かつ

$$\mathrm{E}(X_t|\mathcal{M}_s) \ge X_s \quad (t > s)$$

を満たすような確率過程 X_t のことである．これは離散時間のときと同様である．

定理 6.7 X_t は非負の劣マルチンゲールとし，確率 1 で連続関数になるとする．また $T > 0, a > 0$ は定数とする．このとき次の不等式が成立する：

$$P\left(\sup_{0 \le t \le T} X_t > a\right) \le \frac{\mathrm{E}(X_T)}{a}. \tag{6.9}$$

(証明) $T = 1$ として一般性を失わない．m を非負の整数とする．$i = 0, 1, \dots, 2^m$ に対して $Y_i^{(m)} = X_{i2^{-m}}$ とおけば，$\{Y_i^{(m)}\}$ は $\{\mathcal{M}_{i2^{-m}}\}$ に関する離散時間劣マルチンゲールとなる．よって定理 6.5 より，

$$P\left(\max_{0 \le i \le 2^m} Y_i^{(m)} > a\right) \le \frac{\mathrm{E}(Y_{2^m}^{(m)})}{a} = \frac{\mathrm{E}(X_1)}{a}$$

が成り立つ. 連続時間の結果を得るには, $m \to \infty$ とすればよい. 具体的には, 区間 $[0,1]$ を繰り返し 2 分割したときの分点全体を $\mathbb{Q}_2 = \{k2^{-m} | m \geq 0, 0 \leq k \leq 2^m\}$ とおけば, $\mathbb{Q}_2$ は $[0,1]$ で稠密となるから, (X_t が確率 1 で連続関数であることにも注意して)

$$
\begin{aligned}
P\left(\sup_{0 \leq t \leq 1} X_t > a\right) &= P\left(\sup_{t \in \mathbb{Q}_2} X_t > a\right) \\
&= P\left(\bigcup_{m=0}^{\infty} \left\{\max_i Y_i^{(m)} > a\right\}\right) \\
&= \lim_{m \to \infty} P\left(\max_i Y_i^{(m)} > a\right) \\
&\leq \frac{\mathrm{E}(X_1)}{a}
\end{aligned}
$$

となる. よって示された. ∎

離散時間の場合と同様, 次の系が得られる.

系 6.3 (Doob (ドゥーブ) の不等式) $\{X_t\}$ は (非負とは限らない) マルチンゲールとし, 確率 1 で連続関数になるとする. また $T > 0, a > 0, p \geq 1$ は定数とする. このとき次の不等式が成立する:

$$
P\left(\sup_{0 \leq t \leq T} |X_t| > a\right) \leq \frac{\mathrm{E}(|X_T|^p)}{a^p}. \tag{6.10}
$$

例 6.9 [大数の強法則] $\{B_t\}$ を Brown 運動とするとき, $t \to \infty$ において $B_t/t \to 0$ (a.s.) となることを示そう (なお, L^2-収束することは, $\mathrm{E}\{(B_t/t)^2\} = 1/t \to 0$ より明らかである). まず, 任意の $\varepsilon > 0$ に対して

$$
P\left(\limsup_{t \to \infty} \frac{|B_t|}{t} > \varepsilon\right) = P(A_n \text{ i.o.}), \quad A_n := \left\{\sup_{n \leq t \leq n+1} \frac{|B_t|}{t} > \varepsilon\right\},
$$

が成り立つので, $P(A_n \text{ i.o.}) = 0$ を示せばよい[*6]. さらに, Borel–Cantelli の補題より, $\sum_{n=1}^{\infty} P(A_n) < \infty$ を示せばよい. B_t はマルチンゲールだから, Doob の不等式 (系 6.3) より, 任意の $p \geq 1$ に対して

$$
P(A_n) \leq P\left(\sup_{n \leq t \leq n+1} \frac{|B_t|}{n} > \varepsilon\right) \leq \frac{\mathrm{E}(|B_{n+1}|^p)}{(n\varepsilon)^p} = \mathrm{O}(n^{-p/2})
$$

---

*6　i.o. の定義は注意 4.7 参照.

が成り立つ (最後の等号は, B_{n+1} が N$(0, n+1)$ に従うことによる). よって, $p > 2$ ととれば $\sum_{n=1}^{\infty} P(A_n) < \infty$ となることがわかる.　　◁

6.4　Brown 運動の存在性

この節では, Brown 運動が存在することを証明する. 文献[17]の方針に従い, L^2-空間の完全直交系を使って明示的に構成する (定理 6.8).

まず, **Haar 関数系**とよばれる, 区間 $[0,1]$ 上の関数列 $\{H_k(t)\}_{k=0}^{\infty}$ を以下のように定義する: $H_0(t) = 1$ とし, 各 $n = 0, 1, 2, \dots$ と各 $2^n \leq k < 2^{n+1}$ に対して

$$H_k(t) = \begin{cases} 2^{n/2} & \left(\frac{k-2^n}{2^n} < t \leq \frac{k-2^n+1/2}{2^n}\right), \\ -2^{n/2} & \left(\frac{k-2^n+1/2}{2^n} < t \leq \frac{k-2^n+1}{2^n}\right), \\ 0 & (\text{その他}) \end{cases}$$

とおく. 例えば $H_1(t)$ は区間 $(0, 1/2]$ で 1, 区間 $(1/2, 1]$ で -1 となる. Haar 関数系は正規直交系になっていることが容易に確認できる:

$$(H_k, H_l) = \int_0^1 H_k(t)H_l(t)\mathrm{d}t = \delta_{kl}.$$

ただし, $(f, g) = \int_0^1 f(u)g(u)\mathrm{d}u$ は内積を表す. さらに Haar 関数系は L$^2([0,1])$ の完全直交系になる (後の補題 6.6 参照). また, Haar 関数の積分を

$$S_k(t) := \int_0^t H_k(s)\mathrm{d}s = (\mathbf{1}_{[0,t]}, H_k)$$

とおく. $S_k(t)$ は **Schauder 関数系**とよばれる. このとき以下の定理が成り立つ.

定理 6.8 $Z_0, Z_1, \dots$ を独立に標準正規分布 N$(0,1)$ に従う確率変数列とする. このとき, 級数

$$X_t(\omega) = \sum_{k=0}^{\infty} Z_k(\omega)S_k(t) \tag{6.11}$$

は t に関して一様に概収束かつ L^2-収束し, $\{X_t\}_{0 \leq t \leq 1}$ は Brown 運動になる.

(証明) まず, 級数 (6.11) が L^2-収束することを認めた上で, 平均と共分散を計算する. この計算がもっとも重要な部分である. なお, L^2-収束する確率変数列は分布収束もするので, 収束先は正規分布であることにも注意しておこう. E$(Z_k) = 0$

より X_t の平均は 0 であり，また $\mathrm{E}(Z_k Z_l) = \delta_{kl}$ より共分散は

$$\mathrm{E}(X_s X_t) = \sum_{k=0}^{\infty} S_k(s) S_k(t) = \sum_{k=0}^{\infty} (\mathbf{1}_{[0,s]}, H_k)(\mathbf{1}_{[0,t]}, H_k)$$

となる．ここで，補題 6.6 で示すように，Haar 関数系は完全直交系をなすので，

$$\mathrm{E}(X_s X_t) = (\mathbf{1}_{[0,s]}, \mathbf{1}_{[0,t]}) = \min(s, t)$$

を得る．これで X_t が Brown 運動と同じ共分散をもつことがわかった．

さて，各 $t \in [0,1]$ に対して (6.11) が L^2-収束することを確認する．L^2-収束することを示すには，Cauchy 列になっていることを確かめればよい．$2^m \leq M < N$ を満たす整数 m, M, N に対して，

$$R_{M,N}(t) = \mathrm{E}\left\{ \left(\sum_{k=M}^{N} Z_k S_k(t) \right)^2 \right\}$$

とおけば，

$$R_{M,N}(t) = \sum_{k=M}^{N} \mathrm{E}(Z_k^2) S_k(t)^2 \leq \sum_{k=2^m}^{\infty} S_k(t)^2$$

となる．ここで，各 $n = m, m+1, \ldots$ に対して，$2^n \leq k < 2^{n+1}$ を満たす k で $S_k(t) \neq 0$ となるようなものはたかだか 1 つしかない．また，そのような k に対して $|S_k(t)| \leq \int_0^1 |H_k(s)|\mathrm{d}s = 2^{-n/2}$ が成り立つ．よって

$$R_{M,N}(t) \leq \sum_{n=m}^{\infty} \sum_{k=2^n}^{2^{n+1}-1} S_k(t)^2 \leq \sum_{n=m}^{\infty} 2^{-n} = 2^{-m+1}$$

となり，これは $m \to \infty$ のとき 0 に収束する．よって級数 (6.11) は各 t に対して L^2-収束する．上の評価から，t について一様に L^2-収束することも同時にわかる．

あとは確率 1 で X_t が連続であることを示せばよい．そのために，級数 (6.11) は確率 1 で t に関して一様に収束することを示そう[*7]．後に述べる補題 6.7 から，$a_k = \mathrm{O}(k^\epsilon)$ $(\epsilon < 1/2)$ を満たす任意の数列 $\{a_k\}_{k=0}^{\infty}$ に対して $\sum_{k=0}^{\infty} a_k S_k(t)$ は一様収束する．したがって，ある $0 < \epsilon < 1/2$ に対して次の式が成り立つことを示せば十分であることがわかる：

$$P\left(|Z_k| \geq k^\epsilon \ \text{i.o.} \right) = 0.$$

[*7]　一般に，コンパクト集合上の連続関数の一様収束先は連続関数である．

さらに，Borel–Cantelli の補題から，次の式を示せば十分である：

$$\sum_{k=0}^{\infty} P(|Z_k| \geq k^{\epsilon}) < \infty. \tag{6.12}$$

この式が任意の $\epsilon > 0$ に対して成り立つことを示そう．Z_k は正規分布 $N(0,1)$ に従うので，任意の N に対して

$$P(|Z_k| \geq k^{\epsilon}) \leq \frac{\mathrm{E}(|Z_k|^{2N})}{k^{2N\epsilon}} = \frac{M_{2N}}{k^{2N\epsilon}}$$

と評価できる．ここで $M_{2N} = \mathrm{E}[Z_k^{2N}] = (2N-1)(2N-3)\cdots 1 < \infty$ である．よって $2N\epsilon > 1$ となるように N を選べば (6.12) が成り立つ．以上で証明が完了する．　∎

補題 6.6 Haar 関数系は完全直交系をなす．すなわち，任意の $f \in \mathrm{L}^2([0,1])$ に対して $f(t) = \sum_{k=0}^{\infty} (f, H_k) H_k(t)$ が成り立つ．特に，任意の $f, g \in \mathrm{L}^2([0,1])$ に対して $(f,g) = \sum_{k=0}^{\infty} (f, H_k)(g, H_k)$ が成り立つ (Parseval の等式)．

(証明) すべての k に対して $(f, H_k) = 0$ ならば $f = 0$ となることを示せばよい．そのために $F(t) = \int_0^t f(s)\mathrm{d}s$ (Lebesgue 積分) とおけば，この関数は絶対連続となる．そして，$(f, H_0) = 0$ から $F(1) = 0$ が得られる．次に，$(f, H_1) = 2F(1/2) = 0$ から $F(1/2) = 0$ が得られる．以下同様に考えると，$t = k2^{-n}$ の形で表されるすべての t に対して $F(t) = 0$ となることがわかる．すると F の連続性から任意の t で $F(t) = 0$ となり，Radon-Nykodim の定理から $f(t) = 0$ (a.e.) である．　∎

補題 6.7 $\epsilon < 1/2$, $C > 0$ とし，数列 $\{a_k\}_{k=0}^{\infty}$ は $|a_k| \leq Ck^{\epsilon}$ を満たすとする．このとき，級数 $\sum_{k=0}^{\infty} a_k S_k(t)$ は t に関して一様に収束する．

(証明) $t \in (0,1]$ を固定したとき，各 $n = 0, 1, \ldots$ に対し，$2^n \leq k < 2^{n+1}$ を満たす k で $S_k(t) \neq 0$ を満たすものはたかだか 1 つしかない．また，この k に対して $|S_k(t)| \leq \int_0^1 |H_k(t)|\mathrm{d}t = 2^{-n/2}$ が成り立つ．よって次の評価が得られる：

$$\sum_{k=2^n}^{2^{n+1}-1} |a_k||S_k(t)| = \sup_{2^n \leq k < 2^{n+1}} |a_k||S_k(t)| \leq C2^{(n+1)\epsilon}2^{-n/2} = C2^{\epsilon}2^{n(\epsilon-1/2)}.$$

すると，$2^m \leq N < M$ を満たす任意の m, N, M に対して

$$R_{M,N}(t) := \left| \sum_{k=N}^{M} a_k S_k(t) \right| \leq \sum_{k=2^m}^{\infty} |a_k||S_k(t)| \leq C2^\epsilon \sum_{n=m}^{\infty} 2^{n(\epsilon-1/2)}$$

となる．いま $\epsilon < 1/2$ と仮定しているから，$\sum_{n=0}^{\infty} 2^{n(\epsilon-1/2)}$ は収束する．よって $R_{M,N}(t)$ は $N, M \to \infty$ のとき t について一様に 0 に収束することがわかる．以上で補題が示された．∎

7　伊藤の公式と確率微分方程式

　伊藤の公式と Brown 運動に基づく確率微分方程式について説明をする．幾何 Brown 運動などの基本的な確率過程と応用例について扱う．

7.1　伊 藤 の 公 式

7.1.1　1 次 元 の 場 合

　$\{B_t\}$ を Brown 運動とし，$\{B_t\}$ から作られる増大情報系を $\mathcal{F}_t$ とする．いま，確率過程 X_t が

$$X_t(\omega) = X_0(\omega) + \int_0^t u_s(\omega)\mathrm{d}s + \int_0^t v_s(\omega)\mathrm{d}B_s(\omega) \tag{7.1}$$

で与えられているとする．ここで，X_0 は Brown 運動とは独立な確率変数，$u_s(\omega)$，$v_s(\omega)$ は $\mathcal{F}_s$-適合な確率過程であり，$\int_0^t |u_s|\mathrm{d}s < \infty$ (a.s.)，$\mathrm{E}[\int_0^t v_s^2 \mathrm{d}s] < \infty$ を満たすものとする．式 (7.1) の形で表される確率過程 $\{X_t\}_{t \geq 0}$ を**伊藤過程**という．式 (7.1) を，積分形を使わずに形式的に

$$\mathrm{d}X_t = u_t \mathrm{d}t + v_t \mathrm{d}B_t \tag{7.2}$$

と表記する．

　また，X_t が式 (7.1) の形で表されるとき，$\mathcal{F}_t$-適合な確率過程 $f_t = f_t(\omega)$ に対して確率積分 $\int_0^t f_s \mathrm{d}X_s$ を次式で定義する：

$$\int_0^t f_s \mathrm{d}X_s = \int_0^t f_s u_s \mathrm{d}s + \int_0^t f_s v_s \mathrm{d}B_s. \tag{7.3}$$

微分形で書くと

$$f_t \mathrm{d}X_t = f_t u_t \mathrm{d}t + f_t v_t \mathrm{d}B_t$$

となる．

　伊藤過程に対する「合成関数の微分法」を与えるのが，次の伊藤の公式である．

定理 7.1 (伊藤の公式) $\{X_t\}$ を (7.2) で与えられる確率過程, $\varphi(t, x)$ を $t \in [0, \infty)$, $x \in \mathbb{R}$ の滑らかな関数とする[*1]. このとき, $Y_t = \varphi(t, X_t)$ に対し,

$$\mathrm{d}Y_t = \frac{\partial \varphi}{\partial t}(t, X_t)\mathrm{d}t + \frac{\partial \varphi}{\partial x}(t, X_t)\mathrm{d}X_t + \frac{1}{2}\frac{\partial^2 \varphi}{\partial x^2}(t, X_t)v_t^2\mathrm{d}t \tag{7.4}$$

が成り立つ. この公式を**伊藤の公式**とよぶ.

伊藤の公式の直観的な導出法 (覚え方) を述べる. まず, Brown 運動の定義から, 任意の $s < t$ に対して

$$\mathrm{E}(B_t - B_s) = 0, \quad \mathrm{E}\{(B_t - B_s)^2\} = t - s$$

となることを思い出そう. すると, 直観的には $(\mathrm{d}B_t)^2 = \mathrm{d}t$ と考えることができる. これにより, 伊藤の公式は以下の手順で導くことができる.

(1) $\mathrm{d}\varphi(t, X_t)$ の 2 次までの形式的な Taylor 展開

$$\begin{aligned}
\mathrm{d}Y_t =\, &\mathrm{d}\varphi(t, X_t) \\
=\, &\frac{\partial \varphi}{\partial t}(t, X_t)\mathrm{d}t + \frac{\partial \varphi}{\partial x}(t, X_t)\mathrm{d}X_t + \frac{1}{2}\frac{\partial^2 \varphi}{\partial t^2}(t, X_t)(\mathrm{d}t)^2 + \frac{\partial^2 \varphi}{\partial t \partial x}(t, X_t)\mathrm{d}t\mathrm{d}X_t \\
&+ \frac{1}{2}\frac{\partial^2 \varphi}{\partial x^2}(t, X_t)(\mathrm{d}X_t)^2
\end{aligned} \tag{7.5}$$

を求め, 3 次以上の項は無視する.

(2) $\mathrm{d}X_t$ に $u_t(\omega)\mathrm{d}t + v_t(\omega)\mathrm{d}B_t$ を代入する.

(3) $(\mathrm{d}t)^2$, $\mathrm{d}t\mathrm{d}B_t$ は 0 で置き換え, $(\mathrm{d}B_t)^2$ は $\mathrm{d}t$ で置き換える. 例えば

$$(\mathrm{d}X_t)^2 = u_t^2(\mathrm{d}t)^2 + 2u_t v_t \mathrm{d}t\mathrm{d}B_t + v_t^2(\mathrm{d}B_t)^2 = v_t^2\mathrm{d}t$$

と計算する. 結果として式 (7.4) を得る.

次に伊藤の公式の使用例を見てみる.

例 7.1 例 6.3 で見た確率積分

$$\int_0^t B_s\mathrm{d}B_s$$

を考える. これを, 確率積分ではない普通の積分とみると, $B_t^2/2$ になる. 以下では, $B_t^2/2$ を展開して伊藤の公式を適用することにより, $B_t^2/2$ に加える必要のあ

[*1]　正確には, 関数 φ が C_b^2 級, すなわち 2 階導関数が存在して連続であり, 2 階までのすべての導関数が有界な場合, あるいは関数 φ が C^2 級であって式 (7.4) の各項が定義される場合.

る修正項を求める．$\varphi(x) = (1/2)x^2$ とおくと，$(1/2)B_t^2 = \varphi(B_t)$ である．$\varphi(x)$ は t を含まないので，形式的な 2 次までの Taylor 展開は，

$$d\left(\frac{1}{2}B_t^2\right) = B_t dB_t + \frac{1}{2}(dB_t)^2$$

となる．伊藤の公式より $(dB_t)^2 = dt$ だから

$$d\left(\frac{1}{2}B_t^2\right) = B_t dB_t + \frac{1}{2}dt.$$

これを積分形に直せば，

$$\int_0^t B_s dB_s = \frac{1}{2}B_t^2 - \frac{1}{2}t$$

となる．　　　　　　　　　　　　　　　　　　　　　　　　　　　　　　◁

例 7.2 伊藤の公式を用いて

$$\int_0^t s dB_s = tB_t - \int_0^t B_s ds$$

を示す．$X_t = B_t$，$\varphi(t, x) = tx$ とおいて伊藤の公式を適用すると

$$d(tB_t) = B_t dt + t dB_t$$

が得られる．これを積分形に書き直せば，

$$tB_t = \int_0^t B_s ds + \int_0^t s dB_s$$

となる．最後に移項すればよい．　　　　　　　　　　　　　　　　　　　◁

　さて，伊藤の公式の大まかな証明を以下に与える．完全な証明は，例えば [24, 定理 4.6] を参照せよ．

(証明) 示すべき式，つまり式 (7.4) を積分形で書き下しておく：

$$\varphi(t, X_t) - \varphi(0, X_0) = \int_0^t \frac{\partial \varphi}{\partial t}(s, X_s) ds + \int_0^t \frac{\partial \varphi}{\partial x}(s, X_s)(u_s ds + v_s dB_s)$$

$$+ \frac{1}{2} \int_0^t \frac{\partial^2 \varphi}{\partial x^2}(s, X_s) v_s^2 ds. \tag{7.6}$$

$t > 0$ を固定して (7.6) を示せばよい．以下では，関数 φ が C_b^2 級，すなわち 2 階以下の導関数が連続で有界な場合のみ考える．また，$v_s(\omega)$ は (s, ω) によらない定数と

する．一般の場合は，階段過程による近似などにより示される (詳細は略す)．証明
の方針は，区間 $[0,t]$ を n 分割し ($t_i = (i/n)t$ とおく)，$\varphi(t_i, X_{t_i}) - \varphi(t_{i-1}, X_{t_{i-1}})$
を Taylor 展開してから最後に和の極限をとるというものである．まず，Taylor の
公式により，

$$\varphi(t_i, X_{t_i}) - \varphi(t_{i-1}, X_{t_{i-1}})$$
$$= a_i \Delta t_i + b_i \Delta X_i + c_i (\Delta t_i)^2 + d_i (\Delta t_i)(\Delta X_i) + e_i (\Delta X_i)^2 \tag{7.7}$$

となる．ただし，$\Delta t_i = t_i - t_{i-1}$，$\Delta X_i = X_{t_i} - X_{t_{i-1}}$ であり，

$$a_i = \frac{\partial \varphi}{\partial t}(t_{i-1}, X_{t_{i-1}}), \quad b_i = \frac{\partial \varphi}{\partial x}(t_{i-1}, X_{t_{i-1}}),$$
$$c_i = \frac{1}{2}\frac{\partial^2 \varphi}{\partial t^2}(\tau_i, \xi_i), \quad d_i = \frac{\partial^2 \varphi}{\partial t \partial x}(\tau_i, \xi_i), \quad e_i = \frac{1}{2}\frac{\partial^2 \varphi}{\partial x^2}(\tau_i, \xi_i)$$

である．また，τ_i は t_{i-1} と t_i の間の実数であり，ξ_i は $X_{t_{i-1}}$ と X_{t_i} の間の実数
である．以下では，式 (7.7) の右辺の和が式 (7.6) の右辺に確率収束することを示
す．そうすれば，命題 4.7 より，式 (7.6) の両辺が a.s. で等しいことがわかる．ま
た，確率収束を示すには，概収束あるいは平均収束を示せば十分であることに注
意する (定理 4.11)．

まず，X は確率 1 で連続な標本関数をもち，また $\partial \varphi / \partial t$ は有界連続であるから，

$$\sum_{i=1}^{n} a_i \Delta t_i \to \int_0^t \frac{\partial \varphi}{\partial t}(s, X_s)\mathrm{d}s \quad \text{a.s.}$$

となる．また，ΔX_i を $\Delta U_i = \int_{t_{i-1}}^{t_i} u_s \mathrm{d}s$ と $\Delta V_i = \int_{t_{i-1}}^{t_i} v_s \mathrm{d}B_s$ に分解するとき，
(時刻に関する) Lebesgue の収束定理から

$$\sum_{i=1}^{n} b_i \Delta U_i \to \int_0^t \frac{\partial \varphi}{\partial x}(s, X_s)u_s \mathrm{d}s \quad \text{a.s.}$$

となり，また系 6.1 から

$$\sum_{i=1}^{n} b_i \Delta V_i \to \int_0^t \frac{\partial \varphi}{\partial x}(s, X_s)v_s \mathrm{d}B_s \quad (2 \text{ 次平均収束})$$

が成り立つ．また，c_i が有界であるから

$$\sum_{i=1}^{n} c_i (\Delta t_i)^2 \to 0 \quad \text{a.s.}$$

となる. X が連続な標本関数をもつことから $\max_i |\Delta X_i| \to 0$ (a.s.) が成り立ち, また d_i が有界であるから

$$\sum_{i=1}^n d_i(\Delta t_i)(\Delta X_i) \to 0 \quad \text{a.s.}$$

も成り立つ. 同様に $\sum_{i=1}^n e_i(\Delta U_i)^2$ や $\sum_{i=1}^n e_i(\Delta U_i)(\Delta V_i)$ も 0 に収束する. 最後に

$$\sum_{i=1}^n e_i(\Delta V_i)^2 \to \int_0^t \frac{1}{2}\frac{\partial^2 \varphi}{\partial x^2}(s, X_s)v_s^2 \mathrm{d}s$$

を示す. そのためには

$$\sum_{i=1}^n e_i \left\{ (\Delta V_i)^2 - \int_{t_{i-1}}^{t_i} v_s^2 \mathrm{d}s \right\} \to 0 \quad (\text{2 次平均収束}) \tag{7.8}$$

$$\sum_{i=1}^n e_i \int_{t_{i-1}}^{t_i} v_s^2 \mathrm{d}s \to \int_0^t \frac{1}{2}\frac{\partial^2 \varphi}{\partial x^2}(s, X_s)v_s^2 \mathrm{d}s \quad \text{a.s.} \tag{7.9}$$

の 2 つを示せばよい. 式 (7.9) は Lebesgue の収束定理から示される. 式 (7.8) は, 2 次モーメントを評価することにより示される. ここで, $v_s(\omega)$ が定数という仮定が使われる (ΔV_i が正規分布に従うのでモーメントを評価しやすい. 詳細は略す). ■

伊藤の公式から次の命題が導かれる.

命題 7.1 $\{B_t\}$ を Brown 運動とし, f は C_b^2 級の関数とする. このとき, $X_t = f(B_t) - \int_0^t \frac{f''(B_s)}{2}\mathrm{d}s$ はマルチンゲールである.

(証明) 伊藤の公式から

$$\mathrm{d}X_t = f'(B_t)\mathrm{d}B_t + \frac{1}{2}f''(B_t)\mathrm{d}t - \frac{1}{2}f''(B_t)\mathrm{d}t = f'(B_t)\mathrm{d}B_t$$

となる. よって定理 6.6 より $\{X_t\}$ はマルチンゲールである. ■

逆に, Brown 運動は上の性質によって特徴づけられることを補題 7.3 で示す.

7.1.2 多次元の場合

多次元版の伊藤過程については次の定理が成り立つ．直観的な導出法は 1 次元の場合と同様である．

定理 7.2 (多次元版の伊藤の公式) $X(t) = (X_1(t), \dots, X_m(t))^{\top}$ は $\mathbb{R}^m$-値の確率過程で，

$$\mathrm{d}X(t) = u(t, \omega)\mathrm{d}t + v(t, \omega)\mathrm{d}B(t)$$

を満たす伊藤過程とする．ただし，$\{B(t)\}$ は n 次元の Brown 運動であり，$u(t, \omega)$, $v(t, \omega)$ は $\mathcal{F}_t$ 適合な確率過程でそれぞれ $\mathbb{R}^m$-値，$\mathbb{R}^{m \times n}$-値とする．また，$\varphi(x)$ は $\mathbb{R}^m$ 上の滑らかな関数とする．このとき $Y(t) = \varphi(X(t))$ に対し，

$$\mathrm{d}Y(t) = \sum_{i=1}^{m} \frac{\partial \varphi}{\partial x_i}(X(t))\mathrm{d}X_i(t) + \frac{1}{2}\sum_{i=1}^{m}\sum_{j=1}^{m} \frac{\partial^2 \varphi}{\partial x_i \partial x_j}(X(t)) \sum_{k=1}^{n} v_{ik}(t)v_{jk}(t)\mathrm{d}t$$

が成り立つ．

注意 7.1 定理 7.2 では一見すると φ が t に依存してはいけないようにも見えるが，$X_1(t) = t$，すなわち $u_1(t, \omega) = 1$，$v_1(t, \omega) = 0$ の場合を考えればこのような場合も表現できる． ◁

例題 7.1 [確率積分の部分積分] $\{B_t\}$ を 1 次元 Brown 運動，$\{X_t\}$, $\{Y_t\}$ をそれぞれ伊藤過程

$$\mathrm{d}X_t = b_t(\omega)\mathrm{d}t + \sigma_t(\omega)\mathrm{d}B_t, \quad \mathrm{d}Y_t = c_t(\omega)\mathrm{d}t + \tau_t(\omega)\mathrm{d}B_t$$

とするとき，

$$\mathrm{d}(X_t Y_t) = X_t \mathrm{d}Y_t + Y_t \mathrm{d}X_t + \mathrm{d}X_t \cdot \mathrm{d}Y_t$$

が成り立つことを確認せよ．これより，確率積分の部分積分の公式

$$
\begin{aligned}
\int_0^t X_s \mathrm{d}Y_s &= X_t Y_t - X_0 Y_0 - \int_0^t Y_s \mathrm{d}X_s - \int_0^t \mathrm{d}X_s \cdot \mathrm{d}Y_s \\
&= X_t Y_t - X_0 Y_0 - \int_0^t Y_s \mathrm{d}X_s - \int_0^t \sigma_s(\omega)\tau_s(\omega)\mathrm{d}s
\end{aligned}
$$

が得られる. ◁

(解) 多次元版の伊藤の公式を使う. $\varphi(x,y)=xy$ とおけば,

$$
\begin{aligned}
\mathrm{d}\varphi(X_t,Y_t) =& \frac{\partial\varphi}{\partial x}(X_t,Y_t)\mathrm{d}X_t + \frac{\partial\varphi}{\partial y}(X_t,Y_t)\mathrm{d}Y_t + \frac{1}{2}\frac{\partial^2\varphi}{\partial x^2}(X_t,Y_t)(\mathrm{d}X_t)^2 \\
&+ \frac{\partial^2\varphi}{\partial x\partial y}(X_t,Y_t)(\mathrm{d}X_t)(\mathrm{d}Y_t) + \frac{1}{2}\frac{\partial^2\varphi}{\partial y^2}(X_t,Y_t)(\mathrm{d}Y_t)^2 \\
=& Y_t\mathrm{d}X_t + X_t\mathrm{d}Y_t + (\mathrm{d}X_t)(\mathrm{d}Y_t)
\end{aligned}
$$

となる.

例題 7.2 $\{B(t)\}=\{B_i(t)\}_{i=1}^{n}$ を n 次元 Brown 運動とし, φ を**劣調和関数**, すなわち $\Delta\varphi=\sum_{i=1}^{n}\frac{\partial^2\varphi}{\partial x_i^2}\geq 0$ とする. このとき $\varphi(B(t))$ は劣マルチンゲールになる. ◁

(解) 伊藤の公式より, $s<t$ に対して

$$
\begin{aligned}
\varphi(B(t)) - \varphi(B(s)) =& \sum_{i=1}^{n}\int_s^t \frac{\partial\varphi}{\partial x_i}(B(u))\mathrm{d}B_i(u) + \frac{1}{2}\int_s^t \sum_{i=1}^{n}\frac{\partial^2\varphi}{\partial x_i^2}(B(u))\mathrm{d}u \\
\geq& \sum_{i=1}^{n}\int_s^t \frac{\partial\varphi}{\partial x_i}(B(u))\mathrm{d}B_i(u)
\end{aligned}
$$

となる. 両辺の条件付期待値をとれば

$$
\mathrm{E}(\varphi(B(t))|\mathcal{F}_s) - \varphi(B(s)) \geq 0
$$

が得られる. よって $\{\varphi(B(t))\}$ は劣マルチンゲールである.

7.2　確率微分方程式

7.2.1　確率微分方程式の例

ランダムな要素を含まないダイナミックなシステムは微分方程式

$$
\frac{\mathrm{d}x_t}{\mathrm{d}t} = b_t(x_t)
$$

で記述できることが多い. これは,

$$dx_t = b_t(x_t)dt$$

とも表せる. これにランダムな項が加わった

$$dX_t = b_t(X_t)dt + \sigma_t(X_t)dB_t$$

が**確率微分方程式**である. ここで, b_t, σ_t のランダムネスは $X_t(\omega)$ のみに依存することに注意せよ. $b_t(X_t)$ を**ドリフト係数**, $\sigma_t(X_t)$ を**拡散係数**とよぶ. また, X_t 自身を**拡散過程**あるいは**伊藤拡散過程**とよぶ. X_t は,「将来の」変動 dX_t が現時点の値 X_t のみに依存するので, Markov 過程となる. Markov 性に関連した性質は 8 章で扱う.

直観的には, Brown 運動の形式的な時間微分 dB_t/dt を, 工学でよく用いる (連続時間版の) 正規白色雑音とみなすと都合がよい.

確率微分方程式の解の存在と一意性に関してはあとで扱うことにして, ここではいくつかの具体例について見る.

例 7.3 [Ornstein–Uhlenbeck 過程] 確率微分方程式

$$dX_t = \mu X_t dt + \sigma dB_t$$

は **Ornstein–Uhlenbeck (オルンシュタイン–ウーレンベック) 方程式**とよばれる. ここで μ と σ は定数である. 伊藤の公式を使って $e^{-\mu t}X_t$ の微分を求めると,

$$\begin{aligned}
d(e^{-\mu t}X_t) &= -\mu e^{-\mu t}X_t dt + e^{-\mu t}dX_t \\
&= e^{-\mu t}(dX_t - \mu X_t dt) \\
&= \sigma e^{-\mu t}dB_t
\end{aligned}$$

となる. この両辺を積分すれば

$$e^{-\mu t}X_t - X_0 = \sigma \int_0^t e^{-\mu s}dB_s$$

となり, したがって

$$X_t = e^{\mu t}X_0 + \sigma \int_0^t e^{\mu(t-s)}dB_s \tag{7.10}$$

となる[*2]. これが Ornstein–Uhlenbeck 方程式の解であり, **Ornstein–Uhlenbeck 過程**とよばれる. 特に, 式 (7.10) の確率積分の被積分関数は B_s を含んでいないので, 確率過程 $\{X_t\}$ は Gauss 過程である.

[*2] 右辺にある伊藤積分は, 被積分関数が t に依存するのでマルチンゲールではない.

X_t の平均と共分散は容易に求めることができる．初期値が $X_0 = 0$ のとき，$\mathrm{E}(X_t) = 0$ であり，また X_t と $X_{t+\tau}$ ($\tau \geq 0$) との共分散は，

$$\mathrm{E}\big[\{X_t - \mathrm{E}(X_t)\}\{X_{t+\tau} - \mathrm{E}(X_{t+\tau})\}\big] = \mathrm{E}\big(X_t X_{t+\tau}\big)$$

$$=\mathrm{E}\left[\left\{\sigma \int_0^t \mathrm{e}^{\mu(t-s)}\mathrm{d}B_s\right\}\left\{\sigma \int_0^{t+\tau} \mathrm{e}^{\mu(t+\tau-s)}\mathrm{d}B_s\right\}\right]$$

$$=\sigma^2 \mathrm{E}\left[\left\{\int_0^t \mathrm{e}^{\mu(t-s)}\mathrm{d}B_s\right\}\left\{\int_0^t \mathrm{e}^{\mu(t+\tau-s)}\mathrm{d}B_s + \int_t^{t+\tau} \mathrm{e}^{\mu(t+\tau-s)}\mathrm{d}B_s\right\}\right]$$

$$=\sigma^2 \mathrm{E}\left[\left\{\int_0^t \mathrm{e}^{\mu(t-s)}\mathrm{d}B_s\right\}\left\{\int_0^t \mathrm{e}^{\mu(t+\tau-s)}\mathrm{d}B_s\right\}\right]$$

$$=\sigma^2 \int_0^t \mathrm{e}^{2\mu(t-s)+\mu\tau}\mathrm{d}s = \frac{\sigma^2}{2\mu}(\mathrm{e}^{2\mu t} - 1)\mathrm{e}^{\mu\tau}$$

となる．特に $\mu < 0$ のとき，$\tau \to \infty$ のもとで共分散が 0 に収束する．　　◁

例 7.4　力学や回路学で，微分方程式

$$\frac{\mathrm{d}^2}{\mathrm{d}t^2}x(t) + c\frac{\mathrm{d}}{\mathrm{d}t}x(t) + kx(t) = 0$$

は頻繁に登場する．c, k は実定数である．$x(t)$ が質量 1 の質点の時刻 t における位置を表すものと解釈して，システムに新たに正規白色雑音の外力 $\mathrm{d}B_t/\mathrm{d}t$ が加わった状況を考えると微分方程式は形式的に

$$\frac{\mathrm{d}^2}{\mathrm{d}t^2}X(t) + c\frac{\mathrm{d}}{\mathrm{d}t}X(t) + kX(t) = \sigma\frac{\mathrm{d}B_t}{\mathrm{d}t} \tag{7.11}$$

となる．ただし x を X で書き換えてある．また σ は正の定数とする．これを確率微分方程式として扱うことを考える．

$$Y(t) = \left(\begin{array}{c} Y_1(t) \\ Y_2(t) \end{array}\right) = \left(\begin{array}{c} X(t) \\ \dfrac{\mathrm{d}}{\mathrm{d}t}X(t) \end{array}\right)$$

とおくと[*3]，(7.11) は，

$$\frac{\mathrm{d}}{\mathrm{d}t}Y(t) = \left(\begin{array}{c} \dfrac{\mathrm{d}}{\mathrm{d}t}Y_1(t) \\ \dfrac{\mathrm{d}}{\mathrm{d}t}Y_2(t) \end{array}\right) = \left(\begin{array}{c} \dfrac{\mathrm{d}}{\mathrm{d}t}X(t) \\ \dfrac{\mathrm{d}^2}{\mathrm{d}t^2}X(t) \end{array}\right) = \left(\begin{array}{c} \dfrac{\mathrm{d}}{\mathrm{d}t}X(t) \\ -c\dfrac{\mathrm{d}}{\mathrm{d}t}X(t) - kX(t) + \sigma\dfrac{\mathrm{d}B_t}{\mathrm{d}t} \end{array}\right)$$

[*3]　普通の 2 階常微分方程式を連立 1 階常微分方程式に書き直す手順と同様である．

$$= \begin{pmatrix} Y_2(t) \\ -cY_2(t) - kY_1(t) + \sigma \dfrac{\mathrm{d}B_t}{\mathrm{d}t} \end{pmatrix}$$

となり,

$$\begin{pmatrix} \mathrm{d}Y_1(t) \\ \mathrm{d}Y_2(t) \end{pmatrix} = \begin{pmatrix} 0 & 1 \\ -k & -c \end{pmatrix} \begin{pmatrix} Y_1(t) \\ Y_2(t) \end{pmatrix} \mathrm{d}t + \begin{pmatrix} 0 \\ \sigma \end{pmatrix} \mathrm{d}B_t$$

という 2 次元の確率微分方程式として定式化できる. ここで,

$$F = \begin{pmatrix} 0 & 1 \\ -k & -c \end{pmatrix}, \quad G = \begin{pmatrix} 0 \\ \sigma \end{pmatrix}$$

とおけば,

$$\mathrm{d}Y(t) = FY(t)\mathrm{d}t + G\mathrm{d}B_t$$

となる. ここで, 行列の指数関数 $\exp(A) = \sum\limits_{n=0}^{\infty} A^n/n!$ を用いると, 伊藤の公式より

$$\begin{aligned} \mathrm{d}(\exp(-Ft)Y(t)) &= \exp(-Ft)\{-FY(t)\mathrm{d}t + \mathrm{d}Y(t)\} \\ &= \exp(-Ft)G\mathrm{d}B_t, \end{aligned}$$

したがって,

$$Y(t) = \exp(Ft)Y(0) + \exp(Ft) \int_0^t \exp(-Fs)G\mathrm{d}B_s$$

が得られる.   ◁

例 7.5 [幾何 Brown 運動] 微分方程式

$$\frac{\mathrm{d}}{\mathrm{d}t}x(t) = rx(t)$$

の解は $x(t) = x(0)\mathrm{e}^{rt}$ となる. 成長率 r にノイズの加わった方程式

$$\mathrm{d}X_t = rX_t\mathrm{d}t + \sigma X_t\mathrm{d}B_t$$

により決まる確率過程は**幾何 Brown 運動**とよばれ, 金融工学等でよく利用される.

両辺を $1/X_t$ 倍して

$$\frac{\mathrm{d}X_t}{X_t} = r\mathrm{d}t + \sigma\mathrm{d}B_t$$

より,

$$\int_0^t \frac{\mathrm{d}X_s}{X_s} = rt + \sigma B_t$$

となる. 伊藤の公式より,

$$\mathrm{d}(\log X_t) = \frac{\mathrm{d}X_t}{X_t} - \frac{1}{2}\frac{(\mathrm{d}X_t)^2}{X_t^2} = \frac{\mathrm{d}X_t}{X_t} - \frac{\sigma^2}{2}\mathrm{d}t$$

だから,

$$\int_0^t \frac{\mathrm{d}X_s}{X_s} = \log\frac{X_t}{X_0} + \frac{\sigma^2}{2}t$$

となり,

$$\log\frac{X_t}{X_0} = rt - \frac{\sigma^2}{2}t + \sigma B_t$$

を得る. したがって,

$$X_t = X_0 \exp\left\{\left(r - \frac{1}{2}\sigma^2\right)t + \sigma B_t\right\}$$

となり, X_t が得られた.

初期値を $X_0 = x_0$ に固定すると, $\mathrm{E}(X_t) = x_0\mathrm{e}^{rt}$ となり, 期待値はノイズのない場合と一致することが以下のように確認できる.

伊藤の公式より,

$$\mathrm{d}(\exp(\sigma B_t)) = \sigma\exp(\sigma B_t)\mathrm{d}B_t + \frac{1}{2}\sigma^2\exp(\sigma B_t)\mathrm{d}t$$

だから,

$$\exp(\sigma B_t) = \int_0^t \sigma\exp(\sigma B_s)\mathrm{d}B_s + \frac{1}{2}\sigma^2\int_0^t \exp(\sigma B_s)\mathrm{d}s$$

両辺の期待値をとって, $y(t) = \mathrm{E}(\exp(\sigma B_t))$ とおくと, 伊藤積分の期待値は 0 なので,

$$y(t) = \frac{1}{2}\sigma^2\int_0^t y(s)\mathrm{d}s$$

微分方程式に直すと,

$$\frac{\mathrm{d}}{\mathrm{d}t}y(t) = \frac{1}{2}\sigma^2 y(t)$$

だから,

$$y(t) = \exp\left(\frac{1}{2}\sigma^2 t\right)$$

となる. したがって,

$$\mathrm{E}(X_t) = x_0 \mathrm{E}\left[\exp\left\{\left(r - \frac{1}{2}\sigma^2\right)t + \sigma B_t\right\}\right] = x_0 \exp(rt)$$

となる. B_t の分布が $\mathrm{N}(0, t)$ であることを利用して直接確認をすることもできる.

$\lhd$

例 7.6 [Brownian bridge] 確率微分方程式

$$\mathrm{d}X_t = \frac{1 - X_t}{1 - t}\mathrm{d}t + \mathrm{d}B_t \quad (X_0 = 0,\ 0 \leq t < 1)$$

に従う確率過程 $\{X_t\}$ は **Brownian bridge** とよばれる.

　伊藤の公式より,

$$\mathrm{d}\left(\frac{X_t - 1}{1 - t}\right) = \frac{\mathrm{d}X_t}{1 - t} + \frac{X_t - 1}{(1 - t)^2}\mathrm{d}t$$

だから

$$\mathrm{d}X_t = (1 - t)\mathrm{d}\left(\frac{X_t - 1}{1 - t}\right) + \frac{1 - X_t}{1 - t}\mathrm{d}t$$

となり, これともとの確率微分方程式から,

$$(1 - t)\mathrm{d}\left(\frac{X_t - 1}{1 - t}\right) = \mathrm{d}B_t$$

を得る. よって,

$$\frac{X_t - 1}{1 - t} = -1 + \int_0^t \frac{1}{1 - s}\mathrm{d}B_s$$

より

$$X_t = t + (1 - t)\int_0^t \frac{1}{1 - s}\mathrm{d}B_s$$

となる. この式より, $\{X_t\}$ は Gauss 過程であることがわかる.

　伊藤積分の期待値は 0 なので,

$$\mathrm{E}(X_t) = t$$

となり, X_s と X_t $(t \geq s)$ との共分散は

$$\mathrm{Cov}(X_s, X_t) = \mathrm{E}\{(X_s - \mathrm{E}(X_s))(X_t - \mathrm{E}(X_t))\}$$

$$= \mathrm{E}\left[\left\{(1 - s)\int_0^s \frac{1}{1 - u}\mathrm{d}B_u\right\}\left\{(1 - t)\int_0^t \frac{1}{1 - v}\mathrm{d}B_v\right\}\right]$$

$$=(1-s)(1-t)\mathrm{E}\left\{\left(\int_0^s \frac{1}{1-u}\mathrm{d}B_u\right)\left(\int_0^s \frac{1}{1-v}\mathrm{d}B_v+\int_s^t \frac{1}{1-v}\mathrm{d}B_v\right)\right\}$$

$$=(1-s)(1-t)\int_0^s \frac{1}{(1-u)^2}\mathrm{d}u$$

$$=(1-s)(1-t)\left[\frac{1}{1-u}\right]_{u=0}^s$$

$$=s(1-t)$$

となる.

なお，Browinan bridge は，Brown 運動を $t=1$ での値で回帰して得られる確率過程であることが以下のように確認できる．$\{W_t\}$ を Brown 運動とし，$Y_t = W_t - tW_1$ とおく．すると $\{Y_t\}$ は Gauss 過程であり，その平均は $\mathrm{E}(Y_t) = 0$，共分散は $s < t$ のとき

$$\mathrm{Cov}(Y_s, Y_t) = \mathrm{E}\{(W_s - sW_1)(W_t - tW_1)\} = s - st - st + st = s(1-t)$$

となる．Gauss 過程の分布は平均と共分散だけで定まるので，Y_t は Brownian bridge になっている．ここで，Brownian bridge のもとの定義に使った B_t と，Y_t の定義に使った W_t は，異なる Brown 運動であることに注意する． ◁

例 7.7 [経験分布関数] 例 7.6 で見た Brownian bridge は，経験分布関数とよばれるランダムな関数の極限として得られる．これを大まかに確認しておこう．$X_1, X_2, \ldots$ を独立で同一の分布関数 $F(t)$ に従う確率変数列とする．このとき，次の式で定義される確率過程 $\hat{F}_n(t)$ を**経験分布関数**という：

$$\hat{F}_n(t) = \frac{1}{n}\sum_{i=1}^n \mathbf{1}_{\{X_i \le t\}}. \tag{7.12}$$

これは，$X_1, \ldots, X_n$ に $1/n$ ずつの確率をもつ離散分布の分布関数を表している．まずはじめにわかることは，t を固定したとき，$n \to \infty$ とすることにより $\hat{F}_n(t) \to F(t)$ (a.s.) が成り立つことである．実際，$\mathbf{1}_{\{X_i \le t\}}$ $(1 \le i \le n)$ は独立な確率変数列であり，その期待値は

$$\mathrm{E}[\mathbf{1}_{\{X_i \le t\}}] = P(X_i \le t) = F(t)$$

となる．よって大数の強法則 (定理 4.15) より $\hat{F}_n(t) \to F(t)$ (a.s.) である．さて，

$$Z_n(t) = \sqrt{n}(\hat{F}_n(t) - F(t)) = \frac{1}{\sqrt{n}}\sum_{i=1}^n (\mathbf{1}_{\{X_i \le t\}} - F(t))$$

とおけば，多次元版の中心極限定理 (定理 4.25) より，任意の $t_1, \ldots, t_k$ に対して，$(Z_n(t_1), \ldots, Z_n(t_k))$ は多次元正規分布 $N(0, \Sigma)$ に収束する．ここで共分散行列は

$$
\begin{aligned}
\Sigma(t, s) &= \mathrm{Cov}(\mathbf{1}_{\{X_i \le t\}}, \mathbf{1}_{\{X_i \le s\}}) \\
&= \mathrm{E}(\mathbf{1}_{\{X_i \le t\}}\mathbf{1}_{\{X_i \le s\}}) - \mathrm{E}(\mathbf{1}_{\{X_i \le t\}})\mathrm{E}(\mathbf{1}_{\{X_i \le s\}}) \\
&= F(\min(t, s)) - F(t)F(s)
\end{aligned}
$$

として $\Sigma = (\Sigma(t_a, t_b))_{a,b=1}^k$ で与えられる．特に，F が一様分布 $F(t) = t$ $(0 < t < 1)$ に従うとき，$\min(t, s) - ts$ となり，これは Brownin bridge の共分散と同じである (例 7.6)．

　ところで，収束 $\hat{F}_n(t) \to F(t)$ は t を固定した場合であり，一様収束性

$$
\lim_{n \to \infty} \sup_{0 \le t \le 1} |\hat{F}_n(t) - F(t)| = 0 \quad \text{a.s.}
$$

が成り立つかどうかはこのままではわからない．しかし，実際には成り立つことが知られている (Glivenko–Cantelli の定理)．さらに確率過程の列 $\{Z_n(t)\}$ が，関数空間における収束の意味で Brownian bridge に分布収束することも知られている．これらの詳細については例えば [12, Theorem 20.6] および [23, Theorem 14.3] を参照されたい．　　　　　　　　　　　　　　　　　　　　　　　　　　　　　　◁

例題 7.3 [円周上の Brown 運動] 複素数値をとる確率過程 $\{X(t)\}$ が

$$
X(t) = X_1(t) + \mathrm{i}X_2(t) = \exp(\mathrm{i}B_t)
$$

で定義されるとき，$X_1(t), X_2(t)$ は確率微分方程式

$$
\begin{aligned}
\mathrm{d}X_1(t) &= -\frac{1}{2}X_1(t)\mathrm{d}t - X_2(t)\mathrm{d}B_t, \\
\mathrm{d}X_2(t) &= -\frac{1}{2}X_2(t)\mathrm{d}t + X_1(t)\mathrm{d}B_t
\end{aligned}
$$

を満たすことを示せ．　　　　　　　　　　　　　　　　　　　　　　　　　◁

（解） $X(t) = \exp(\mathrm{i}B_t)$ に伊藤の公式を適用すると，

$$
\begin{aligned}
\mathrm{d}X(t) &= \mathrm{i}\exp(\mathrm{i}B_t)\mathrm{d}B_t + \frac{1}{2}\mathrm{i}^2\exp(\mathrm{i}B_t)\mathrm{d}t \\
&= \mathrm{i}X(t)\mathrm{d}B_t - \frac{1}{2}X(t)\mathrm{d}t
\end{aligned}
$$

となる．これを実部・虚部に分ければ，

$$\mathrm{d}X_1(t) = -\frac{1}{2}X_1(t)\mathrm{d}t - X_2(t)\mathrm{d}B_t,$$

$$\mathrm{d}X_2(t) = -\frac{1}{2}X_2(t)\mathrm{d}t + X_1(t)\mathrm{d}B_t$$

を得る．

7.2.2 解の一意存在性

この節では，確率微分方程式の解の一意存在性を証明する．証明法は，常微分方程式における逐次近似法と同様である．

以下，$T > 0$ を正の実数とし，n, r は正の整数，b は $[0, T] \times \mathbb{R}^n$ から $\mathbb{R}^n$ への関数，σ は $[0, T] \times \mathbb{R}^n$ から $\mathbb{R}^{n \times r}$ への関数として，確率微分方程式

$$\mathrm{d}X_t = b_t(X_t)\mathrm{d}t + \sigma_t(X_t)\mathrm{d}B_t, \quad t \in [0, T], \quad X_0 = x_0 \tag{7.13}$$

を考察する．ここで B_t は r 次元 Brown 運動であり，また $x_0 \in \mathbb{R}^n$ は定数 (あるいは B_t と独立な確率変数) とする．

まず，解の定義を明確にしておく．

定義 7.1 X が確率微分方程式 (7.13) の解であるとは，X が $(\mathcal{F}_t)$-適合な連続確率過程であって，$\int_0^T \|b_s(X_s)\|\mathrm{d}s < \infty$ (a.s.), $\mathrm{E}(\int_0^T \|\sigma_s(X_s)\|_F^2\mathrm{d}s) < \infty$ を満たし，かつ式 (7.13) を満たすこととする．ここで $\|b_s\|$ は b_s の 2 乗ノルム，$\|\sigma_s\|_F$ は σ_s の Frobenius ノルム ($n \times r$ ベクトルと見たときの 2 乗ノルム) とする．

定理 7.3 関数 b_t, σ_t は次の条件を満たすとする：ある定数 $C > 0$ が存在して，任意の t, x, y に対して

$$\|b_t(x) - b_t(y)\| \leq C\|x - y\|, \quad \|\sigma_t(x) - \sigma_t(y)\|_F \leq C\|x - y\|, \tag{7.14}$$

$$\|b_t(x)\| \leq C(1 + \|x\|), \quad \|\sigma_t(x)\|_F \leq C(1 + \|x\|). \tag{7.15}$$

このとき確率微分方程式 (7.13) は一意的な解をもつ．

条件 (7.14) は **Lipschitz (リプシッツ) 条件**とよばれる．

(証明) ここでは $n = r = 1$ の場合のみ考える．また，解の連続性に関する証明は省略する．完全な証明は例えば [24, 定理 5.2] を参照せよ．

まず一意性から示す．$X_t, \tilde{X}_t$ がともに式 (7.13) を満たすと仮定すると，

$$
\begin{aligned}
\mathrm{E}\{(X_t - \tilde{X}_t)^2\} &= \mathrm{E}\left[\left(\int_0^t (b_s(X_s) - b_s(\tilde{X}_s))\mathrm{d}s + \int_0^t (\sigma_s(X_s) - \sigma_s(\tilde{X}_s))\mathrm{d}B_s \right)^2 \right] \\
&\leq 2\mathrm{E}\left\{ \left(\int_0^t (b_s(X_s) - b_s(\tilde{X}_s))\mathrm{d}s \right)^2 \right\} + 2\mathrm{E}\left(\int_0^t \left(\sigma_s(X_s) - \sigma_s(\tilde{X}_s) \right)^2 \mathrm{d}s \right) \\
&\leq 2t\mathrm{E}\left(\int_0^t (b_s(X_s) - b_s(\tilde{X}_s))^2 \mathrm{d}s \right) + 2\mathrm{E}\left(\int_0^t \left(\sigma_s(X_s) - \sigma_s(\tilde{X}_s) \right)^2 \mathrm{d}s \right) \\
&\leq 2C^2 T \int_0^t \mathrm{E}\{(X_s - \tilde{X}_s)^2\}\mathrm{d}s + 2C^2 \int_0^t \mathrm{E}\{(X_s - \tilde{X}_s)^2\}\mathrm{d}s \\
&= 2C^2(T+1) \int_0^t \mathrm{E}\{(X_s - \tilde{X}_s)^2\}\mathrm{d}s
\end{aligned}
$$

と評価できる．ここで，1 つめの不等式には任意の実数 a, b に対する不等式 $(a+b)^2 \leq 2(a^2 + b^2)$ を，2 つめの不等式には Schwarz の不等式を，3 つめの不等式には Lipschitz 条件 (7.14) を用いた．よって Gronwall の補題 (以下の補題 7.1) から，$\mathrm{E}\{(X_t - \tilde{X}_t)^2\} = 0$ を得る．したがって各 $t \in [0, T]$ に対して $P(X_t = \tilde{X}_t) = 1$ である．X_t と $\tilde{X}_t$ はともに連続であるから，これによって解が一意的であるといえたことになる．

次に存在性を示す．$X_t^{(0)} = x_0$ とおき，$X_t^{(1)}, X_t^{(2)}, \dots$ を逐次的に

$$
X_t^{(n)} = x_0 + \int_0^t b_s(X_s^{(n-1)})\mathrm{d}s + \int_0^t \sigma_s(X_s^{(n-1)})\mathrm{d}B_s \tag{7.16}
$$

と定義する．ここで条件 (7.15) から，各 n に対して $\int_0^T \mathrm{E}[(X_t^{(n)})^2]\mathrm{d}t < \infty$ であることが逐次的に示される (詳細は省略する)．このとき $\mathcal{L}^2(0, T)$ において $X_t^{(n)}$ が収束し[*4]，その収束先 X_t が (7.13) の解となることを示そう．まず，条件 (7.15) を使い，一意性の証明のときと同様の評価をすると，

$$
\mathrm{E}\{(X_t^{(1)} - X_t^{(0)})^2\} = \mathrm{E}\left\{ \left(\int_0^t b_s(X_s)\mathrm{d}s + \int_0^t \sigma_s(X_s)\mathrm{d}B_s \right)^2 \right\} \leq Kt
$$

が得られる．ただし $K = 2C^2(T+1)(1 + |x_0|)^2$ とおいた．また，やはり一意性の証明のときと同様にして

[*4] $\mathcal{L}^2(a, b)$ の定義は，定義 6.6 を参照せよ．

$$\mathrm{E}\{(X_t^{(2)} - X_t^{(1)})^2\} \leq 2C^2(T+1) \int_0^t \mathrm{E}\{(X_s^{(1)} - X_s^{(0)})^2\}\mathrm{d}s$$

と評価できる．よって，

$$\mathrm{E}\{(X_t^{(2)} - X_t^{(1)})^2\} \leq 2C^2(T+1)K\frac{t^2}{2}$$

が得られる．以下再帰的に評価すれば

$$\mathrm{E}\{(X_t^{(n)} - X_t^{(n-1)})^2\} \leq (2C^2(T+1))^n K\frac{t^n}{n!}$$

が得られ，特に $\sum_{n=0}^{\infty} \mathrm{E}[\int_0^T (X_t^{(n+1)} - X_t^{(n)})^2 \mathrm{d}t] < \infty$ が成り立つ．よって $X_t^{(n)}$ は $\mathcal{L}^2(0,T)$ において Cauchy 列であることがわかる．この収束先を X_t とする．X_t が連続であることは別途示さなくてはならないが，ここでは省略する．X_t が (7.13) を満たすことを示すには，(7.16) の両辺の ($\mathcal{L}^2(0,T)$ の意味での) 収束先を考えればよい．まず，左辺は明らかに X_t に収束する．一方右辺は

$$x_0 + \int_0^t b_s(X_s)\mathrm{d}s + \int_0^t \sigma_s(X_s)\mathrm{d}B_s$$

に収束する．実際，この式と (7.16) 右辺との差を評価すると，

$$\int_0^T \mathrm{E}\left[\left\{\int_0^t (b_s(X_s^{(n-1)}) - b_s(X_s))\mathrm{d}s + \int_0^t (\sigma_s(X_s^{(n-1)}) - \sigma_s(X_s))\mathrm{d}B_s\right\}^2\right]\mathrm{d}t$$

$$\leq \int_0^T 2C^2(T+1) \int_0^t \mathrm{E}(|X_s^{(n-1)} - X_s|^2)\mathrm{d}s\mathrm{d}t$$

$$\leq 2C^2 T(T+1) \int_0^T \mathrm{E}(|X_s^{(n-1)} - X_s|^2)\mathrm{d}s$$

となり，これは 0 に収束する．以上で定理が示された． ■

補題 7.1 (Gronwall の補題) $a, b \geq 0$ とし，連続関数 ϕ_t が次の条件を満たすとする：

$$0 \leq \phi_t \leq a + b \int_0^t \phi_s \mathrm{d}s. \tag{7.17}$$

このとき，$\phi_t \leq ae^{bt}$ が成り立つ．

(証明) まず，不等式 (7.17) に e^{-bt} を掛け，整理すると

$$\frac{\mathrm{d}}{\mathrm{d}t}\left(\mathrm{e}^{-bt}\int_0^t \phi_s \mathrm{d}s\right) \le a\mathrm{e}^{-bt}$$

が得られる．両辺を積分して

$$\mathrm{e}^{-bt}\int_0^t \phi_s \mathrm{d}s \le \frac{a}{b}(1-\mathrm{e}^{-bt})$$

よって

$$\int_0^t \phi_s \mathrm{d}s \le \frac{a}{b}(\mathrm{e}^{bt}-1)$$

を得る．これを式 (7.17) に代入して $\phi_t \le a\mathrm{e}^{bt}$ を得る． ■

7.3 Girsanovの定理

伊藤の公式の一つの応用として，Girsanov の定理を紹介する[*5]．これは，ドリフト係数だけが異なる 2 つの伊藤過程の分布は互いに絶対連続であることを示す定理である．特にドリフト係数がゼロの伊藤過程はマルチンゲールとなるから (定理 6.6)，測度の変換によって伊藤過程がマルチンゲールになることが示される[*6]．

まず，確率過程の前に，確率変数に関する測度変換について確認しておこう．この場合，測度変換は密度関数の比 (統計学の言葉で言えば尤度比) によって与えられる．

補題 7.2 確率空間 $(\Omega, \mathcal{F}, P)$ 上の確率変数ベクトル $X = (X_1, \ldots, X_n)$ が同時密度関数 $f(x)$ をもつとする．また，$g(x)$ は $f(x)$ と共通のサポートをもつ同時密度関数とする．このとき，Ω 上の新しい確率測度 Q を

$$Q(A) = \mathrm{E}\left[\mathbf{1}_A(\omega)\frac{g(X)}{f(X)}\right]$$

で定義すれば，X は測度 Q のもとでは確率密度 $g(x)$ をもつ．

[*5] Girsanov-丸山の定理ともいう．
[*6] 伊藤過程に限らず一般に，測度の変換によってマルチンゲールになる確率過程のことを半マルチンゲールという．

（証明） C を任意の Borel 集合とするとき，

$$Q(X \in C) = \mathrm{E}\left[\mathbf{1}_C(X)\frac{g(X)}{f(X)}\right] = \int_C \frac{g(x)}{f(x)}f(x)\mathrm{d}x = \int_C g(x)\mathrm{d}x$$

となる．よって，Q のもとでは X の密度は $g(x)$ となる．　　　■

　次の例題は，伊藤過程を離散時間の確率過程で置き換えた場合の測度変換を計算したものである．

例題 7.4 $Z_1,\ldots,Z_n$ は標準正規分布に独立に従う確率変数列とし，確率変数列 $X = (X_1,\ldots,X_n)$ を

$$X_i = X_{i-1} + \mu_i(\omega)\Delta t + \sigma_i(\omega)\sqrt{\Delta t}Z_i, \quad X_0 = x_0$$

で定義する．ただし，$x_0 \in \mathbb{R}$ と $\Delta t > 0$ は定数とし，μ_i と σ_i は $\sigma(Z_1,\ldots,Z_{i-1})$-可測な確率変数列とする．また，$\mu_i$ を 0 に置き換えてできる確率変数列を $\tilde{X} = (\tilde{X}_1,\ldots,\tilde{X}_n)$ とする：

$$\tilde{X}_i = \tilde{X}_{i-1} + \sigma_i(\omega)\sqrt{\Delta t}Z_i, \quad \tilde{X}_0 = x_0.$$

X の密度関数を $f(x)$，$\tilde{X}$ の密度関数を $g(x)$ とおくとき，$g(x)/f(x)$ を求めよ．◁

（解） まず，$f(x)$ を求める．$Z_1,\ldots,Z_{i-1}$ を与えたもとで $X_i - X_{i-1}$ は正規分布 $\mathrm{N}(\mu_i\Delta t, \sigma_i^2\Delta t)$ に従うので，

$$f(x) = \prod_{i=1}^n \frac{1}{\sqrt{2\pi\sigma_i^2\Delta t}}\exp\left(-\frac{(x_i - x_{i-1} - \mu_i\Delta t)^2}{2\sigma_i^2\Delta t}\right)$$

となる．この式で $\mu_i = 0$ とおけば，$g(x)$ が得られる：

$$g(x) = \prod_{i=1}^n \frac{1}{\sqrt{2\pi\sigma_i^2\Delta t}}\exp\left(-\frac{(x_i - x_{i-1})^2}{2\sigma_i^2\Delta t}\right).$$

2 つの密度関数の比を求めると，

$$\frac{g(x)}{f(x)} = \exp\left(-\sum_{i=1}^n \frac{\mu_i(x_i - x_{i-1})}{\sigma_i^2} + \sum_{i=1}^n \frac{\mu_i^2\Delta t}{2\sigma_i^2}\right) \tag{7.18}$$

となる．なお，確率測度 P のもとでは $X_i - X_{i-1} = \mu_i\Delta t + \sigma_i\sqrt{\Delta t}Z_i$ であるから，

$$\frac{g(x)}{f(x)} = \exp\left(-\sum_{i=1}^n \frac{\mu_i\sqrt{\Delta t}z_i}{\sigma_i} - \sum_{i=1}^n \frac{\mu_i^2\Delta t}{2\sigma_i^2}\right) \tag{7.19}$$

とも書ける.

この例題の結果 (7.18) と (7.19) において，$\Delta t = T/n$，$n \to \infty$ とすれば，次の定理が従うことが直観的に理解される.

定理 7.4 (Girsanov (ギルサノフ) の定理) 確率空間 $(\Omega, \mathcal{F}, P)$ のもとで $\{X_t\}$ は伊藤過程

$$\mathrm{d}X_t = \mu_t(\omega)\mathrm{d}t + \sigma_t(\omega)\mathrm{d}B_t$$

に従うとする．また，ドリフト係数を 0 として得られる別の伊藤過程

$$\mathrm{d}\tilde{X}_t = \sigma_t(\omega)\mathrm{d}B_t$$

を考える．また，

$$M_T(\omega) = \exp\left(-\int_0^T \frac{\mu_t}{\sigma_t^2}\mathrm{d}X_t + \int_0^T \frac{\mu_t^2}{2\sigma_t^2}\mathrm{d}t \right) \tag{7.20}$$

$$= \exp\left(-\int_0^T \frac{\mu_t}{\sigma_t}\mathrm{d}B_t - \int_0^T \frac{\mu_t^2}{2\sigma_t^2}\mathrm{d}t \right) \tag{7.21}$$

とおき，確率測度 Q を $Q(A) = \mathrm{E}[\mathbf{1}_A M_T]$ と定義する．このとき，Q のもとでの X の分布は (P のもとでの) $\tilde{X}$ の分布に一致する．ただし確率変数 $\int_0^T (\mu_t/\sigma_t)^2 \mathrm{d}t$ は有界と仮定する.

注意 7.2 $M_T(\omega)$ は，Q の P に対する Radon–Nikodym 微分である．　　　　　◁

(証明) 証明は，伊藤の公式と，Brown 運動の特徴づけに基づく．まず，

$$M_t = \exp(Y_t), \quad Y_t = -\int_0^t \frac{\mu_s}{\sigma_s}\mathrm{d}B_s - \int_0^t \frac{\mu_s^2}{2\sigma_s^2}\mathrm{d}s$$

とおくと，M_t は P のもとでマルチンゲールである．実際，伊藤の公式を形式的に適用すると[*7]，

$$\mathrm{d}M_t = \mathrm{e}^{Y_t}\mathrm{d}Y_t + \frac{1}{2}\mathrm{e}^{Y_t}(\mathrm{d}Y_t)^2$$

$$= \mathrm{e}^{Y_t}\left(-\frac{\mu_t}{\sigma_t}\mathrm{d}B_t - \frac{\mu_t^2}{2\sigma_t^2}\mathrm{d}t \right) + \frac{1}{2}\mathrm{e}^{Y_t}\frac{\mu_t^2}{\sigma_t^2}\mathrm{d}t$$

[*7]　厳密には，伊藤の公式が成立する条件を吟味する必要があり，そのために定理の最後に述べた条件が必要となる[22, 24].

$$= -\frac{\mu_t}{\sigma_t} M_t \mathrm{d}B_t$$

となる．また定義から明らかに $M_0 = 1$ である．したがって特に $Q(\Omega) = \mathrm{E}(M_T) = \mathrm{E}(M_0) = 1$ となり，Q が確率測度であることがわかる．次に，（P のもとで）

$$\hat{B}_t = \int_0^t \frac{\mathrm{d}X_s}{\sigma_s} = \int_0^t \frac{\mu_s}{\sigma_s}\mathrm{d}s + B_t$$

とおき，$\hat{B}_t$ が Q のもとで Brown 運動となることを示す．そうすれば，$\mathrm{d}X_t = \sigma_t \mathrm{d}\hat{B}_t$ より Q のもとでは X_t の分布が（P のもとでの）$\tilde{X}_t$ の分布に等しくなることがわかる．さて，$\hat{B}_t$ が Q のもとで Brown 運動になることを示すためには，任意の C_b^2 級関数 f に対して $N_t := f(\hat{B}_t) - \frac{1}{2}\int_0^t f''(\hat{B}_t)\mathrm{d}t$ がマルチンゲールであることを示せば十分である（補題 7.3）．まず，伊藤の公式より

$$\mathrm{d}N_t = f'(\hat{B}_t)\mathrm{d}\hat{B}_t + \frac{f''(\hat{B}_t)}{2}(\mathrm{d}\hat{B}_t)^2 - \frac{f''(\hat{B}_t)}{2}\mathrm{d}t$$
$$= f'(\hat{B}_t)\left(\frac{\mu_t}{\sigma_t}\mathrm{d}t + \mathrm{d}B_t\right)$$

となる．よって，

$$\mathrm{d}(N_t M_t) = (\mathrm{d}N_t)M_t + N_t(\mathrm{d}M_t) + (\mathrm{d}N_t)(\mathrm{d}M_t)$$
$$= f'(\hat{B}_t)\left(\frac{\mu_t}{\sigma_t}\mathrm{d}t + \mathrm{d}B_t\right)M_t + N_t\mathrm{d}M_t + f'(\hat{B}_t)\left(-\frac{\mu_t}{\sigma_t}M_t\right)\mathrm{d}t$$
$$= f'(\hat{B}_t)M_t\mathrm{d}B_t + N_t\mathrm{d}M_t$$

となるから，$N_t M_t$ は P のもとでマルチンゲールとなる．したがって N_t は Q のもとでマルチンゲールとなる（補題 7.4）．　　　　　　　　　　　■

　以下，証明の中で使った補題を示す．

補題 7.3 $\{\hat{B}_t\}$ は $(\mathcal{F}_t)$-適合かつ連続な確率過程とする．このとき，任意の $f \in C_\mathrm{b}^2$ に対して $f(\hat{B}_t) - \frac{1}{2}\int_0^t f''(\hat{B}_u)\mathrm{d}u$ がマルチンゲールならば，$\{\hat{B}_t\}$ は Brown 運動である．

(証明) $s < t$ に対し，$\hat{B}_t - \hat{B}_s$ の，$\mathcal{F}_s$ のもとでの条件付分布が正規分布 $\mathrm{N}(0, t-s)$ に従うことを示せばよい．そのために条件付きの特性関数 $\mathrm{E}(\mathrm{e}^{\mathrm{i}\theta(\hat{B}_t - \hat{B}_s)}|\mathcal{F}_s)$ を求

める．仮定において $f(x) = \mathrm{e}^{\mathrm{i}\theta x}$ とおけば，

$$\mathrm{E}\left(\mathrm{e}^{\mathrm{i}\theta \hat{B}_t} + \frac{\theta^2}{2}\int_0^t \mathrm{e}^{\mathrm{i}\theta \hat{B}_u}\mathrm{d}u \middle| \mathcal{F}_s\right) = \mathrm{e}^{\mathrm{i}\theta \hat{B}_s} + \frac{\theta^2}{2}\int_0^s \mathrm{e}^{\mathrm{i}\theta \hat{B}_u}\mathrm{d}u$$

となる．両辺に $\mathrm{e}^{-\mathrm{i}\theta \hat{B}_s}$ を掛け，整理すると，

$$\mathrm{E}\left(\mathrm{e}^{\mathrm{i}\theta(\hat{B}_t - \hat{B}_s)}\middle|\mathcal{F}_s\right) + \frac{\theta^2}{2}\int_s^t \mathrm{E}\left(\mathrm{e}^{\mathrm{i}\theta(\hat{B}_u - \hat{B}_s)}\middle|\mathcal{F}_s\right)\mathrm{d}u = 1$$

となる．ここで s を固定して $\phi(t) = \mathrm{E}(\mathrm{e}^{\mathrm{i}\theta(\hat{B}_t - \hat{B}_s)}|\mathcal{F}_s)$ とおけば，

$$\phi(t) + \frac{\theta^2}{2}\int_s^t \phi(u)\mathrm{d}u = 1$$

となる．この積分方程式の一意な解は

$$\phi(t) = \mathrm{e}^{-\theta^2(t-s)/2}$$

で与えられる．よって主張が示された． ∎

補題 7.4 $(\mathcal{F}_t)$-適合過程 $\{N_t\}$ に対し，$\{N_t M_t\}$ が P のもとでマルチンゲールならば，$\{N_t\}$ は Q のもとでマルチンゲールである．

(証明) 仮定より，$s < t$ に対して $\mathrm{E}^P(N_t M_t|\mathcal{F}_s) = N_s M_s$ である．このとき $\mathrm{E}^Q(N_t|\mathcal{F}_s) = N_s$ であることを示そう．実際，任意の $A \in \mathcal{F}_s$ に対して

$$\int_A \mathrm{E}^Q(N_t|\mathcal{F}_s)\mathrm{d}Q = \int_A N_t\mathrm{d}Q = \int_A N_t M_t\mathrm{d}P = \int_A N_s M_s\mathrm{d}P = \int_A N_s\mathrm{d}Q$$

が成り立つ． ∎

8 拡 散 過 程

生成作用素，Kolmogorov の前向き・後ろ向き方程式など，拡散過程の基礎について説明するとともに，確率微分方程式との関係について扱う．この章では厳密さはあまり追求せず，主に直観的な導出のみを与える．

8.1 Markov 性と強 Markov 性

8.1.1 Markov 性

Brown 運動の Markov 性について議論する．Markov 性とは，5 章でも見た通り，確率過程の将来の分布が，現在の値から定まり，過去の情報に依存しないという性質である．Brown 運動は独立増分過程として定義されているから，Markov 性が成り立つと考えるのは自然だろう．

まず，連続時間の場合の Markov 性を定義しなければならない．確率過程 $\{X_t\}_{t\geq 0}$ が作る増大情報系を $\mathcal{F}_t = \sigma(X_s : s \leq t)$ と定義する．

定義 8.1 $X = \{X_t\}_{t\geq 0}$ を確率過程とする．任意の有界可測関数 f と実数 $t, s > 0$ に対して

$$\mathrm{E}(f(X_{t+s})|\mathcal{F}_s) = \mathrm{E}(f(X_{t+s})|\sigma(X_s)) \tag{8.1}$$

が成り立つとき，X は **Markov 過程**である，あるいは **Markov 性**をもつという．また，式 (8.1) の右辺が s に依存しないとき，同次 Markov 過程という．

注意 8.1 初期値が $X_0 = x$ のときの $\{X_t\}_{t\geq 0}$ に関する期待値を E_x と書くとき，Markov 性の条件 (8.1) は次のように書くこともできる：

$$\mathrm{E}_x(f(X_{t+s})|\mathcal{F}_s) = \mathrm{E}_{X_s}(f(X_t)). \tag{8.2}$$

ただし右辺は $\mathrm{E}_x(f(X_t))|_{x=X_s}$ の意味である．　　　　　　　　　　◁

次の定理は，Brown 運動の独立増分性と，命題 6.2 から導かれる．

定理 8.1 Brown 運動 $\{B_t\}$ は，それが生成する増大情報系 $\mathcal{F}_t = \sigma(B_s : s \leq t)$ に関して Markov 過程となる.

8.1.2 強 Markov 性

離散時間の Markov 過程には導入する必要のなかった概念として，強 Markov 性がある．まず，離散時間の Markov 過程に対しては次の命題が成り立つことを確認しておこう．ここで，離散時間の増大情報系を $\{\mathcal{F}_t\}_{t=0}^{\infty}$ とするとき，**停止時刻** $\tau(\omega)$ とは，任意の t に対して $\{\omega : \tau(\omega) \leq t\} \in \mathcal{F}_t$ を満たす確率変数のことである．連続時間の場合も同様に定義される．また，$A \cap \{\tau \leq t\} \in \mathcal{F}_t$ を任意の t に対して満たすような集合 A の全体を $\mathcal{F}_\tau$ と書く．これは σ-加法族になる．

命題 8.1 $\{X_t\}_{t=0}^{\infty}$ を離散時間の Markov 過程とし，τ を停止時刻で $\tau < \infty$ を満たすものとする．このとき，任意の $t > 0$ および有界可測関数 f に対して

$$\mathrm{E}_x(f(X_{\tau+t})|\mathcal{F}_\tau) = \mathrm{E}_{X_\tau}(f(X_t)) \tag{8.3}$$

が成り立つ.

(証明) 任意の $A \in \mathcal{F}_\tau$ に対して $A = \cup_{k=0}^{\infty} A_k$, $A_k := A \cap \{\tau = k\}$ と分割すると，

$$\mathrm{E}_x(f(X_{\tau+t})\mathbf{1}_A) = \sum_{k=0}^{\infty} \mathrm{E}_x\left(f(X_{k+t})\mathbf{1}_{A_k}\right)$$

となる．ここで，右辺の各項は，$A_k \in \mathcal{F}_k$ と Markov 性から

$$\mathrm{E}_x\left(f(X_{k+t})\mathbf{1}_{A_k}\right) = \mathrm{E}_x\left\{\mathrm{E}_x(f(X_{k+t})|\mathcal{F}_k)\mathbf{1}_{A_k}\right\} = \mathrm{E}_x\left\{\mathrm{E}_{X_k}(f(X_t))\mathbf{1}_{A_k}\right\}$$

となる．よって，

$$\mathrm{E}_x(f(X_{\tau+t})\mathbf{1}_A) = \sum_{k=0}^{\infty} \mathrm{E}_x\left\{\mathrm{E}_{X_k}(f(X_t))\mathbf{1}_{A_k}\right\} = \mathrm{E}_x\left\{\mathrm{E}_{X_\tau}(f(X_t))\mathbf{1}_A\right\}$$

が成り立つ．A は任意だったので，$\mathrm{E}_x(f(X_{\tau+t})|\mathcal{F}_\tau) = \mathrm{E}_{X_\tau}(f(X_t))$ を得る．■

式 (8.3) のように，Markov 性の定義を停止時刻に対して一般化した概念を**強 Markov 性**という．強 Markov 性をもてば Markov 性をもつことはすぐにわか

る．実際，停止時刻を $\tau(\omega) = s$ (一定値) とおけばよい．一方，連続時間の場合，Markov 性を満たすが強 Markov 性は満たさないような例が存在することが知られている．しかし Brown 運動に対してはこのような心配は不要で，次の定理が知られている．

定理 8.2 Brown 運動は強 Markov 性をもつ．

強 Markov 性の応用例を一つ示す．

命題 8.2 (反射原理) $a > 0$ とし，$\tau = \inf\{t \geq 0 : B_t = a\}$ とおく．このとき各 $t > 0$ に対して

$$P(\tau \leq t) = 2P(B_t \geq a)$$

が成り立つ．また $P(\tau < \infty) = 1$ であり，τ の密度関数は次式で与えられる：

$$f(t) = \frac{a}{\sqrt{2\pi t^3}} \mathrm{e}^{-a^2/2t}. \tag{8.4}$$

(証明) τ は停止時刻であることに注意する．強 Markov 性から，$\tau \leq t$ のとき $B_t - B_\tau$ の分布と $-(B_t - B_\tau)$ の分布は等しいので，$B_\tau = a$ に注意すれば

$$P(\tau \leq t,\ B_t > a) = P(\tau \leq t,\ B_t < a)$$

が従う．これを反射原理という (図 8.1)．ところが左辺は $P(B_t > a)$ に等しく，右辺は $P(\tau \leq t) - P(B_t \geq a)$ に等しい．よって，$P(B_t = a) = 0$ に注意すれば $P(\tau \leq t) = 2P(B_t \geq a)$ を得る．特に，

$$P(\tau < \infty) = \lim_{t \to \infty} P(\tau \leq t) = 2 \lim_{t \to \infty} P(B_t \geq a) = 2 \lim_{t \to \infty} P(B_1 \geq a/\sqrt{t}) = 1$$

が成り立つ．また，τ の累積分布関数は

$$P(\tau \leq t) = 2P(B_t \geq a) = 2 \int_{a/\sqrt{t}}^{\infty} \frac{1}{\sqrt{2\pi}} \mathrm{e}^{-x^2/2} \mathrm{d}x$$

で与えられるので，これを t で微分すれば，式 (8.4) を得る．∎

注意 8.2 式 (8.4) の分布を **Lévy 分布**という．Lévy 分布は逆 **Gauss 分布**

$$f(t) = \frac{a}{\sqrt{2\pi t^3}} \mathrm{e}^{-(\nu t - a)^2/2t} \quad (a, \nu > 0) \tag{8.5}$$

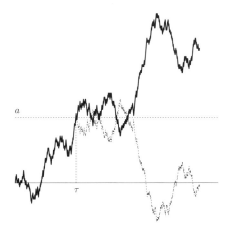

図 8.1 反射原理. 時刻 τ 以降の標本関数を折り返しても, 分布は変わらない.

の特殊ケース ($\nu \to 0$) である. 逆 Gauss 分布は, ドリフト付き Brown 運動 $X_t = B_t + \nu t$ に対する停止時刻 $\tau = \inf\{t : X_t = a\}$ の分布である. これは以下のように確かめられる. Girsanov の定理を使い, X_t が Brown 運動となるように測度変換すると,

$$P(\tau \leq t) = \mathrm{E}(\mathbf{1}_{\{\tau' \leq t\}} \mathrm{e}^{\nu B_t - \nu^2 t/2})$$

となる. ただし $\tau' = \inf\{t : B_t = a\}$ である. ここで強 Markov 性と式 (8.4) より

$$\begin{aligned}
P(\tau \leq t) &= \mathrm{E}\{\mathbf{1}_{\{\tau' \leq t\}} \mathrm{e}^{-\nu^2 t/2} \mathrm{E}(\mathrm{e}^{\nu B_t} | \mathcal{F}_{\tau'})\} \\
&= \mathrm{E}(\mathbf{1}_{\{\tau' \leq t\}} \mathrm{e}^{-\nu^2 t/2} \mathrm{e}^{\nu a + \nu^2 (t - \tau')/2}) \\
&= \mathrm{E}(\mathbf{1}_{\{\tau' \leq t\}} \mathrm{e}^{\nu a - \nu^2 \tau'/2}) \\
&= \int_0^t \frac{a}{\sqrt{2\pi s^3}} \mathrm{e}^{-a^2/2s} \mathrm{e}^{\nu a - \nu^2 s/2} \mathrm{d}s
\end{aligned}$$

となる. よって τ の密度は式 (8.5) となる. 　 　 　 ◁

8.2 　 生成作用素と後向き・前向き方程式

8.2.1 　 生 成 作 用 素

定理 7.3 に述べたように,

$$dX_t = b_t(X_t)dt + \sigma_t(X_t)dB_t$$

の型の確率微分方程式に従う確率過程は，(ドリフト係数 $b_t(X_t)$ と拡散係数 $\sigma_t(X_t)$ に対する一定の条件のもとで) 時間 t に対して連続なパスをもつ一意的な解をもつ．このような確率過程 $\{X_t\}$ を**拡散過程**とよぶ．拡散過程については次の定理が成り立つ．

定理 8.3 拡散過程は，定理 7.3 と同じ条件のもとで，強 Markov 性をもつ．

　拡散過程の性質を調べる方法には，確率微分方程式に基づく直接的な方法の他に，生成作用素を利用する方法がある．ここでは生成作用素に基づく方法について直観的な理解を目指す．

　$\{X_t\}$ を (係数が時間に依存しない) 確率微分方程式

$$dX_t = b(X_t)dt + \sigma(X_t)dB_t \tag{8.6}$$

にしたがう確率過程とする．このとき，X_t は**時間的に一様な拡散過程**とよばれる．

　拡散過程 X_t の**生成作用素** A を

$$Af(x) = \lim_{t \to 0} \frac{E_x\{f(X_t)\} - f(x)}{t}$$

で定義する．ただし，$f : \mathbb{R} \to \mathbb{R}$ は適当な正則条件を満たす任意の関数であり，E_x は初期条件 $X_0 = x$ のもとでの期待値を表す．

　分布収束の議論 (4.4 節) を思い出すと，分布を累積分布関数の形で与えることと，任意の有界連続関数の期待値を与えることは同値であった．特性関数の場合のように，期待値をとる関数の族は必要に応じてさらに狭くとることもできる．そこで，拡散過程の周辺分布が微小時間でどのように変化するかを調べるには，適当な関数の族について $E_x\{f(X_t)\}$ を調べればよいことが納得できる．時間的に一様な Markov 過程の周辺分布の時間発展は，各時刻で同様であり，生成作用素 A は時刻には依存しない．A は微小時間の時間発展を微分の形で記述していると理解すればよい．

　生成作用素 A は，b, σ を用いて表すことができる．まず 1 次元の場合，すなわち $b : \mathbb{R} \to \mathbb{R}$，$\sigma : \mathbb{R} \to \mathbb{R}$ の場合を考える．$\{X_t\}$ を (8.6) に従う初期値 $X_0 = x$ の確率過程とすると，

$$X_t = x + \int_0^t b(X_s)ds + \int_0^t \sigma(X_s)dB_s$$

となる. 伊藤の公式より,

$$\mathrm{d}f(X_t) = \frac{\mathrm{d}f}{\mathrm{d}x}(X_t)\mathrm{d}X_t + \frac{1}{2}\frac{\mathrm{d}^2 f}{\mathrm{d}x^2}(X_t)(\mathrm{d}X_t)^2$$

$$= \frac{\mathrm{d}f}{\mathrm{d}x}(X_t)\{b(X_t)\mathrm{d}t + \sigma(X_t)\mathrm{d}B_t\} + \frac{1}{2}\frac{\mathrm{d}^2 f}{\mathrm{d}x^2}(X_t)\sigma^2(X_t)\mathrm{d}t$$

だから,

$$f(X_t) = f(x) + \int_0^t \left\{ \frac{\mathrm{d}f}{\mathrm{d}x}(X_s)b(X_s) + \frac{1}{2}\frac{\mathrm{d}^2 f}{\mathrm{d}x^2}(X_s)\sigma^2(X_s) \right\} \mathrm{d}s$$

$$+ \int_0^t \frac{\mathrm{d}f}{\mathrm{d}x}(X_s)\sigma(X_s)\mathrm{d}B_s$$

となる. 両辺の期待値をとると,

$$\mathrm{E}_x\{f(X_t)\} = f(x) + \int_0^t \mathrm{E}_x \left\{ \frac{\mathrm{d}f}{\mathrm{d}x}(X_s)b(X_s) + \frac{1}{2}\frac{\mathrm{d}^2 f}{\mathrm{d}x^2}(X_s)\sigma^2(X_s) \right\} \mathrm{d}s$$

となる. したがって, 生成作用素の定義より,

$$Af(x) = \lim_{t \to 0} \frac{\mathrm{E}_x\{f(X_t)\} - f(x)}{t} = b(x)\frac{\mathrm{d}f}{\mathrm{d}x}(x) + \frac{1}{2}\sigma^2(x)\frac{\mathrm{d}^2 f}{\mathrm{d}x^2}(x)$$

が得られる.

b, σ が時間に依存する場合は, 生成作用素 A_t は時刻に依存し, 上と同様の計算により

$$A_t f(x) = b_t(x)\frac{\partial f}{\partial x}(x) + \frac{1}{2}\sigma_t^2(x)\frac{\partial^2 f}{\partial x^2}(x)$$

となる.

多次元の場合は, 同様の計算により

$$Af(x) = \sum_{i=1}^n b_i(x)\frac{\partial f}{\partial x_i}(x) + \frac{1}{2}\sum_{i,j=1}^n \sum_{k=1}^r \sigma_{ik}(x)\sigma_{jk}(x)\frac{\partial^2 f}{\partial x_i \partial x_j}(x)$$

となることが確かめられる. ここで, ドリフト係数を $b(x) = (b_i(x))_{i=1}^n$, 拡散係数を $\sigma(x) = (\sigma_{ik}(x))_{i=1,k=1}^{n,r}$ と表記した.

ここで, $\sigma(x) = 0$ という特殊な場合 (ノイズがない場合) について考察しておこう.

例 8.1 [力学系と特性曲線法] 拡散過程の特殊な場合である**力学系**について考えてみる. すなわち, (ランダムではない) 常微分方程式

$$\frac{\mathrm{d}x(t)}{\mathrm{d}t} = b(x(t)), \qquad b : \mathbb{R}^n \to \mathbb{R}^n \tag{8.7}$$

の解 $x(t) = (x_i(t))_{i=1}^n$ を考える．任意の関数 $f \in C^1(\mathbb{R}^p)$ に対して，$f(x(t))$ を時間について微分すると

$$\frac{\mathrm{d}f(x(t))}{\mathrm{d}t} = \sum_{i=1}^n \frac{\mathrm{d}x_i}{\mathrm{d}t}(t)\frac{\partial f}{\partial x_i}(x(t)) = Af(x_t) \tag{8.8}$$

が成り立つ．ここで $A = \sum_{i=1}^n b_i(x)\partial/\partial x_i$ とおいた．このように，力学系には 1 階の微分作用素 A が対応する．この A は，拡散過程に対する生成作用素の特殊ケースにほかならない．

逆に，与えられた 1 階微分作用素 A に対応する力学系を求める方法が，**特性曲線法**とよばれる偏微分方程式の解法である．例えば，未知関数 $f : \mathbb{R}^n \to \mathbb{R}$ についての 1 階線形偏微分方程式

$$(Af)(x) = \sum_{i=1}^n b_i(x)\frac{\partial f}{\partial x_i}(x) = q(x) \quad (x \in \mathbb{R}^n) \tag{8.9}$$

を考える．ただし $q : \mathbb{R}^n \to \mathbb{R}$ は与えられた関数とする．この方程式の解を f とすれば，力学系 (8.7) の解曲線上では，式 (8.8) より

$$\frac{\mathrm{d}f(x(t))}{\mathrm{d}t} = q(x(t))$$

が成り立つはずである．これを，独立変数を t とする常微分方程式とみなして解けば，偏微分方程式 (8.9) の一般解が得られる．以上が特性曲線法である．この類推として，8.3 節では，拡散過程を用いて楕円型偏微分方程式の解を表示する． ◁

8.2.2 Kolmogorov の後向き方程式と前向き方程式

この項では時間的に一様とは限らない拡散過程

$$\mathrm{d}X_t = b_t(X_t)\mathrm{d}t + \sigma_t(X_t)\mathrm{d}B_t \tag{8.10}$$

を考える[*1]．簡単のため X_t と B_t は 1 次元であるとする．このとき拡散過程 X_t の生成作用素は

$$A_t = b_t(x)\frac{\partial}{\partial x} + a_t(x)\frac{\partial^2}{\partial x^2}, \quad a_t(x) = \frac{\{\sigma_t(x)\}^2}{2}$$

[*1] この方が，後に述べる後向き・前向き方程式の意味が捉えやすくなる．

で与えられる.

　拡散過程は Markov 性をもつので, 時刻 s に $X_s = x$ であるという条件のもとでの X_{s+t} の確率分布は x, s, t で決まる. この条件付確率の密度関数を, **推移確率密度関数**とよび $p(t, y|s, x)$ で表す. このとき,

$$p(u, z|s, x) = \int_{-\infty}^{\infty} p(u, z|t, y) p(t, y|s, x) \mathrm{d}y \quad (x, y, z \in \mathbb{R}, \quad u > t > s \geq 0)$$

が成立する. この式を **Chapman–Kolmogorov の方程式**という. なお, 時間的に一様な場合には $p(t, y|s, x) = p(t - s, y|0, x)$ が成り立つ.

定理 8.4 拡散過程 (8.10) を考える. このとき, 適当な条件のもとで

$$\frac{\partial p}{\partial s}(t, y|s, x) = - b_s(x) \frac{\partial p}{\partial x}(t, y|s, x) - a_s(x) \frac{\partial^2 p}{\partial x^2}(t, y|s, x), \tag{8.11}$$

$$\frac{\partial p}{\partial t}(t, y|s, x) = - \frac{\partial}{\partial y}\{b_t(y) p(t, y|s, x)\} + \frac{\partial^2}{\partial y^2}\{a_t(y) p(t, y|s, x)\} \tag{8.12}$$

が成立する.

　(8.11) を **Kolmogorov の後向き方程式**という. 後向き方程式の右辺には, 生成作用素 (に負号をつけたもの) $-A_s$ が現れていることに注意する. また, (8.12) を **Kolmogorov の前向き方程式**という. Kolmogorov の前向き方程式を (特に物理学では) **Fokker–Planck (フォッカー–プランク) 方程式**とよぶことも多い. 物理学・工学などの応用では前向き方程式を適当な初期条件・境界条件のもとで解いて分布を求めることがよく行われる. 応用上は, 確率微分方程式と前向き方程式は補い合う関係にある.

　定理 8.4 を証明する前に一つ補題を与えておく.

補題 8.1 (8.12) の右辺に現れている

$$A_t^* f(y) = - \frac{\partial}{\partial y}(b_t f) + \frac{\partial^2}{\partial y^2}(a_t f)$$

で定義される作用素 A_t^* は, A_t の**共役作用素**である. すなわち, $x \to \pm\infty$ で十分速く 0 に近づく十分滑らかな関数の組 $f(x)$, $g(x)$ に対し,

$$\int (A_t f)(x) g(x) \mathrm{d}x = \int f(x) (A_t^* g)(x) \mathrm{d}x$$

が成立する.

(**証明**) 部分積分により次のように確認できる：

$$\int (A_t f)(x) g(x) \mathrm{d}x = \int \left\{ b_t(x) \frac{\partial f}{\partial x}(x) + a_t(x) \frac{\partial^2 f}{\partial x^2}(x) \right\} g(x) \mathrm{d}x$$

$$= \int \left\{ b_t(x) \frac{\partial f}{\partial x}(x) \right\} g(x) \mathrm{d}x + \int \left\{ a_t(x) \frac{\partial^2 f}{\partial x^2}(x) \right\} g(x) \mathrm{d}x$$

$$= - \int f(x) \frac{\partial}{\partial x} \left\{ b_t(x) g(x) \right\} \mathrm{d}x - \int \frac{\partial f}{\partial x}(x) \frac{\partial}{\partial x} \left\{ a_t(x) g(x) \right\} \mathrm{d}x$$

$$= - \int f(x) \frac{\partial}{\partial x} \left\{ b_t(x) g(x) \right\} \mathrm{d}x + \int f(x) \frac{\partial^2}{\partial x^2} \left\{ a_t(x) g(x) \right\} \mathrm{d}x$$

$$= \int f(x) (A_t^* g)(x) \mathrm{d}x.$$

■

(**証明**) 後向き方程式・前向き方程式を (形式的な議論により) 導出する．

X_t を $\mathrm{d}X_t = b_t(X_t)\mathrm{d}t + \sigma_t(X_t)\mathrm{d}B_t$ $(t \geq s)$ に従う拡散過程とし，初期条件として $X_s = x$ を仮定する．Chapman–Kolmogorov の方程式

$$p(t, y|s, x) = \int_{-\infty}^{\infty} p(t, y|u, z) p(u, z|s, x) \mathrm{d}z \quad (x, y, z \in \mathbb{R}, \ t > u > s \geq 0)$$

より，t, y を固定して $f(u, X_u) = p(t, y|u, X_u)$ とおくと，

$$f(s, x) = \mathrm{E}(f(u, X_u)|X_s = x) \quad (t > u \geq s) \tag{8.13}$$

が成り立ち，この右辺は u によらないことがわかる．伊藤の公式より

$$\mathrm{d}f(u, X_u) = \frac{\partial f}{\partial u}(u, X_u)\mathrm{d}u + \frac{\partial f}{\partial x}(u, X_u)\mathrm{d}X_u + \frac{1}{2}\frac{\partial^2 f}{\partial x^2}(u, X_u)(\mathrm{d}X_u)^2$$

$$= \frac{\partial f}{\partial u}(u, X_u)\mathrm{d}u + \frac{\partial f}{\partial x}(u, X_u)b_u(X_u)\mathrm{d}u + \frac{\partial f}{\partial x}(u, X_u)\sigma_u(X_u)\mathrm{d}B_u$$

$$+ \frac{1}{2}\frac{\partial^2 f}{\partial x^2}(u, X_u)\sigma_u^2(X_u)\mathrm{d}u$$

となる．両辺の期待値をとり，$u \to s$ とすると，(8.13) と合わせて

$$0 = \frac{\partial f}{\partial s}(s, x)\mathrm{d}s + \frac{\partial f}{\partial x}(s, x)b_s(x)\mathrm{d}s + \frac{1}{2}\frac{\partial^2 f}{\partial x^2}(s, X_s)\sigma_s^2(x)\mathrm{d}s$$

となる．$f(s, x) = p(t, y|s, x)$ であるから後向き方程式 (8.11) が得られる．ここでの計算は，生成作用素の導出の計算と同じである．

次に前向き方程式を導出する. f をコンパクトな区間の外では 0 になるような滑らかな関数とする. $s < t$ および x を固定すれば, Chapman–Kolmogorov の方程式より (積分と極限の入れ替えは行えるものとして),

$$\int \frac{\partial p}{\partial t}(t,y|s,x)f(y)\mathrm{d}y$$

$$= \int \lim_{\tau \to +0} \frac{1}{\tau}\{p(t+\tau,y|s,x) - p(t,y|s,x)\}f(y)\mathrm{d}y$$

$$= \lim_{\tau \to +0} \frac{1}{\tau}\left\{\iint p(t+\tau,y|t,z)p(t,z|s,x)f(y)\mathrm{d}z\mathrm{d}y - \int p(t,y|s,x)f(y)\mathrm{d}y\right\}$$

$$= \lim_{\tau \to +0} \frac{1}{\tau}\left\{\iint p(t+\tau,z|t,y)p(t,y|s,x)f(z)\mathrm{d}y\mathrm{d}z - \int p(t,y|s,x)f(y)\mathrm{d}y\right\}$$

$$= \lim_{\tau \to +0} \frac{1}{\tau}\left[\int p(t,y|s,x)\left\{\int p(t+\tau,z|t,y)f(z)\mathrm{d}z\right\}\mathrm{d}y - \int p(t,y|s,x)f(y)\mathrm{d}y\right]$$

$$= \int p(t,y|s,x)\lim_{\tau \to +0}\frac{1}{\tau}\left\{\int p(t+\tau,z|t,y)f(z)\mathrm{d}z - f(y)\right\}\mathrm{d}y$$

$$= \int p(t,y|s,x)(A_t f)(y)\mathrm{d}y \quad (\text{生成作用素の定義より})$$

$$= \int (A_t^* p)(t,y|s,x)f(y)\mathrm{d}y \quad (\text{補題 8.1 より})$$

が得られる. f は任意なので, 前向き方程式 (8.12) が示せた. ∎

解析的に解ける扱いやすい例について, 前向き方程式の具体的な形を求める.

例 8.2 [Brown 運動] $X_t = B_t$ とする. 対応する確率微分方程式は $\mathrm{d}X_t = \mathrm{d}B_t$ と書けるから, 生成作用素は

$$A = \frac{1}{2}\frac{\partial^2}{\partial x^2}$$

となる. したがって前向き方程式は

$$\frac{\partial p}{\partial t} = \frac{1}{2}\frac{\partial^2 p}{\partial y^2},$$

後向き方程式は

$$\frac{\partial p}{\partial s} = -\frac{1}{2}\frac{\partial^2 p}{\partial x^2}$$

となる. 一方, Brown 運動の定義から, 推移確率密度関数は

$$p(t,y|s,x) = \frac{1}{\sqrt{2\pi(t-s)}}\exp\left\{-\frac{(y-x)^2}{2(t-s)}\right\}$$

であることを知っている．この推移確率密度関数が前向き・後向き方程式を満たすことを直接確認できる． ◁

例 8.3 [ドリフト付き Brown 運動] 確率微分方程式

$$dX_t = \mu dt + \sigma dB_t$$

の初期条件 $X_0 = 0$ のもとでの解は，

$$X_t = X_0 + \mu t + \sigma B_t$$

である．推移確率密度関数は

$$p(t, y | s, x) = \frac{1}{\sqrt{2\pi(t-s)}} \exp\left\{-\frac{(y - x - \mu(t-s))^2}{2(t-s)}\right\}$$

となり，これは前向き方程式

$$\frac{\partial p}{\partial t} = -\mu \frac{\partial p}{\partial y} + \frac{1}{2}\sigma^2 \frac{\partial^2 p}{\partial y^2}$$

を満たす． ◁

例 8.4 [Ornstein–Uhlenbeck 過程] 確率微分方程式

$$dX_t = \mu X_t dt + \sigma dB_t \tag{8.14}$$

の解は

$$X_t = e^{\mu t} X_0 + \sigma \int_0^t e^{\mu(t-u)} dB_u \tag{8.15}$$

となることを例 7.3 で見た．式 (8.15) より，X_t の，$\mathcal{F}_s$ を与えたもとでの条件付分布は平均 $e^{\mu(t-s)} X_s$，分散 $\sigma^2 \int_s^t e^{2\mu(t-u)} du = \sigma^2 (2\mu)^{-1}(e^{2\mu(t-s)} - 1)$ の正規分布である．よって推移確率密度関数は

$$p(t, y | s, x)$$
$$= \sqrt{\frac{\mu}{\pi\sigma^2\{e^{2\mu(t-s)} - 1\}}} \exp\left[-\frac{\mu}{\sigma^2\{e^{2\mu(t-s)} - 1\}}\left\{y - xe^{\mu(t-s)}\right\}^2\right] \tag{8.16}$$

となることがわかる．この式が前向き方程式

$$\frac{\partial p}{\partial t} = -\mu \frac{\partial}{\partial y}(yp) + \frac{1}{2}\sigma^2 \frac{\partial^2 p}{\partial y^2} \tag{8.17}$$

を満たすことも直接確かめられる.

　Ornstein–Uhlenbeck 過程は $\mu < 0$ のとき定常分布 (かつ極限分布) をもつ. これは式 (8.16) で $s \to -\infty$ とすれば得られる:

$$p(y) := \lim_{s \to -\infty} p(t, y|s, x) = \sqrt{\frac{-\mu}{\pi\sigma^2}} \exp\left[-\frac{-\mu}{\sigma^2}y^2\right].$$

実際, Chapman–Kolmogorov の方程式で (形式的に) $s \to -\infty$ とすれば $p(z) = \int p(u, z|t, y)p(y)\mathrm{d}y$ となり, これは定常性を意味する. また, この $p(y)$ が前向き方程式 (8.17) で $\partial p/\partial t = 0$ とおいた方程式を満たすことも容易に確かめられる.

◁

8.2.3　Cox–Ingersol–Ross 過程

　まず, X_t を (8.14) を満たす Ornstein–Uhlenbeck 過程とするとき, $Y_t = X_t^2$ の従う確率微分方程式を考えてみる. 伊藤の公式を使うと,

$$\begin{aligned}
\mathrm{d}Y_t &= 2X_t\mathrm{d}X_t + (\mathrm{d}X_t)^2 \\
&= 2X_t(\mu X_t\mathrm{d}t + \sigma\mathrm{d}B_t) + \sigma^2\mathrm{d}t \\
&= (2\mu X_t^2 + \sigma^2)\mathrm{d}t + 2\sigma X_t\mathrm{d}B_t \\
&= (2\mu Y_t + \sigma^2)\mathrm{d}t + 2\sigma\sqrt{Y_t}\,\mathrm{sign}(X_t)\mathrm{d}B_t
\end{aligned}$$

となる. ここで, $\tilde{B}_t = \int_0^t \mathrm{sign}(X_s)\mathrm{d}B_s$ とおくと, $\tilde{B}_t$ は (B_t とは異なる) Brown 運動となり, Y_t は次の確率微分方程式に従うことが知られている [22, 定理 8.4.3]:

$$\mathrm{d}Y_t = (2\mu Y_t + \sigma^2)\mathrm{d}t + 2\sigma\sqrt{Y_t}\mathrm{d}\tilde{B}_t. \tag{8.18}$$

特に, Y_t は拡散過程になっている.

　式 (8.18) を一般化した確率微分方程式

$$\mathrm{d}X_t = \alpha(\beta - X_t)\mathrm{d}t + \sqrt{2\gamma X_t}\mathrm{d}B_t \tag{8.19}$$

の解 X_t は **Cox–Ingersoll–Ross 過程** (CIR 過程) とよばれ, 数理ファイナンスにおいて重要な役割を果たしている. ただし, α, β, γ は正の定数とする.

　以下では, 方程式 (8.19) に対応する Kolmogorov の前向き方程式を導出し, Laplace 変換を用いて解いてみよう.

命題 8.3 初期条件 $X_0 = \xi$ の下での式 (8.19) の 1 つの解は，次の Laplace 変換で与えられる：

$$\mathrm{E}_\xi(\mathrm{e}^{-sX_t}) = \frac{1}{(1+2qs)^{d/2}} \exp\left(-\frac{\lambda qs}{1+2qs}\right). \tag{8.20}$$

ただし，q, d, λ は次のように定義される：

$$q = \frac{\gamma}{2\alpha}(1-\mathrm{e}^{-\alpha t}), \quad d = \frac{2\alpha\beta}{\gamma}, \quad \lambda = \frac{\mathrm{e}^{-\alpha t}\xi}{q}. \tag{8.21}$$

後の補題 8.2 で見るように，X_t/q は自由度 d，非心度 λ の非心 χ^2 分布に従う．

（証明） 関数 $p = p(t,x) = p(t,x|0,\xi)$ に対する前向き方程式は，

$$\frac{\partial p}{\partial t} = -\frac{\partial}{\partial x}(\alpha(\beta-x)p) + \frac{\partial^2}{\partial x^2}(\gamma xp) \tag{8.22}$$

で与えられる．解 $p(t,x)$ の Laplace 変換を

$$\omega(t,s) = \int_0^\infty \mathrm{e}^{-sx}p(t,x)\mathrm{d}x = \mathrm{E}_\xi(\mathrm{e}^{-sX_t})$$

とおく．初期値は $X_0 = \xi$ であるから，$\omega(0,s) = \mathrm{e}^{-s\xi}$ である．方程式 (8.22) の両辺を Laplace 変換し，微積分の入れ替えや部分積分を使って計算すると以下のようになる：

$$\begin{aligned}
\frac{\partial\omega}{\partial t} &= -\int_0^\infty \mathrm{e}^{-sx}\frac{\partial}{\partial x}(\alpha(\beta-x)p)\mathrm{d}x + \int_0^\infty \mathrm{e}^{-sx}\frac{\partial^2}{\partial x^2}(\gamma xp)\mathrm{d}x \\
&= -s\int_0^\infty \alpha(\beta-x)\mathrm{e}^{-sx}p\mathrm{d}x + s^2\int_0^\infty \gamma x\mathrm{e}^{-sx}p\mathrm{d}x \\
&= -\alpha\beta s\omega - \alpha s\frac{\partial\omega}{\partial s} - \gamma s^2\frac{\partial\omega}{\partial s}.
\end{aligned}$$

ここで，

$$\lim_{x\to 0}\left(\alpha\beta p(t,x) - \frac{\partial}{\partial x}(\gamma xp)\right) = 0 \tag{8.23}$$

を仮定した．また，$x \to \infty$ のとき xp や $\partial(xp)/\partial x$ が 0 に収束することは，Laplace 変換の存在性から導かれる (詳細略)．整理すると，

$$\frac{\partial\omega}{\partial t} + s(\alpha + \gamma s)\frac{\partial\omega}{\partial s} = -\alpha\beta s\omega \tag{8.24}$$

となる．式 (8.24) は 1 階線形偏微分方程式なので，特性曲線法 (例 8.1 参照) によって解くことができる．すなわち，常微分方程式

$$\mathrm{d}t = \frac{\mathrm{d}s}{s(\alpha + \gamma s)} = \frac{\mathrm{d}\omega}{-\alpha \beta s \omega}$$

を解けばよい．この方程式の一般解は

$$Ce^{-\alpha t} = \gamma + \frac{\alpha}{s}, \quad \omega = D(C)|\alpha + \gamma s|^{-\alpha \beta / \gamma}$$

で与えられる．ただし，C は任意定数，$D(\cdot)$ は任意の関数である．C を消去すると，式 (8.24) の一般解

$$\omega(t, s) = D\left((\gamma + \alpha/s)e^{\alpha t} \right)|\alpha + \gamma s|^{-\alpha \beta / \gamma} \tag{8.25}$$

を得る．最後に，初期条件 $\omega(0, s) = e^{-s\xi}$ を代入すると，

$$e^{-s\xi} = D(\gamma + \alpha/s)|\alpha + \gamma s|^{-\alpha \beta / \gamma}$$

となり，関数 D が定まる：

$$D(y) = \left| \frac{\alpha y}{y - \gamma} \right|^{\alpha \beta / \gamma} e^{-\frac{\alpha \xi}{y - \gamma}}.$$

これを (8.25) に代入すれば，

$$\omega(t, s) = \left| \frac{\alpha(\gamma + \alpha/s)e^{\alpha t}}{(\gamma + \alpha/s)e^{\alpha t} - \gamma} \right|^{\alpha \beta / \gamma} e^{-\frac{\alpha \xi}{(\gamma + \alpha/s)e^{\alpha t} - \gamma}} |\alpha + \gamma s|^{-\alpha \beta / \gamma}$$

$$= \left(\frac{1}{1 + \frac{\gamma}{\alpha}(1 - e^{-\alpha t})s} \right)^{\alpha \beta / \gamma} \exp\left(\frac{-e^{-\alpha t}\xi s}{1 + \frac{\gamma}{\alpha}(1 - e^{-\alpha t})s} \right)$$

となり，式 (8.20) が示された．式 (8.23) は後述の補題 8.3 を使って確かめられる (詳細略)．∎

解 (8.20) において，$t \to \infty$ とすると，

$$\lim_{t \to \infty} \mathrm{E}_\xi(e^{-sX_t}) = \frac{1}{(1 + (\gamma/\alpha)s)^{d/2}}$$

となる．これは形状パラメータ $d/2$，スケールパラメータ γ/α のガンマ分布である．これが CIR 過程の定常分布となる．

補題 8.2 (非心 χ^2 分布) d は正の整数, X_i $(i = 1, \ldots, d)$ は独立に $\mathrm{N}(\mu_i, 1)$ に従う確率変数とし, $Y = \sum_{i=1}^{d} X_i^2$ とおく. このとき, Y のモーメント母関数 $\mathrm{E}(\mathrm{e}^{\theta Y})$ は

$$\mathrm{E}(\mathrm{e}^{\theta Y}) = \frac{1}{(1 - 2\theta)^{d/2}} \mathrm{e}^{\frac{\lambda \theta}{1 - 2\theta}}, \quad \lambda = \sum_{i=1}^{d} \mu_i^2$$

で与えられる. 特に Y の分布は λ のみに依存して定まる. この分布を非心度 λ, 自由度 d の**非心 χ^2 分布**という. なお, ここでは d を正の整数に限定しているが, 後の補題 8.3 に見るように, 正の実数に拡張できる.

(証明) $d = 1$ の場合を示せば, あとは独立性によって容易に証明できる. $Y = (\mu + Z)^2$, $\mu \in \mathbb{R}$, $Z \sim \mathrm{N}(0, 1)$ とおくと,

$$\begin{aligned}
\mathrm{E}(\mathrm{e}^{\theta Y}) &= \mathrm{E}(\mathrm{e}^{\theta(\mu^2 + 2\mu Z + Z^2)}) \\
&= \int_{-\infty}^{\infty} \frac{1}{\sqrt{2\pi}} \mathrm{e}^{-\frac{1}{2}z^2 + \theta(z^2 + 2\mu z + \mu^2)} \mathrm{d}z \\
&= \int_{-\infty}^{\infty} \frac{1}{\sqrt{2\pi}} \mathrm{e}^{-\frac{1 - 2\theta}{2}(z - \frac{2\theta\mu}{1 - 2\theta})^2 + \frac{\theta\mu^2}{1 - 2\theta}} \mathrm{d}z \\
&= \frac{1}{(1 - 2\theta)^{1/2}} \mathrm{e}^{\frac{\theta\mu^2}{1 - 2\theta}}
\end{aligned}$$

となる. よって示された. ∎

補題 8.3 d は正の実数とし, 自由度 d の χ^2 分布の密度関数を $f_d(y)$ とおく. このとき, 自由度を Poisson 分布で混合することによって作られる

$$f(y) = \sum_{i=0}^{\infty} \frac{(\lambda/2)^i \mathrm{e}^{-\lambda/2}}{i!} f_{d+2i}(y)$$

は非心度 λ の χ^2 分布の密度関数となる.

(証明) モーメント母関数が一致することを示せばよい. 自由度 d の χ^2 分布のモーメント母関数は $\frac{1}{(1 - 2\theta)^{d/2}}$ である (非心度 $\lambda = 0$ に相当) から,

$$\int f(y) \mathrm{e}^{\theta y} \mathrm{d}y = \sum_{i=0}^{\infty} \frac{(\lambda/2)^i \mathrm{e}^{-\lambda/2}}{i!} \int f_{d+2i}(y) \mathrm{e}^{\theta y} \mathrm{d}y$$

$$= \sum_{i=0}^{\infty} \frac{(\lambda/2)^i \mathrm{e}^{-\lambda/2}}{i!} \frac{1}{(1-2\theta)^{(d+2i)/2}}$$

$$= \frac{1}{(1-2\theta)^{d/2}} \mathrm{e}^{-\lambda/2} \sum_{i=0}^{\infty} \frac{1}{i!} \left(\frac{\lambda/2}{1-2\theta} \right)^i$$

$$= \frac{1}{(1-2\theta)^{d/2}} \mathrm{e}^{-\lambda/2 + \frac{\lambda/2}{1-2\theta}}$$

$$= \frac{1}{(1-2\theta)^{d/2}} \mathrm{e}^{\frac{\lambda\theta}{1-2\theta}}$$

となる．よって示された． ∎

なお，非心 χ^2 分布は，統計的仮説検定の検出力を評価する問題で現れる．具体的には，例えば $X_1, \ldots, X_n$ が独立に $N(\mu, 1)$ $(\mu \in \mathbb{R})$ に従っていると仮定するとき，帰無仮説 $\mu = 0$ に対する尤度比検定統計量は $T(X_1, \ldots, X_n) = n\bar{X}^2$ で与えられる $(\bar{X} = \sum_{i=1}^{n} X_i/n)$．これは $\mu = 0$ のとき χ^2 分布に従い，対立仮説 $\mu \neq 0$ のもとでは非心 χ^2 分布に従う．

8.3 楕円型偏微分方程式の解の表示

本節では，楕円型偏微分方程式の境界値問題の解を，拡散過程を用いて表示する方法について簡単に説明する．

D を $\mathbb{R}^n$ 内の有界で連結な開集合とし，その境界 ∂D は十分滑らかとする．次の楕円型偏微分方程式の境界値問題を考える：

$$\sum_{i,j=1}^{n} a_{ij}(x) \frac{\partial^2 f}{\partial x_i \partial x_j}(x) + \sum_{i=1}^{n} b_i(x) \frac{\partial f}{\partial x_i}(x) = 0, \quad x \in D, \tag{8.26}$$

$$f(x) = \phi(x), \quad x \in \partial D. \tag{8.27}$$

ここで $a(x) = (a_{ij}(x))$ は正定値行列を値にもつ滑らかな関数とし，$b(x) = (b_i(x))$ および $\phi(x)$ は任意の滑らかな関数とする．条件 (8.27) は **Dirichlet 境界条件**とよばれる．また境界値問題の解 f としては，$C^2(D) \cap C(\bar{D})$ に属するものだけ考える．ただし $\bar{D}$ は D の閉包を表す．

まず，(8.26) 式に現れる微分作用素

$$A := \sum_{i=1}^{n} b_i(x) \frac{\partial}{\partial x_i} + \sum_{i=1}^{n} a_{ij}(x) \frac{\partial^2}{\partial x_i \partial x_j}$$

を生成作用素とする拡散過程 X_t を考える．すなわち，B_t を n 次元 Brown 運動とし，

$$dX_t = b(X_t)dt + \sigma(X_t)dB_t$$

とする．ここで，$\sigma(x) = (\sigma_{ij}(x))_{i,j=1}^{n}$ は $a_{ij}(x) = (1/2)\sum_{k=1}^{n} \sigma_{ik}(x)\sigma_{jk}(x)$ を満たす任意の行列値関数とする[*2]．

初期値 $X_0 = x$ が D 内の点のとき，次の停止時刻を定義できる：

$$\tau(\omega) = \inf\{t \geq 0 : X_t(\omega) \in \partial D\}.$$

このとき，次の定理が成り立つ．

定理 8.5 X_t, τ を上記のように定義し，任意の $x \in D$ に対して $P_x(\tau < \infty) = 1$ と仮定する．このとき，もし境界値問題 (8.26), (8.27) の解 (8.28) が存在するならば，それは

$$f(x) = \mathrm{E}_x(\phi(X_\tau)) \tag{8.28}$$

と表される．特に解は一意的である．

(証明) 式 (8.28) が (8.26), (8.27) を満たすことの直観的な説明のみ与える．厳密な証明は例えば [24, 定理 5.14] を参照せよ．Markov 性から，十分小さい t をとれば

$$f(x) = \int p(t, y|0, x)f(y)dy$$

が成り立つと考えてよい[*3]．いま考えている拡散過程は時間的に一様であるから $p(t, y|0, x) = p(0, y| - t, x)$ であり，また固定された y に対して $p(0, y| - t, x)$ は Kolmogorov の後退方程式 (定理 8.4) を満たすから，

$$\frac{\partial p}{\partial t}(t, y|0, x) = (A(x)p)(t, y|0, x)$$

となる (符号に注意)．ここで，A が変数 x に関して作用することを強調するために $A(x)$ と書いた．すると，

$$(Af)(x) = \int (A(x)p)(t, y|0, x)f(y)dy$$

[*2]　例えば $\sigma(x)$ を正定値行列にとることができる．

[*3]　実際には時刻 t までの間に境界に達してしまう確率があるので正しくない．停止時刻と強 Markov 性を使う必要がある．

$$= \int \frac{\partial p}{\partial t}(t, y|0, x) f(y) \mathrm{d}y$$

$$= \frac{\partial}{\partial t} f(x) = 0$$

となる．よって (8.26) が満たされる．また，初期値 $X_0 = x$ が境界点 x_0 に近づくとき，$X_\tau \to x_0$ が成り立つと考えてよいから，

$$\lim_{x \to x_0} f(x) = \phi(x_0), \quad x_0 \in \partial D$$

となる．よって (8.27) が満たされる．　　　　　　　　　　　　　　　　■

　解の存在性の問題は一意性より難しい．また，方程式 (8.26) に f の項も含める場合の解の公式 (Feynman–Kac の公式) や，Neumann 境界条件に関する結果も知られている．また有名な Black–Scholes の方程式も，拡散過程から導出されている．これらの詳細については例えば[22]を参照されたい．

参 考 文 献

[全般] 第 1 章～第 3 章の内容全般の参考文献

[1] D. R. Cox, D. V. Hinkley: *Theoretical Statistics*, Chapman and Hall/CRC, 1979.

[2] 竹村彰通：現代数理統計学，創文社現代経済学選書，創文社，1991.

[3] 東京大学教養学部統計学教室編：自然科学の統計学，東京大学出版会，1992.

[4] D. Williams: *Weighing the Odds: A Course in Probability and Statistics*, Cambridge University Press, 2001.

[第 1 章]

[5] 竹村彰通：統計 第 2 版，共立講座 21 世紀の数学 14, 2007.

[第 2 章]

[6] J. O. Berger: *Statistical Decision Theory and Bayesian Analysis*, 2nd ed., Springer, 1985.

[7] 藤原彰夫：情報幾何学の基礎，牧野書店，2015.

[8] C. P. Robert: *The Bayesian Choice: From Decision-Theoretic Foundations to Computational Implementation*, 2nd ed. Springer, 1996.

[第 3 章]

[9] 小西貞則，北川源四郎：情報量規準，朝倉書店，2004.

[10] 坂本慶行，石黒真木夫，北川源四郎：情報量統計学，共立出版，1983.

[11] K. P. Burnham, D. R. Anderson: *Model Selection and Multi-Model Inference: A Practical Information-Theoretic Approach*, 2nd ed., Springer, 2002.

[第 4 章]

[12] P. Billingsley: *Probability and Measure*, 3rd ed., Wiley, New York, 1995.

[13] L. de Haan and A. Ferreira: *Extreme Value Theory: An Introduction*, Springer, New York, 2006.

[14] J. Galambos: *The Asymptotic Theory of Extreme Order Statistics*, 2nd ed., Krieger, Melbourne, 1987.

[15] 伊藤清三：ルベーグ積分入門，裳華房，1963.

[16] 小谷眞一：測度と確率 1（岩波講座，現代数学の基礎 4），岩波書店，1997.

[17] J. W. Lamperti, *Probability: A Survey of the Mathematical Theory*, 2nd ed., Wiley, New York, 1996.

[18] J. S. Rosenthal, *A First Look at Rigorous Probability Theory*, 2nd ed., World Scientific, Singapore, 2006.

[第 5 章]

[19] 小谷眞一：測度と確率 2（岩波講座，現代数学の基礎 5），岩波書店，1997.

[20] R. B. シナジ（今野紀雄・林俊一訳）：マルコフ連鎖から格子確率モデルへ—現代確率論の基礎と応用，シュプリンガー，2001.

[21] 伏見正則：確率と確率過程（シリーズ・金融工学の基礎），朝倉書店，2004.

[第 6 章–第 8 章]

[22] B. エクセンダール（谷口説男訳）：確率微分方程式，シュプリンガー，1999.

[23] P. Billingsley: *Convergence of Probability Measures*, 2nd ed., Wiley, New York, 1999.

[24] 舟木直久：確率微分方程式，岩波書店，2005.

[25] D. Williams, *Probability with Martingales*, Cambridge University Press, 1991.

お わ り に

　本書の執筆にあたり，多くのコメントをいただいた竹村彰通氏，荻原哲平氏，倉田澄人氏，図の作成について協力していただいた渋江遼平氏，原稿を読んで意見をいただいた研究室の大学院生諸君に感謝する．

2020 年 5 月

駒　木　文　保
清　　智　也

索　引

東京大学工学教程

著者の現職

駒木 文保（こまき・ふみやす）
東京大学大学院情報理工学系研究科数理情報学専攻　教授
清 智也（せい・ともなり）
東京大学大学院情報理工学系研究科数理情報学専攻　准教授

東京大学工学教程　基礎系　数学
確率・統計Ⅲ

令和 2 年 8 月 20 日　発　行

編　者　東京大学工学教程編纂委員会

著　者　駒　木　文　保
　　　　清　　　智　也

発行者　池　田　和　博

発行所　丸善出版株式会社

〒101-0051　東京都千代田区神田神保町二丁目17番
編集：電話（03）3512-3266／FAX（03）3512-3272
営業：電話（03）3512-3256／FAX（03）3512-3270
https://www.maruzen-publishing.co.jp

印刷・製本／三美印刷株式会社

ISBN 978-4-621-30505-8　C 3341　　　　　Printed in Japan